遍歴磁性とスピンゆらぎ

高橋 慶紀　吉村 一良
共著

内田老鶴圃

本書の全部あるいは一部を断わりなく転載または複写(コピー)することは，著作権および出版権の侵害となる場合がありますのでご注意下さい．

はしがき

　結晶内を動き回る伝導電子が関与して発生する物質の磁性のことを，よく「遍歴電子磁性」と呼ぶ．量子力学の確立後，固体内に含まれる電子の量子力学的な取り扱いにより，固体物性を明らかにしようとする固体電子論に基づく研究がすぐに開始された．遍歴電子磁性に関する理論も，その頃の Bloch や Stoner の研究にまで遡る．初期の理論は，磁気秩序状態に関わる性質についての実験結果を比較的よく説明するように思われていたが，常磁性相で観測される磁化率のキュリー・ワイス則に従う温度依存性の説明に困っていた．この問題の解決に大きく貢献したのが，1973 年に発表された Moriya と Kawabata による理論であった．その後 SCR 理論と呼ばれるこの理論の発展が 1980 年頃まで続き，関連する実験的な研究も大いに進んだ．
　著者のひとりの高橋は，1970 年代の後半からこの分野の理論研究に加わることになったが，その当初から理論に含まれている些細と思われる問題が気にかかっていた．有限温度だけを問題にし，温度がゼロの基底状態については別個に取り扱おうとする考えや，磁気秩序相で発生する磁気モーメントの温度変化を計算すると，臨界温度で不連続にゼロになるといった問題である．1980 年頃になり，理論の研究が一段落したと思われていた頃，何とかこの問題を解決しようと思い立った．いろいろな試行錯誤の後，最終的に到達したのが，磁場効果，つまり磁化曲線の重要性についての認識であった．それまでは，磁化曲線の一部である磁化率の温度依存性だけに関心が向けられ，それ以外のことについてはほとんど問題にはならなかった．解決の糸口の見当がついても，それを実際に問題の解決につなげようとしたとき，それまでの理論とは違った考え方をする必要があると思うようになった．これらのことがきっかけで，新たな理論を構築するための研究を 1980 年の中頃から始めた．共著者の吉村は，新たな理論についての最初の論文が発表されたとき，真っ先にそれを検証するための測定に取り組み，理論を支持する結果が得られることを明らかにした．このことが，その後の理論の発展の大きな支えとなっている．これを機に生まれた両者の協力関係が現在まで続いている．
　残された問題があるにも関わらず，1980 年以降は次第にこの分野の研究に対する関心が薄れていったように思える．しかしその後も研究は継続され，最初の頃の問題

i

点は現在ではほぼすべて解決されたと思っている．1980年頃と現在とを比較すると，遍歴電子磁性の理解には大きな隔たりがある．例えば，基底状態と有限温度との間にあった垣根はなくなり，以前はほとんど無視されていた温度依存性や磁場依存性の示す微妙なふるまいが，現在ではそれなりの理由があることが明らかになった．そこで本書は，金属磁性に関心のある読者に対し，1980年中頃に始まる理論の研究と，それに関連する実験的な研究について解説し，遍歴電子磁性についての理解の現状を知ってもらうことを目的としている．また本書の大きな特徴は，「スピンゆらぎ」と呼ばれる磁気的なエネルギー励起の自由度が，磁気現象に対して支配的，かつ包括的な影響を及ぼすと考える点にある．ただし，内容については理論と実験との定量的な比較が容易であることなどを考慮し，熱力学的な性質だけに限ることにした．同様な理由から，強磁性体を主な対象としている．

　本書の執筆に当たり，この研究分野に導きご指導いただいたことについて，著者の高橋は，守谷亨東京大学名誉教授に，また吉村は，故中村陽二京都大学名誉教授，安岡弘志東京大学名誉教授，志賀正幸京都大学名誉教授，目片守福井大学名誉教授に心より感謝致します．

　これまで多くの磁性の分野の研究者の方々にお世話になり，議論していただいたことが本書に生かされています．鹿又武東北学院大学名誉教授，西原弘訓龍谷大学教授，瀧川仁東京大学教授，中村裕之京都大学教授，清水一明氏，田附雄一茨城大学教授，後藤恒昭東京大学名誉教授，小山佳一鹿児島大学教授，榊原俊郎東京大学教授，深道和明東北大学名誉教授，藤田麻哉東北大学准教授，出口和彦名古屋大学助教の方々に対し，深く感謝致します．研究室のスタッフや学生諸君についてもこの場を借りて感謝の意を表します．また，日本学術振興会による科学研究費，基盤研究 (C) (21540341) の助成が，本書の執筆に役立てられています．

　内田老鶴圃からの出版に当たり，長い執筆期間に渡り終始懇切な協力をいただいた社長の内田学氏と編集部の方々に深く感謝致します．

2012年3月

高橋 慶紀　吉村 一良

目　次

はしがき　　　　　　　　　　　　　　　　　　　　　　　　　　　　　　 i

第1章　はじめに　　　　　　　　　　　　　　　　　　　　　　　　　 1
1.1　原子の磁性 ………………………………………………………………… 3
1.2　絶縁体磁性と遍歴電子磁性 …………………………………………… 6
　　1.2.1　遍歴電子磁性のモデル ………………………………………… 6
　　1.2.2　ハイゼンベルクモデル ………………………………………… 7
1.3　フェルミ励起とボース粒子的集団励起 ………………………………… 9
　　1.3.1　ボース粒子系の相転移 ………………………………………… 9
　　1.3.2　絶縁体磁性の相転移と保存則 ………………………………… 15
1.4　金属電子論の応用—Stoner-Wohlfarth 理論 ………………………… 20
　　1.4.1　Hartree-Fock 近似 ……………………………………………… 21
　　1.4.2　Stoner-Wohlfarth 理論の自由エネルギー …………………… 23
　　1.4.3　Stoner-Wohlfarth 理論から導かれる性質 …………………… 26
　　1.4.4　遍歴磁性の特徴と Stoner-Wohlfarth 理論 …………………… 28

第2章　スピンゆらぎと磁性　　　　　　　　　　　　　　　　　　　　 31
2.1　平均場とゆらぎ ………………………………………………………… 31
　　2.1.1　基底状態近傍のゆらぎ ………………………………………… 34
　　2.1.2　臨界ゆらぎと高温極限 ………………………………………… 35
　　2.1.3　線形応答理論 …………………………………………………… 36
2.2　遍歴電子磁性体の磁気ゆらぎ ………………………………………… 39
2.3　ゆらぎの非線形効果 …………………………………………………… 42
　　2.3.1　非線形効果と固体の熱膨張 …………………………………… 47
　　2.3.2　SCR スピンゆらぎ理論 ………………………………………… 48
　　2.3.3　遍歴磁性体の磁化率のキュリー・ワイス則 ………………… 53
2.4　第2章のまとめ ………………………………………………………… 58

第3章　遍歴電子磁性のスピンゆらぎ理論　　61

3.1　スピンゆらぎ理論の基本原理 ………………………………………… 62
　　3.1.1　全スピン振幅の保存 …………………………………………… 62
　　3.1.2　スピンゆらぎの自由エネルギー ……………………………… 64
　　3.1.3　磁場効果に関する大域的な整合性 …………………………… 66
3.2　熱ゆらぎとゼロ点ゆらぎの振幅 ……………………………………… 68
　　3.2.1　スペクトル分布の特徴を表すパラメータ …………………… 69
　　3.2.2　熱ゆらぎの振幅 ………………………………………………… 70
　　3.2.3　ゼロ点ゆらぎの振幅 …………………………………………… 72
3.3　スピン振幅の保存とゼロ点ゆらぎ …………………………………… 74
　　3.3.1　MnSi のスピン振幅の温度依存性の中性子散乱実験 ……… 74
　　3.3.2　スピンゆらぎ理論による MnSi のスピン振幅の温度変化 … 77
　　3.3.3　(Y,Sc)Mn$_2$ の巨大スピンゆらぎ ……………………………… 78
　　3.3.4　温度変化や磁場によるスペクトル分布への影響 …………… 79
3.4　自発磁化の不連続な温度変化 ………………………………………… 80
　　3.4.1　自発磁化の温度依存性 ………………………………………… 80
　　3.4.2　不連続な自発磁化の変化とその解消 ………………………… 83
3.5　第3章のまとめ ………………………………………………………… 85

第4章　磁気的性質へのゆらぎの影響　　87

4.1　基底状態における磁化曲線 …………………………………………… 88
　　4.1.1　秩序が発生する場合 …………………………………………… 88
　　4.1.2　磁気秩序が発生しない場合 …………………………………… 91
4.2　常磁性相における性質 ………………………………………………… 93
　　4.2.1　磁化率の温度依存性 …………………………………………… 93
　　4.2.2　磁化率のキュリー・ワイス則 ………………………………… 96
　　4.2.3　常磁性相における磁化曲線 …………………………………… 99
4.3　臨界点における磁化曲線 ……………………………………………… 100
4.4　磁気秩序相における磁性 ……………………………………………… 102
　　4.4.1　磁気秩序相の初期値問題 ……………………………………… 102
　　4.4.2　熱ゆらぎの振幅の解析性 ……………………………………… 105
　　4.4.3　スピン波による影響 …………………………………………… 106

	4.4.4 自発磁化の温度依存性 ·· 110
	4.4.5 磁化曲線 ··· 114
4.5	臨界指数のスケーリング則 ··· 116
4.6	第 4 章のまとめ ·· 118

第 5 章　観測される磁気的性質　　　　　　　　　　　　　　119

5.1	スピンゆらぎのスペクトル分布の観測 ································ 119
5.2	基底状態における磁化曲線 ··· 126
5.3	常磁性相で観測される性質 ··· 127
	5.3.1 磁化率の温度依存性について ·································· 127
	5.3.2 スピンゆらぎスペクトルの周波数分布幅の温度依存性 ······ 132
	5.3.3 FeSi, FeSb$_2$ の非線形磁化過程 ······························ 134
5.4	メタ磁性転移 ·· 136
5.5	臨界温度における磁化曲線 ··· 138
5.6	磁気秩序相における磁気的性質 ······································· 142
	5.6.1 自由エネルギーの 4 次の展開係数 ···························· 143
	5.6.2 自発磁化の温度依存性 ·· 145
	5.6.3 磁化曲線の磁場による影響 ····································· 148
5.7	第 5 章のまとめ ·· 149

第 6 章　磁気比熱の温度，磁場依存性　　　　　　　　　　　151

6.1	磁気比熱の理論についての問題 ······································· 151
6.2	スピンゆらぎの自由エネルギー ······································· 153
	6.2.1 秩序が発生する場合の自由エネルギー ······················· 154
	6.2.2 自由エネルギーの極値の条件 ·································· 155
	6.2.3 自由エネルギーの補正項 ·· 156
6.3	エントロピーと比熱の温度依存性 ··································· 159
	6.3.1 常磁性エントロピーの温度依存性 ···························· 159
	6.3.2 比熱の温度依存性 ·· 161
	6.3.3 磁気秩序相のエントロピーと比熱の温度依存性 ··········· 164
6.4	磁場中比熱の温度依存性 ·· 170
	6.4.1 熱力学の Maxwell の関係式 ···································· 171

  6.4.2 磁場中の温度微分 …………………………………… 174
  6.4.3 磁場中エントロピーと比熱の温度依存性 ……………… 175
  6.4.4 磁場効果の数値的な計算 ………………………………… 183
 6.5 比熱に関するまとめ ………………………………………… 187

第 7 章　磁気体積効果へのスピンゆらぎの影響　　189

 7.1 Stoner-Edwards-Wohlfarth 理論とスピンゆらぎ補正 ………… 190
  7.1.1 格子振動による熱膨張 …………………………………… 190
  7.1.2 磁気体積効果についての SEW 理論 …………………… 192
  7.1.3 スピンゆらぎの寄与による自由エネルギーの補正 …… 194
 7.2 スピンゆらぎの自由エネルギーの体積依存性 ……………… 198
  7.2.1 磁気グリュナイゼンパラメータ ………………………… 201
  7.2.2 強制磁歪と Maxwell の関係式 …………………………… 202
 7.3 強磁性体の体積歪 …………………………………………… 203
  7.3.1 基底状態の磁気体積効果 ………………………………… 203
  7.3.2 有限温度の強磁性体 ……………………………………… 205
 7.4 温度領域の違いによる磁気体積効果の特徴 ……………… 211
  7.4.1 低温極限の磁気体積効果とグリュナイゼンの関係式 … 211
  7.4.2 臨界温度近傍 ……………………………………………… 213
  7.4.3 常磁性相 …………………………………………………… 218
  7.4.4 体積磁歪についての数値計算 …………………………… 222
 7.5 常磁性体の磁気体積効果 …………………………………… 223
  7.5.1 常磁性自発体積磁歪 ……………………………………… 224
  7.5.2 常磁性強制体積磁歪 ……………………………………… 226
 7.6 自発磁化と臨界温度の圧力変化 …………………………… 228
  7.6.1 臨界温度の圧力変化 ……………………………………… 228
  7.6.2 自発磁化と臨界温度の圧力効果の測定 ………………… 231
 7.7 磁気体積効果についてのまとめ …………………………… 236

文　献　　239

あとがき　　253

欧字先頭語索引　　255

和文索引　　257

第1章
はじめに

　人類が天然磁石（ロードストーン，鉱物名のマグネタイト）を発見したのは紀元前6世紀頃であると考えられている．最初の発見以来すでに2500年ほど経過し，この間磁石はいろいろな用途に用いられ，現在でも我々の社会を支える科学技術の基礎として学術，応用の両面から大いに関心を持たれている．本書では，特に金属性を示す磁石の磁気物性の理解の現状を，実験結果と照らし合わせながら解説する．

　発見以来，すでにかなりの年数が経過したにも関わらず，磁石の性質（磁性）についての本格的な理解が可能となるのは，1925年頃の量子力学の確立以降のことである．19世紀までには古典的な電磁気学が確立し，電流が流れることによってその周囲に磁力線が発生し，それが磁性の原因になり得ることが知られていたが，それでも物質で発現する磁性の理解には不十分であった．

　現在，物質の磁性は大きく分けて絶縁体磁性と金属磁性と2つのカテゴリーに分類して理解されている．さらに金属磁性は，金属性の原因となる伝導電子が同時に磁性の発現にも関与する遍歴電子磁性と，それぞれ役割が異なる2種類の電子，つまり伝導性に寄与する電子と，空間的に局在し主に磁性に寄与する電子が含まれる磁性とに分類される．磁性に関与する局在電子が希薄に含まれる場合，後者は以前，s-dモデル（またはs-fモデル）と呼ばれたこともある．最近では，局在性の強い電子が含まれる希土類元素が周期的に配列した，重いフェルミ粒子系と呼ばれる系にも関心が持たれている．本書が対象とするのは前者の遍歴電子磁性である．

　量子力学が確立すると，それを適用して固体の性質を明らかにする研究が急速に発展した．現在では金属電子論や固体電子論として知られている．金属固体内の伝導電子を，希薄な理想気体に含まれる原子のように見なし，統計力学を用いてその熱力学的性質を理解しようとするものである．ただし，固体内の電子が極めて高密度の状態で存在することから，希薄な気体の場合と異なって，量子力学に基づく取り扱いが避けられない．遍歴電子磁性に関する研究は，Stonerが1938年に金属電子論を磁性に応用したのがその始まりであると考えられる．この頃から現在まで70年以上経過し

たことになる．Stoner の理論から現在に至るまでの研究の発展の中で，大きな転機が 1973 年に発表されたスピンゆらぎの影響についての 2 つの論文[1, 2]によってもたらされた．これにより，金属磁性体においても一般的に観測される，磁化率のキュリー・ワイス (Curie-Weiss) 則に従う温度変化を理解するための手掛かりが得られた．理論と実験の両面における遍歴電子磁性の研究が，その後の約 10 年ほどの間に大いに進展し，磁気比熱の理論，輸送現象に関する理論など多くの論文が発表された．現在この理論は，Self-Consistent Renormalization (SCR) スピンゆらぎ理論[3, 4]としてよく知られている．

SCR スピンゆらぎ理論は，有限温度と基底状態の磁気的性質をはっきりと区別する．基底状態については固体の電子状態の取り扱いに用いられるバンド理論による理解が有効であるとし，この理論の適用範囲を有限温度に限定する．このことは，磁化曲線，つまり磁性体に外部から磁場 H を印加したとき発生する磁化 M と H との関係，

$$H = a(T)M + b(T)M^3 + \cdots \tag{1.1}$$

に対する考え方にも明瞭に現れている．上の式の右辺に現れる係数 $a(T)$ や $b(T)$ は，絶対温度 T の関数である．最初の項の係数 $a(T)$ は磁化率の逆数に対応する．SCR理論が主に問題としたのは，この係数 $a(T)$ の温度変化に対するスピンゆらぎの影響であった．その一方で高次項の係数，例えば $b(T)$ の温度変化はほとんど無視できるとし，その値は従来通りにバンド理論の計算で説明がつくと考えていた．このように，スピンゆらぎの影響は磁化曲線のごく一部の係数だけに限られ，その他の高次項の係数も含めたより広い磁場領域での磁化曲線への影響は，全く問題にならなかった．これは，温度効果が無視できる基底状態の磁化曲線に対するゆらぎの影響を，全く無視することを意味する．

当初から，SCR 理論には微妙な問題が含まれていることが知られていた．磁気秩序状態で自発磁化の温度依存性を計算すると，臨界温度で磁化が不連続にゼロになるという困難である．この問題を解決するための試みから，SCR 理論とは異なる前提に基づくスピンゆらぎ理論[5]が，1986 年に発表される．SCR 理論とは対照的に，この理論ではスピンのゼロ点ゆらぎの影響が積極的に考慮されている．その関係で，基底状態の磁化曲線もその取り扱いの対象となり，(1.1) 式の高次項も含めた磁化曲線，つまり磁場 H と M との関係を表す関数が理論の対象とされるようになった．その結果，磁化曲線の係数 $b(T)$ も温度変化し，強磁性の臨界温度ではその値がゼロとなることが明らかになった．それまでのスピンゆらぎ理論では思いもよらぬこのような結果が

得られ，多くの実験結果によっても支持されている．

本書では，1980年の中頃以降のスピンゆらぎ理論の発展について詳しく述べる．金属の示す磁気的性質の理解に必要な，基本的な考え方について説明する．スピンゆらぎ理論の考え方に基づいて，どのような磁気的性質が導かれ，それらが現在までの多くの実験結果によってどのように検証されているかについても詳しく述べる．この理論による新たな視点の導入により，スピンゆらぎの影響という統一的な観点から，多岐に渡る金属磁性体の磁気的性質を理解することができる．

この章の残りでは，今後の説明の前提となるような最低限の磁性の基礎的な考え方について説明する．また，後の章で説明するスピンゆらぎの理論との比較のため，絶縁体磁性や金属電子論に基づく理論について紹介する．第2章以降では，本書で中心的な役割を果す「ゆらぎ」について説明し，磁気的なゆらぎが遍歴磁性体の種々の性質にどのように関与しているかについて述べる．スピンゆらぎ理論によって導かれる結果が，実験結果を用いてどのように検証されているかについて説明する．さらに磁気比熱の温度依存性と磁場依存性について述べ，最後に磁気体積効果の理論について紹介する．

1.1 原子の磁性

電磁気学によれば，負の電荷を持った電子の空間的な回転運動によって流れる原子内の環状電流により，磁気双極子モーメント（磁気モーメント）が発生する．また，電子には内部の回転運動の自由度によるスピンと呼ばれる角運動量も存在し，これによっても磁気モーメントが発生する．軌道運動とスピンのそれぞれの角運動量を記号 l, s で表すと，これらの回転運動に付随して発生する電子の磁気モーメントは次のように表される．

$$\boldsymbol{\mu} = -\mu_\mathrm{B}(\boldsymbol{l} + 2\boldsymbol{s}), \quad \mu_\mathrm{B} = \frac{e\hbar}{2mc} \tag{1.2}$$

上の μ_B はボーア (Bohr) 磁子と呼ばれ，m と c はそれぞれ電子の質量，光速を表す．角運動量は，$\hbar = h/2\pi$（h はプランク定数）の単位で表され，電子のスピン角運動量の大きさは，この単位で $1/2$ の値を持つ．空間的に静止した電子でも，内部自由度であるスピン角運動量の存在によって磁気モーメントが発生する．つまり，電子は磁気的に微小な棒磁石と見なせる．磁気モーメントが発生した磁性原子が集合して固体を形成した場合，軌道磁気モーメントの原因となる電子の軌道運動は，周囲の隣接原子

第 1 章 はじめに

によるポテンシャルの影響によって阻害されやすい．内部自由度のスピンの場合はこのような影響を受け難く，多くの場合でスピンの自由度が物質の磁性の主な原因となる．本書の書名に現れる「スピン」は，この電子の内部角運動量に因んで付けられている．

磁気モーメントが発生した原子に対し，外部から磁場 $\boldsymbol{H} = (0,0,H)$ を z 軸方向に作用することによって，次のゼーマン (Zeeman) エネルギー，

$$\mathcal{H}_z = -\boldsymbol{\mu} \cdot \boldsymbol{H} = -\mu_z H \tag{1.3}$$

が余分に付け加わる．熱平衡状態で $\boldsymbol{\mu}$ の期待値がゼロであっても，外部磁場 H に比例して有限の磁化 m が系に誘起される．

$$m = \chi(T) H \tag{1.4}$$

磁場によって発生する磁気モーメントの熱平均値を，統計力学に従って求めてみる．量子力学的な取り扱いの場合，磁気モーメントと角運動量の演算子の間に (1.2) の関係があることから，ゼーマンエネルギー (1.3) は次のように表される．

$$\boldsymbol{\mu} = -g\mu_\mathrm{B} \boldsymbol{J}, \quad \mathcal{H}_z = g\mu_\mathrm{B} \boldsymbol{J} \cdot \boldsymbol{H} \tag{1.5}$$

軌道運動とスピンの自由度の間に働くスピン・軌道相互作用の存在により，それらを合成した全角運動量 $\boldsymbol{J} = \boldsymbol{l} + \boldsymbol{s}$ が保存され，$\boldsymbol{\mu}$ は実質的に $\boldsymbol{J}$ と同じ方向を向くと見なすことができ，その比例係数に現れる g を磁気回転比と呼ぶ．z 軸方向に向いた磁場の中で，方向量子化のためにエネルギー準位が量子化される．熱力学的性質は次の分配関数 Z を用いて求めることができる．

$$\begin{aligned}Z &= \sum_{m=-J}^{J} \mathrm{e}^{g\mu_\mathrm{B} mH/k_\mathrm{B}T} = \mathrm{e}^{-g\mu_\mathrm{B} JH/k_\mathrm{B}T}[1 + \mathrm{e}^{g\mu_\mathrm{B} H/k_\mathrm{B}T} + \cdots + \mathrm{e}^{2g\mu_\mathrm{B} JH/k_\mathrm{B}T}] \\ &= \frac{\mathrm{e}^{-g\mu_\mathrm{B} JH/k_\mathrm{B}T}[1 - \mathrm{e}^{g\mu_\mathrm{B}(2J+1)H/k_\mathrm{B}T}]}{1 - \mathrm{e}^{g\mu_\mathrm{B} JH/k_\mathrm{B}T}} = \frac{\sinh[(2J+1)g\mu_\mathrm{B} H/2k_\mathrm{B}T]}{\sinh(g\mu_\mathrm{B} H/2k_\mathrm{B}T)}\end{aligned} \tag{1.6}$$

分配関数から導かれる自由エネルギー $F = -k_\mathrm{B} T \log Z$ を利用し，自発磁化の温度依存性が次のように求められる．

$$m = g\mu_\mathrm{B} \langle J_z \rangle = -\frac{\partial F}{\partial H} = g\mu_\mathrm{B} B_J(x)$$

$$B_J(x) = \{(1+1/2J)\coth[(1+1/2J)x] - (1/2J)\coth(x/2J)\}, \tag{1.7}$$
$$x = g\mu_B JH/k_B T$$

$B_J(x)$ は，Brillouin 関数として知られる．ここに含まれる $\coth x$ について，x の値に応じて以下の近似が成り立つ．

$$\coth x = \begin{cases} \dfrac{1}{x} + \dfrac{x}{3} + \cdots & |x| \ll 1 \text{ のとき} \\ 1 + 2e^{-2x} + \cdots & |x| \gg 1 \text{ のとき} \end{cases} \tag{1.8}$$

高温では $x \ll 1$ が成り立ち，(1.7) 式を次のように近似できる．

$$m \simeq \frac{(g\mu_B)^2 J(J+1)}{3k_B T} H = \chi(T) H \tag{1.9}$$

希薄な気体の場合のように原子間の相互作用が無視できれば，多数の原子が含まれる場合の系全体の磁化率は粒子数に比例する．N 個の原子が含まれていればその磁化率の値は 1 個の場合の N 倍となる．つまり，外部磁場 H によって誘起された磁化 $M = \sum_{i=1}^{N} \langle \mu_i^z \rangle$ は H に比例し，その比例係数として定義される磁化率の温度依存性は次のように表される．

$$\chi(T) = \frac{C}{T}, \quad C = \frac{N(g\mu_B)^2 J(J+1)}{3k_B} \tag{1.10}$$

磁化率のこの温度依存性はキュリー則と呼ばれ，定数 C はキュリー定数である．

系の保存量である角運動量の 2 乗振幅 $J^2 = J_x^2 + J_y^2 + J_z^2$ は，(1.10) によって磁化率との間に次の関係，

$$\frac{1}{3}\boldsymbol{\mu} \cdot \boldsymbol{\mu} = \frac{1}{3}(g\mu_B)^2 J(J+1) = k_B T \chi(T) \tag{1.11}$$

が成り立つ．最初から磁気モーメントの 2 乗振幅と磁化率の間に成り立つ上の (1.11) の関係がわかっていれば，この関係を用いて磁化率のキュリー則を直ちに導くことができたかも知れない．ゆらぎの振幅と磁化率との間に成り立つこの関係は，より一般的に成り立つ揺動散逸定理と呼ばれる非平衡統計力学における関係式の特別な場合，つまり高温近似が適用できる古典的な状況で成り立つ関係に相当する．より詳しいことについては後の章で説明する．

1.2 絶縁体磁性と遍歴電子磁性

　磁性は大きく金属磁性と，絶縁体磁性の 2 種類に分けて考えられる．絶縁体磁性は，1950 年代の終わり頃にハイゼンベルク (Heisenberg) モデルという数学的なモデルが確立したことにより，数学的な理論や統計力学の対象としてその相転移現象の解明が行われてきた．モデルの解を求めるための解析的，数値的な研究が盛んに行われ，多くの結果が得られている．これに対し，金属磁性の場合は，物性論，固体電子論といった金属電子論の応用として出発した経緯がある．伝導性と磁性とが明確に分離されたハイゼンベルクモデルに対応するような数学的なモデルがなかったことが，理論の発展の妨げになってきた．

　したがってこれら 2 種類の磁性の比較から金属磁性を考えると，金属磁性には 2 つの側面があることがわかる．

- 絶縁体磁性と同様に，相転移現象としての側面をいかにして取り扱うか
- 金属性が磁性にどのように反映されるか，つまり絶縁体磁性との違いを明らかにすること

これまでの研究を振り返ると，最初に金属電子論の簡単な応用として出発した遍歴電子磁性の理論は，個々の伝導電子についての温度や磁場による影響を重視する立場から，多くの電子が互いに連携する集団的な運動をより重視する方向に変わってきたと考えることができる．相転移現象としての側面が，より重要視される傾向が強まったとも言える．

1.2.1 遍歴電子磁性のモデル

　金属磁性のモデルとして，それぞれ金属性と原子の磁性の発現に関係する相互作用の 2 つの項を含む，Hubbard モデルと呼ばれる有効ハミルトニアンがよく用いられる．固体内部の荷電粒子間に働く長距離のクーロン相互作用が除かれていることからわかるように，これは磁気的な性質の取り扱いに限って許されるモデルである．

$$\begin{aligned}\mathcal{H} &= \sum_{ij\sigma} t_{ij} c_{i\sigma}^{\dagger} c_{j\sigma} + U \sum_{i} n_{i\uparrow} n_{i\downarrow} - M^z H \\ &= \sum_{k\sigma} \varepsilon_k c_{k\sigma}^{\dagger} c_{k\sigma} + U \sum_{i} n_{i\uparrow} n_{i\downarrow} - M^z H \end{aligned} \quad (1.12)$$

$$M^z = -2\mu_{\rm B} S^z, \quad S^z = \sum_i s_i^z = \sum_i \frac{1}{2}(c_{i\uparrow}^{\dagger} c_{i\uparrow} - c_{i\downarrow}^{\dagger} c_{i\downarrow})$$

和の記号で σ はスピン変数についての和を表す．第 2 量子化の方法を用いて表されているが，互いに区別がつかない同種の多粒子系の量子力学な取り扱いにこの方法が適しているためである．(1.12) の第 1 項は金属性を表し，相互作用 t_{ij} によって伝導電子が隣接する i, j サイトの原子の間を移動することによる運動エネルギー，あるいはバンドエネルギーに相当する．この項の $c_{i\sigma}^{\dagger}, c_{i\sigma}$ は，原子サイト i 上のフェルミ粒子である伝導電子の生成，消滅演算子である．これらの間に次の反交換関係が成り立つ．

$$\{c_{i\sigma}, c_{j\sigma'}^{\dagger}\} = \delta_{ij}\delta_{\sigma\sigma'}, \quad \{c_{i\sigma}, c_{j\sigma'}\} = \{c_{i\sigma}^{\dagger}, c_{j\sigma'}^{\dagger}\} = 0$$

波数 k の状態の生成，消滅演算子は $c_{k\sigma}^{\dagger}, c_{k\sigma}$ を用いた．第 2 項は，2 個の電子が同じ原子位置 (電子状態) を同時に占有しようとしたときに働く，互いの電子間のクーロン反発力による相互作用を表す．この項の存在が原子内で磁気モーメントを発生させる原因となる．すなわち，原子サイトにはできるだけ同じスピンの方向を向いた電子のみが存在し，逆向きスピンの電子が排除されることによって磁性が発生する．このように，金属性への寄与と磁性の原因となる互いに競合するエネルギーを含むハミルトニアンが，金属磁性のモデルとして用いられる．

1.2.2 ハイゼンベルクモデル

各原子の原子軌道が電子によって半分占有されている状況で，さらに強相関，つまり $|U/t_{ij}| \gg 1$ が成り立つ場合には，固体は絶縁体となり各原子には磁気モーメントが発生する．磁気モーメント間に働く相互作用は，次のハイゼンベルクモデルを用いて記述される．

$$\mathcal{H} = J \sum_{<ij>} \mathbf{S}_i \cdot \mathbf{S}_j \quad (1.13)$$

この問題では，上の記号 J は交換相互作用エネルギーを表し (大きさは，t_{ij}^2/U 程度)，スピン $\mathbf{S}_i$ の大きさは S であるとする．孤立したスピンの場合と異なり，上の

相互作用の影響で，ある温度 T_C で相転移が発生し，それ以下の低温では，スピンが互いに秩序をもって整列する状態が出現する．分子場近似と呼ばれる方法によるハイゼンベルクモデルの示す相転移の取り扱いについて，以下に説明する．

この近似は (1.13) に含まれるスピン $\mathbf{S}_i$ に対する隣接するスピン $\mathbf{S}_j$ との相互作用の影響を，外部からの磁場の影響として近似するものである．

$$H = \sum_j J \langle \mathbf{S}_j \rangle \tag{1.14}$$

発生した磁化の平均値が z 軸方向を向いていると仮定すれば，外部磁場の代わりに実質的に次の磁場 H_m を外部からかけた場合に誘起される磁気モーメントを求める問題と等価になる．

$$H_m = H + \frac{J}{g\mu_\mathrm{B}} \sum_j {}' \langle S_j^z \rangle = H + \frac{\zeta J}{N(g\mu_\mathrm{B})^2} M, \quad M = g\mu_\mathrm{B} \sum_i \langle S_i^z \rangle \tag{1.15}$$

ただし，上の j についての和は各磁性イオンの周囲に位置する ζ 個の最近接磁性イオンに関する和である．磁気モーメントをここでは M と定義した．

ここで，磁場中の孤立した磁気モーメントの問題の (1.5) の磁場の代わりに分子場の影響を考慮に入れた (1.15) の H_m を用いると，高温磁化率についての (1.9) 式は以下のように表される．

$$M \simeq \frac{N(g\mu_\mathrm{B})^2 S(S+1)}{3k_\mathrm{B} T} H_m = \frac{S(S+1)}{3k_\mathrm{B} T}[N(g\mu_\mathrm{B})^2 H + \zeta J M] \tag{1.16}$$

上の M に磁化率の定義 $M = \chi(T) H$ を代入し，$\chi(T)$ の温度依存性として次式が得られる．

$$\chi(T) = \frac{N(g\mu_\mathrm{B})^2 S(S+1)}{3k_\mathrm{B}(T - T_\mathrm{C})}, \quad T_\mathrm{C} = \frac{S(S+1)\zeta J}{3k_\mathrm{B}} \tag{1.17}$$

この磁化率の温度依存性のことを，キュリー・ワイス則と呼ぶ．この結果から，ある温度 T_C で磁化率が発散することがわかる．強磁性の場合，この T_C はキュリー温度と呼ばれる．この温度以下では $H = 0$ であるにも関わらず，磁性体の内部には自発磁化が発生する．

秩序が発生した状態での磁気モーメントの温度依存性は，(1.7) の磁場 H の代わりに次の式を解いて求められる．

$$M = N(g\mu_\mathrm{B}) B_J(x), \quad x = \frac{\zeta J M}{N(g\mu_\mathrm{B}) k_\mathrm{B} T} \tag{1.18}$$

低温極限では磁気モーメントを求める式は，$B_J(x)$ についての定義 (1.7) より次のように表される．

$$\begin{aligned}M &\simeq \frac{N}{2}g\mu_\mathrm{B}\left[(2S+1)(1+2\mathrm{e}^{-g\mu_\mathrm{B}(2S+1)H_m/k_\mathrm{B}T})-(1+2\mathrm{e}^{-g\mu_\mathrm{B}H_m/k_\mathrm{B}T})\right]\\&=Ng\mu_\mathrm{B}S\left(1-\frac{1}{S}\mathrm{e}^{-g\mu_\mathrm{B}H_m/k_\mathrm{B}T}+\cdots\right)\end{aligned} \qquad (1.19)$$

つまり，(1.8) の $1 \ll |x|$ が成り立つ場合の近似を用い，エネルギーギャップが存在するような指数関数的な温度依存性を示すことがわかる．低温でより正しい温度依存性を導くには，スピン波の寄与を考慮に入れる必要があることが知られている．

以上はよく知られた結果である．あえてこの例を用いたのは，相転移を取り扱う上での特徴について触れておきたいためである．今の例では自由エネルギーの計算によって磁化率の温度依存性を求め，その値が発散することから相転移の発生を明らかにした．同様な相転移の取り扱いが，Stoner-Wohlfarth 理論と SCR 理論でもなされる．これとは別に，本書でも用いる保存則を積極的に利用することもできる．

1.3 フェルミ励起とボース粒子的集団励起

固体の示すさまざまな性質は，それぞれに対応する自由度とその励起状態と密接な関係がある．それらの励起は，フェルミ粒子的な励起とボース粒子的な励起とに大別できる．相転移に関係するのは，ボース粒子的な励起である．ただし，ボース粒子的な系であればいつでも相転移が発生するわけではない．よく知られたボース粒子の例として，黒体輻射の問題に関係する光量子気体や固体内の格子振動を量子化したフォノンが挙げられるが，これらの系では相転移は生じない．どちらも粒子数の保存則が成り立たないためである．何らかの保存則が存在する場合に相転移が発生する．ボース粒子系の相転移における保存則の重要性を，より明瞭に認識させる例として理想ボース気体がある．そこで，まず理想ボース気体の相転移を，保存則の活用という観点から取り上げる．

1.3.1 ボース粒子系の相転移

本書のテーマの中心は，スピンゆらぎの及ぼす遍歴電子磁性への支配的な影響である．このスピンゆらぎは，ボース粒子的な性格の磁気励起である．したがって，他のボース粒子系の場合に発生する相転移の取り扱いについて知ることは，磁性体の場合

の相転移の理解にも大いに参考になる．

相転移を示す最も簡単なボース粒子の例として，相互作用のない理想ボース気体が知られている．この系の相転移の発現には，保存量の存在が重要な役割を果たす．ある特定の最低エネルギー状態を巨視的な数の粒子が占有することによるボース凝縮により，相転移が発生すると考えられている．磁性体の場合との対応関係を考慮して，複素外力 α の影響を受けた次のハミルトニアンを考えることにする．

$$\mathcal{H} = \mathcal{H}_0 + \mathcal{H}_1,$$
$$\mathcal{H}_0 = \sum_{\mathbf{k}} (\varepsilon_{\mathbf{k}} - \mu) n_{\mathbf{k}}, \quad \mathcal{H}_1 = -\alpha b_0^{\dagger} - \alpha^* b_0 \quad (n_{\mathbf{k}} = b_{\mathbf{k}}^{\dagger} b_{\mathbf{k}}) \tag{1.20}$$

ただし，$b_{\mathbf{k}}^{\dagger}, b_{\mathbf{k}}$ はそれぞれボース粒子の生成，消滅演算子を表し，次の交換関係を満たす．

$$[b_{\mathbf{k}}, b_{\mathbf{k}'}^{\dagger}] = \delta_{\mathbf{k}, \mathbf{k}'}, \quad [b_{\mathbf{k}}, b_{\mathbf{k}'}] = [b_{\mathbf{k}}^{\dagger}, b_{\mathbf{k}'}^{\dagger}] = 0$$

質量 m のボース粒子のエネルギーと波数 $\mathbf{k}$ との間に $\varepsilon_{\mathbf{k}} = \hbar^2 k^2 / 2m$ が成り立つと考える．外力の作用によって期待値 $\langle b_0 \rangle, \langle b_0^{\dagger} \rangle$ が有限に残るため，最低エネルギー状態についてはボース演算子を平均値と次のゆらぎ δb_0 とに分離できる．

$$\delta b_0 = b_0 - \langle b_0 \rangle \quad (\text{または}, b_0 = \langle b_0 \rangle + \delta b_0) \tag{1.21}$$

平均場近似と同様にゆらぎ δb_0 の寄与を無視すれば，(1.20) は次のように書き換えられる．

$$\mathcal{H} = \sum_{\mathbf{k}}{}' (\varepsilon_{\mathbf{k}} - \mu) n_{\mathbf{k}} + (\varepsilon_0 - \mu) |\langle b_0 \rangle|^2 - \alpha \langle b_0^{\dagger} \rangle - \alpha^* \langle b_0 \rangle \tag{1.22}$$

ただし上の波数についての和は，$\mathbf{k} = \mathbf{0}$ を含まない．統計力学によれば，化学ポテンシャル μ の関数としての自由エネルギーが，以下のように求まる．

$$F(T, \mu) = k_{\mathrm{B}} T \sum_{\mathbf{k}}{}' \log[1 - \mathrm{e}^{-(\varepsilon_{\mathbf{k}} - \mu)/k_{\mathrm{B}} T}] \\ + (\varepsilon_0 - \mu) |\langle b_0 \rangle|^2 - \alpha \langle b_0^{\dagger} \rangle - \alpha^* \langle b_0 \rangle \tag{1.23}$$

化学ポテンシャル μ についての熱力学的な関係，

$$-\frac{\partial F}{\partial \mu} = |\langle b_0 \rangle|^2 + N' = N, \quad N' = \sum_{\mathbf{k}}{}' n_{\mathbf{k}}, \quad n_{\mathbf{k}} = \frac{1}{\mathrm{e}^{(\varepsilon_{\mathbf{k}} - \mu)/k_{\mathrm{B}} T} - 1} \tag{1.24}$$

を用い，粒子数 N が一定の条件から μ の温度依存性が求まる．

一方，$\langle b_0 \rangle$ に関する自由エネルギーの極値の条件から，次の関係も得られる．

$$[\varepsilon_0 - \mu(T)]\langle b_0 \rangle = \alpha, \quad [\varepsilon_0 - \mu(T)]\langle b_0^\dagger \rangle = \alpha^* \tag{1.25}$$

または，これを

$$\langle b_0 \rangle = \chi(T)\alpha, \quad \chi(T) = \frac{1}{\varepsilon_0 - \mu(T)} \tag{1.26}$$

と表すこともできる．平均値 $\langle b_0 \rangle$ の発生が外力による影響であることを考慮すれば，上の比例係数 $\chi(T)$ は磁性体の場合の磁化率に対応する．そこでこの値を感受率と呼ぶことにする．ボース粒子系の相転移に関する種々の性質が，粒子数の保存則を利用して導かれることを以下に示す．

まず，N' の波数についての和を，以下の積分の形に表すことができる．

$$\begin{aligned} N'(1/\chi, T) &= {\sum_{\mathbf{k}}}' n_{\mathbf{k}} = \frac{4\pi V}{(2\pi)^3} \int_0^\infty k^2 dk \frac{1}{e^{(\varepsilon_{\mathbf{k}} - \mu)/k_B T} - 1} \\ &= \frac{4\pi V}{(2\pi)^3}\left(\frac{2mk_B T}{\hbar^2}\right)^{3/2} F(1/k_B T\chi) \\ &= \frac{8\sqrt{2}\pi}{3\sqrt{3}} \frac{V}{\lambda^3} F(1/k_B T\chi) \end{aligned} \tag{1.27}$$

系の体積を V で表し，関数 $F(u)$ と変数 u，および熱ド・ブロイ波長と呼ばれる $\lambda(T)$ を以下のように定義した．

$$\begin{aligned} F(u) &= \int_0^\infty dx \frac{x^2}{e^{x^2+u}-1} = \frac{1}{2}\int_0^\infty dt \frac{t^{1/2}}{e^{t+u}-1} = \frac{1}{2}\Gamma(3/2)\sum_{n=1}^\infty \frac{e^{-nu}}{n^{3/2}} \\ &= \frac{\sqrt{\pi}}{4}\phi(3/2, e^{-u}), \quad \phi(\nu, s) = \sum_{n=1}^\infty \frac{s^n}{n^\nu} \\ u &= \frac{1}{k_B T \chi(T)}, \quad \frac{\hbar^2}{2m}\left(\frac{2\pi}{\lambda}\right)^2 = \frac{3}{2}k_B T \end{aligned} \tag{1.28}$$

したがって，臨界点に対応する $u = 0$ の場合，ツェータ関数 $\zeta(\nu) = \phi(\nu, 1)$ を用いて $F(0) = \sqrt{\pi}\zeta(3/2)/4$ が得られる．

● ボース凝縮の発生温度

ボース凝縮が発生する臨界温度では，秩序が発生しない状況で感受率が発散する．したがって，この温度における粒子数の保存則を $N'(0, T_c) = N$，つまり次のように表すことができる．

$$\sum_{\mathbf{k}}{}' n_{\mathbf{k}}|_{\mu=\varepsilon_0} = \sum_{\mathbf{k}}{}' \frac{1}{e^{(\varepsilon_{\mathbf{k}}-\varepsilon_0)/k_B T}-1} = N,$$
$$F(0) = \frac{1}{4}\sqrt{\pi}\zeta(3/2) = \frac{3\sqrt{3}N}{8\sqrt{2}\pi V}\lambda_c^3, \tag{1.29}$$
$$\lambda_c \equiv \lambda(T_c) = \sqrt{\frac{h^2}{3mk_B T_c}}$$

これが臨界温度 T_c を決める条件となる．熱ド・ブロイ波長が平均の粒子間距離 $(N/V)^{-1/3}$ と同じ程度になる温度であると見なせる．

● 感受率の温度変化

外力が存在する場合，(1.26) を (1.24) 式に代入して $\langle b_0 \rangle$ を α と感受率 $\chi(T)$ を用いて表せば，粒子数についての保存則の条件から $\chi(T)$ の温度変化が得られる．高温では $\chi(T)$ は正の値を持ち，温度の減少に伴いその値は増大する．感受率と逆数の関係にある化学ポテンシャルは，それとは逆の温度変化を示す．感受率が有限の値 ($\chi > 0$) であることは，外力が存在しない ($\alpha = 0$) 場合に秩序が発生しない（つまり $\langle b_0 \rangle = 0$）ことを意味する．したがって，外力ゼロの場合の感受率の温度変化は (1.24) より，$N'(1/\chi, T) = N$ の条件を満たす χ の値として決まる．

結局，$\chi(T)$ の温度変化は次の式を数値的に解くことによって求められる．

$$F(1/k_B T\chi) = \frac{3\sqrt{3}n}{8\sqrt{2}\pi}\lambda^3 = F(0)\frac{\lambda^3}{\lambda_c^3} = F(0)\left(\frac{T_c}{T}\right)^{3/2} \quad (n = N/V) \tag{1.30}$$

ただし，臨界温度の条件 (1.29) が用いられている．

特に臨界温度近傍では，微小な $u = 1/k_B T\chi$ の値に対して $F(u) \simeq F(0) - \pi\sqrt{u}/2$ が成り立つので，(1.30) 式が次のように近似できる．

$$\begin{aligned} F(0) - \frac{\pi}{2}\sqrt{u} &= F(0)\left(\frac{T_c}{T}\right)^{3/2}, \\ \therefore \frac{\pi}{2}\sqrt{u} &= F(0)\left[1 - \left(\frac{T_c}{T}\right)^{3/2}\right] \end{aligned} \tag{1.31}$$

1.3 フェルミ励起とボース粒子的集団励起

したがって，$(T-T_c)^2$ に比例する $\chi(T)$ の温度依存性が得られる．

$$\frac{1}{kT_c\chi(T)} = \left(\frac{2F(0)}{\pi}\right)^2 \left[1 - \left(\frac{T_c}{T}\right)^{3/2}\right]^2$$
$$\simeq \frac{9}{4}\left(\frac{2F(0)}{\pi}\right)^2 (T/T_c - 1)^2 \tag{1.32}$$

- 秩序変数の温度変化

臨界温度より低温では秩序が発生し，その温度変化も粒子数の保存則 (1.24) を利用して求めることができる．臨界温度以下の温度では常に $1/\chi(T) = 0$ が成り立つため，粒子数 N' の温度変化について

$$N'(0,T) = \frac{\lambda_c^3}{\lambda^3} N'(0,T_c) = N\left(\frac{T}{T_c}\right)^{3/2} \tag{1.33}$$

が成り立つ．したがって，保存則が成り立つ条件を満たすように秩序変数の温度依存性が次のように求まる．

$$|\langle b_0 \rangle|^2 = N - N'(0,T) = N\left[1 - \left(\frac{T}{T_c}\right)^{3/2}\right] \tag{1.34}$$

感受率 $\chi(T)$ の温度変化の観点から，以上の結果を次のようにまとめることができる．

- 臨界温度より高温 $(T > T_c)$ では，常に正の感受率は温度の低下に伴ってその値が増大する．この感受率の温度変化は，系の粒子数の保存則 $N'(1/\chi, T) = N$ によって決定される．

- 臨界温度近傍では，感受率の逆数 $1/\chi(T)$ の温度依存性は，$(T-T_c)^2$ に比例してゼロの値に接近する．

- 臨界温度 T_c は，感受率が発散する条件 $1/\chi(T_c) = 0$，つまり $N'(0,T_c) = N$ を満たす温度として決まる．臨界温度以下の温度 $(T \leq T_c)$ では，常に $1/\chi(T) = 0$ が成り立つ．

- 臨界温度以下で発生する秩序パラメータの温度変化も，粒子数の保存則を用いて決定される．秩序相での温度依存性 $N'(0,T) = N(T/T_c)^{3/2}$ から，最低エネルギー状態に凝縮する粒子数 $N_0 = N[1 - (T/T_c)^{3/2}]$ が得られる．N_0 は秩序変数の 2 乗振幅 $|\langle b_0 \rangle|^2$ に等しい．

臨界温度以下で発生する秩序状態は，以下のようにボース演算子の固有状態として定義されるコヒーレント状態であると考えられる．

$$b_0 |\Psi_g\rangle = \varphi |\Psi_g\rangle, \quad \langle\Psi_g| b_0^\dagger = \varphi^* \langle\Psi_g|,$$
$$|\Psi_g\rangle = e^{-|\varphi|^2/2} \sum_{n=0}^{\infty} \frac{\varphi^n}{\sqrt{n!}} |n\rangle \tag{1.35}$$

ここで $|n\rangle$ は粒子数が n である状態を表す．理想ボース粒子系の場合，パラメータ φ が $\sqrt{N_0}e^{i\theta}$ の値を持つ場合に対応し，θ は位相角を表す．この状態では，次の期待値が有限に残る．

$$\langle\Psi_g|b_0|\Psi_g\rangle = \sqrt{N_0}e^{i\theta} \tag{1.36}$$

最低エネルギー状態の粒子数の演算子 $n_0 = b_0^\dagger b_0$ と，そのゆらぎ $\delta n_0 = n_0 - \langle\Psi_g|n_0|\Psi_g\rangle$ を定義すれば，ボース粒子の交換関係を用いて

$$\langle\Psi_g|n_0^2|\Psi_g\rangle = \langle\Psi_g|b_0^\dagger(b_0^\dagger b_0+1)b_0|\Psi_g\rangle = N_0^2 + N_0$$
$$\langle\delta n_0^2\rangle \equiv \langle\Psi_g|\delta n_0^2|\Psi_g\rangle = N_0 \tag{1.37}$$

が成り立つ．この状態で粒子数についての量子力学的なゆらぎが存在するが，その相対的な振幅 $\sqrt{\langle\delta n_0^2\rangle}/\langle n_0\rangle = 1/\sqrt{N_0}$ は，N_0 が巨視的な場合には十分小さく無視できる．

有限波数 ($k \neq 0$) の状態については，$\langle b_\mathbf{k}\rangle = 0$ が成り立つことから平均値はゼロであり，その 2 乗振幅の平均値 $\langle b_\mathbf{k}^\dagger b_\mathbf{k}\rangle$ は熱ゆらぎの振幅と見なすこともできる．つまり粒子数の保存則 (1.24) は，秩序とすべての波数に関する熱ゆらぎの振幅の和 N' を加えた値が常に一定に保たれる条件と考えられる．このような観点から上の結果を再度見直すことができる．つまり，

- 秩序の発生しない高温相での感受率の温度変化は，熱ゆらぎの振幅を一定に保つ条件から決定される．

- 臨界温度 T_c は，このようにして得られる感受率が発散する温度として決定される．

- 臨界温度より低温では，熱ゆらぎの振幅が振幅保存則による限度を越えて減少するため，その減少を補償し，保存則を満たすように秩序が発生する．

このように保存則の存在は，ボース粒子系の相転移に極めて重要な役割を果たす．感受率を導入したことにより，この系の相転移の定性的なふるまいが，磁気的相転移の

場合とよく類似しているように見える．

相転移が協力現象であることから，粒子間の相互作用の存在が相転移の発生に重要であると一般によく言われる．この系の場合，理想気体であるので相互作用はもちろん存在しない．粒子数の保存則がそれに代わって相転移の発生の起源としての役割を果たしている．

1.3.2 絶縁体磁性の相転移と保存則

この節では，(1.13) 式のハイゼンベルクモデルの示す相転移や磁気的性質について調べるために，すでに説明した分子場近似とは異なる方法を適用する．前節のボース粒子系の場合と同様に，ゆらぎの影響を考慮に入れ，スピン振幅が一定という保存則を利用する．取り扱いを容易にするため強磁性の場合を考えることにし，そのハミルトニアンを再度以下に示す．

$$\mathcal{H} = -J \sum_{<ij>} \mathbf{S}_i \cdot \mathbf{S}_j \quad (J > 0) \tag{1.38}$$

$<ij>$ は，最近接の原子対についての和をとることを意味する．よく知られているように，各原子位置 i におけるスピンの 2 乗振幅 $\mathbf{S}_i^2$ がハミルトニアンと交換する．

$$[\mathbf{S}_i^2, \mathcal{H}] = 0 \tag{1.39}$$

原子位置 j におけるスピン演算子 $\mathbf{S}_j$ と任意の原子位置の $\mathbf{S}_i^2$ が互いに交換するからである．したがって，$\mathbf{S}_i^2$ は運動の恒量であり，その期待値 $S(S+1)$ の値は常に一定に保たれる．ボース粒子系の粒子数の保存則に対応し，この場合はスピンの振幅に関する次の保存則が成り立つ．

$$\sum_i \langle \mathbf{S}_i \cdot \mathbf{S}_i \rangle = \sum_{\mathbf{q}} \langle \mathbf{S}_{\mathbf{q}} \cdot \mathbf{S}_{-\mathbf{q}} \rangle = NS(S+1) \tag{1.40}$$

ただし，N は格子点の数を表す．磁気秩序が発生すると，この関係は平均値の 2 乗とその周りのゆらぎの 2 乗振幅の熱平均値の和として次のように書き換えられる．

$$|\langle \mathbf{S}_0 \rangle|^2 + \sum_{\mathbf{q}} \langle \delta \mathbf{S}_{\mathbf{q}} \cdot \delta \mathbf{S}_{-\mathbf{q}} \rangle = NS(S+1), \quad \delta \mathbf{S}_{\mathbf{q}} = \mathbf{S}_{\mathbf{q}} - \delta_{q,0} \langle \mathbf{S}_0 \rangle$$

各格子点上で定義されたスピン演算子のフーリエ成分を以下のように定義した．

$$\mathbf{S}_{\mathbf{q}} = \sum_i e^{-i\mathbf{q} \cdot \mathbf{R}_i} \mathbf{S}_i, \quad \mathbf{S}_i = \frac{1}{N} \sum_{\mathbf{q}} e^{i\mathbf{q} \cdot \mathbf{R}_i} \mathbf{S}_{\mathbf{q}} \tag{1.41}$$

16　第1章　はじめに

この $\mathbf{S_q}$ を用い，波数表示を用いてハイゼンベルクモデルを次のように表すこともできる．

$$\begin{aligned}\mathcal{H} &= -\frac{1}{2N^2}J\sum_{ij}\sum_{\mathbf{qp}}e^{i\mathbf{q}\cdot\mathbf{R}_i - i\mathbf{p}\cdot\mathbf{R}_j}\mathbf{S_q}\cdot\mathbf{S_{-p}} \\ &= -\frac{1}{2N^2}J\sum_{ij}\sum_{\mathbf{qp}}e^{i\mathbf{q}\cdot(\mathbf{R}_i-\mathbf{R}_j)+i(\mathbf{q}-\mathbf{p})\cdot\mathbf{R}_j}\mathbf{S_q}\cdot\mathbf{S_{-p}} \\ &= -\frac{1}{2N}\sum_{\mathbf{q}}J(\mathbf{q})\mathbf{S_q}\cdot\mathbf{S_{-q}}\end{aligned} \quad (1.42)$$

ただし $J(\mathbf{q})$ は，格子点 i の周りの最近接格子点 j についての次の和として定義される．

$$J(\mathbf{q}) = J\sum_j e^{i\mathbf{q}\cdot\mathbf{R}_{ij}} \quad (\mathbf{R}_{ij} = \mathbf{R}_i - \mathbf{R}_j)$$

上の (1.40) の保存則を利用し，磁気的性質を導くことができることを以下に示す．

まず最初に，1.1 節で説明したのと同様な，次の関係が成り立つことを仮定する．

$$(g\mu_\mathrm{B})^2\frac{1}{3}\langle\mathbf{S_q}\cdot\mathbf{S_{-q}}\rangle = k_\mathrm{B}T\chi(\mathbf{q}) \quad (1.43)$$

(1.40) 式の保存則の利用には，磁気モーメントの 2 乗振幅の平均値の波数 $\mathbf{q}$ に関する依存性が必要である．(1.43) によれば，磁化率 $\chi(\mathbf{q})$ の波数依存性が求まればよい．分子場近似と同じ考え方を用いてこの依存性を求めることができる．空間的に波数 $\mathbf{q}$ で変動する磁場を外部から系に印加し，その影響で発生する磁気モーメントの外部磁場に比例する係数として磁化率が求まる．つまり，次のゼーマン項によって発生する磁化への影響を調べることから磁化率を求める．

$$\begin{aligned}\mathcal{H}_1 &= -\frac{1}{2}g\mu_\mathrm{B}(\boldsymbol{H}_{-\mathbf{q}}\cdot\mathbf{S_q} + \boldsymbol{H}_\mathbf{q}\mathbf{S_{-q}}) \\ &= -g\mu_\mathrm{B}\sum_i[\boldsymbol{H}_\mathbf{q}{}'\cos(\mathbf{q}\cdot\mathbf{R}_i) + \boldsymbol{H}_\mathbf{q}{}''\sin(\mathbf{q}\cdot\mathbf{R}_i)]\cdot\mathbf{S}_i,\end{aligned} \quad (1.44)$$

$$\boldsymbol{H}_\mathbf{q} = \boldsymbol{H}_\mathbf{q}{}' - i\boldsymbol{H}_\mathbf{q}{}''$$

一様な ($\mathbf{q} = \mathbf{0}$) 磁場の場合と同様に，外部磁場の波数 $\pm\mathbf{q}$ と同じ波数の有限の磁気モーメントが系に発生し，スピン変数は以下のように平均値とゆらぎとの和として表される．

$$\mathbf{S_q} = \langle\mathbf{S_q}\rangle + \delta\mathbf{S_q}, \quad \mathbf{S_{-q}} = \langle\mathbf{S_{-q}}\rangle + \delta\mathbf{S_{-q}}$$

1.3 フェルミ励起とボース粒子的集団励起　17

磁場と異なる波数 $\mathbf{p} \neq \mathbf{q}$ の場合の平均値はゼロである ($\langle \mathbf{S}_{\pm \mathbf{p}} \rangle = 0$) とする．分子場近似ではゆらぎについての 1 次項までを残し，それ以外をすべて無視する．したがってそのハミルトニアンは以下のように表される．

$$\mathcal{H}_{\mathrm{MF}} = -\frac{1}{N} J(\mathbf{q}) \left(\langle \mathbf{S}_{\mathbf{q}} \rangle \cdot \mathbf{S}_{-\mathbf{q}} + \langle \mathbf{S}_{-\mathbf{q}} \rangle \cdot \mathbf{S}_{\mathbf{q}} \right) \\ - \frac{1}{2} g \mu_{\mathrm{B}} (\boldsymbol{H}_{-\mathbf{q}} \cdot \mathbf{S}_{\mathbf{q}} + \boldsymbol{H}_{\mathbf{q}} \mathbf{S}_{-\mathbf{q}}) \tag{1.45}$$

(1.45) 式のハミルトニアンは，余分に発生した磁場による影響のため，外部からの磁場 $\boldsymbol{H}_{\mathbf{q}}$ が実質的に次の有効磁場に変わってしまったことに相当する．

$$\boldsymbol{H}_{\mathbf{q}} \to \boldsymbol{H}_{\mathbf{q}} + \frac{2}{N g \mu_{\mathrm{B}}} J(\mathbf{q}) \langle \mathbf{S}_{\mathbf{q}} \rangle \tag{1.46}$$

相互作用 $J(\mathbf{q})$ が存在しない場合，各磁気モーメントは互いに独立であることから磁化率に波数依存性は存在しない．そこで各原子位置に作用する局所的な磁場に対して局所的な磁化率 $\chi_{\mathrm{loc}}(T)$ を定義すれば，変動する磁場 $\boldsymbol{H}_{\mathbf{q}}$ の作用で生ずる磁気モーメントは次の式で与えられる．

$$g \mu_{\mathrm{B}} \langle \mathbf{S} \rangle_{\mathbf{q}} = \frac{1}{2} \chi_{\mathrm{loc}}(T) \boldsymbol{H}_{\mathbf{q}} \tag{1.47}$$

この右辺の磁場 $\boldsymbol{H}_{\mathbf{q}}$ に (1.46) の有効磁場を代入し，その結果を整理すれば次の結果，

$$g \mu_{\mathrm{B}} \langle \mathbf{S} \rangle_{\mathbf{q}} = \frac{\chi_{\mathrm{loc}}(T)}{1 - \chi_{\mathrm{loc}}(T) J(\mathbf{q})/N(g\mu_{\mathrm{B}})^2} \frac{1}{2} \boldsymbol{H}_{\mathbf{q}} = \frac{1}{2} \chi(\mathbf{q}) \boldsymbol{H}_{\mathbf{q}} \tag{1.48}$$

が得られる．つまり，波数に依存した磁化率が次のように求まる．

$$\begin{aligned} \chi(\mathbf{q}) &= \frac{\chi_{\mathrm{loc}}(T)}{1 - \chi_{\mathrm{loc}}(T) J(\mathbf{q})/N(g\mu_{\mathrm{B}})^2} \\ &= \frac{N(g\mu_{\mathrm{B}})^2}{[N(g\mu_{\mathrm{B}})^2/\chi_{\mathrm{loc}}(T) - J(\mathbf{0})] + J(\mathbf{0}) - J(\mathbf{q})} \end{aligned} \tag{1.49}$$

一様な $\mathbf{q} = \mathbf{0}$ の場合にこの両辺が一致するための条件から，$\chi_{\mathrm{loc}}(T)$ と $\chi(\mathbf{0})$ との間に次の関係が成り立つ．

$$\begin{aligned} \chi(\mathbf{q}) &= \frac{N}{N/\chi(\mathbf{0}) + [J(\mathbf{0}) - J(\mathbf{q})]/(g\mu_{\mathrm{B}})^2}, \\ \frac{1}{\chi(\mathbf{0})} &= \frac{1}{\chi_{\mathrm{loc}}(T)} - \frac{J(\mathbf{0})}{N_0 (g\mu_{\mathrm{B}})^2} \end{aligned} \tag{1.50}$$

上の式を (1.43) に代入し，スピンの 2 乗振幅保存を表す (1.40) 式から次の磁化率 $\chi(\mathbf{0})$ の温度依存性に対する条件が導かれる．

$$\frac{T}{N}\sum_{\mathbf{q}}\frac{1}{N/\chi(\mathbf{0})+[J(\mathbf{0})-J(\mathbf{q})]/(g\mu_{\mathrm{B}})^2} = \frac{1}{3}(g\mu_{\mathrm{B}})^2 S(S+1) \tag{1.51}$$

この式を利用して，以下に示すように種々の磁気的性質が導かれる．

- 臨界温度 T_{C} の値は，(1.51) で $\chi^{-1}(\mathbf{0})=0$, $T=T_{\mathrm{C}}$ と置いた次の式を用いて決定される．

$$3k_{\mathrm{B}}T_{\mathrm{C}}\frac{1}{N}\sum_{\mathbf{q}}\frac{1}{J(\mathbf{0})-J(\mathbf{q})} = S(S+1) \tag{1.52}$$

分子場近似で得られた結果と比較するため，交換相互作用 $J(\mathbf{q})$ について次の性質が成り立つことを利用できる．

$$\sum_{\mathbf{q}}J(\mathbf{q}) = 0, \quad J(\mathbf{0}) = \zeta J, \quad \therefore \quad \frac{1}{N}\sum_{\mathbf{q}}[J(\mathbf{0})-J(\mathbf{q})] = \zeta J \tag{1.53}$$

一般にすべてが正の値を持つ a_i について，次の不等式が成り立つ．

$$\frac{1}{n}\left(\frac{1}{a_1}+\frac{1}{a_2}+\cdots+\frac{1}{a_n}\right) \geq \frac{n}{(a_1+a_2+\cdots+a_n)} \tag{1.54}$$

正の数 a_i を $J(\mathbf{0})-J(\mathbf{q})$ に対応させ，次の不等式が導かれる．

$$\frac{S(S+1)}{3k_{\mathrm{B}}T_{\mathrm{C}}} = \frac{1}{N}\sum_{\mathbf{q}}\frac{1}{J(\mathbf{0})-J(\mathbf{q})} \geq \frac{N}{\sum_{\mathbf{q}}[J(\mathbf{0})-J(\mathbf{q})]} = \frac{1}{\zeta J} = \frac{S(S+1)}{3k_{\mathrm{B}}T_{\mathrm{C}}^{\mathrm{MF}}}$$

分子場近似で求めた (1.17) の臨界温度を $T_{\mathrm{C}}^{\mathrm{MF}}$ と置くと，ゆらぎの影響を取り入れた (1.52) の臨界温度 T_{C} は必ず $T_{\mathrm{C}}^{\mathrm{MF}}$ より低くなり，つまり $T_{\mathrm{C}} \leq T_{\mathrm{C}}^{\mathrm{MF}}$ が成り立つ．

- 磁化率 $\chi(T)$ の温度依存性

磁化率の温度依存性は，(1.51) 式を $\chi(\mathbf{0})$ について解くことによって求められる．高温では分子場近似の場合と同様に T^{-1} に比例して減少する解が得られ，その係数はキュリー定数で与えられる．臨界温度近傍 ($T_{\mathrm{C}} \lesssim T$) では，より詳しい温度依存性を求めることができる．(1.51) 式の右辺に (1.52) を代入し，さらに (1.52) の左辺の T_{C} を T で置き換えた同じ値を両辺から引き去ることから次式が得られる．

1.3 フェルミ励起とボース粒子的集団励起　19

$$\frac{T}{N}\sum_{\mathbf{q}}\left(\frac{1}{N/\chi(\mathbf{0})+[J(\mathbf{0})-J(\mathbf{q})]/(g\mu_{\mathrm{B}})^2}-\frac{1}{[J(\mathbf{0})-J(\mathbf{q})]/(g\mu_{\mathrm{B}})^2}\right)$$

$$=\frac{(T_{\mathrm{C}}-T)}{N}\sum_{\mathbf{q}}\frac{1}{[J(\mathbf{0})-J(\mathbf{q})]/(g\mu_{\mathrm{B}})^2}\equiv c(T_{\mathrm{C}}-T) \tag{1.55}$$

この右辺に現れる波数について和を定数 c と定義した．左辺の波数に関する和について，原点近傍が主に寄与することから $[J(\mathbf{0})-J(\mathbf{q})]/(g\mu_{\mathrm{B}})^2 = Aq^2$ と近似すれば，この値は波数についての積分として次のように表される．

$$\begin{aligned}
&T\frac{4\pi V}{(2\pi)^3 N}\int_0^{q_{\mathrm{B}}}\mathrm{d}q\, q^2\left(\frac{1}{y+Aq^2}-\frac{1}{Aq^2}\right)\\
&=-\frac{Tv_0}{2\pi^2 A}y\int_0^{q_{\mathrm{B}}}\mathrm{d}q\,\frac{1}{y+Aq^2}\\
&=-\frac{Tv_0}{2\pi^2 A}\sqrt{\frac{y}{A}}\tan^{-1}\left(\sqrt{\frac{A}{y}}q_{\mathrm{B}}\right)\\
&\simeq-\frac{Tv_0}{4\pi A}\sqrt{\frac{y}{A}}
\end{aligned} \tag{1.56}$$

ただし，$y = N/\chi(0)$ と置き，原子当たりの体積を $v_0 = V/N$ と置いた．結局 y の温度依存性に関して，

$$y = \left(\frac{4\pi c}{v_0}\right)^2\frac{A^3}{T^2}(T-T_{\mathrm{C}})^2 \tag{1.57}$$

が成り立つことから，$1/\chi(0) \propto (T-T_{\mathrm{C}})^2$ が得られる．分子場理論とは異なるこの温度依存性は，ゆらぎの効果を考慮に入れたことによる臨界現象特有の性質である．このように，磁化率は温度の低下によってその値が増大し，ある臨界温度で発散する．

以上，保存則の利用という観点から，ボース凝縮とハイゼンベルクモデルの磁気相転移に対し，類似した取り扱いの説明をした．どちらも共通に保存則，すなわちボース粒子系の場合は粒子数の保存則，ハイゼンベルクモデルではスピンの2乗振幅の保存則が成り立つ．2つのモデルの変数の間の対応関係を表1.1に示す．

類似がある一方で，いくつかの点で違いもある．例えばベクトル量である磁気モーメントが3成分を有するのに対し，ボース粒子系では1種類の粒子（秩序が複素数であるので2成分と見なせる）だけが含まれる．ボース粒子系では励起スペクトルのエネルギーに上限がないのに対し，ハイゼンベルクモデルではスペクトルの分布幅は有限で，その値は交換相互作用 $J \simeq k_{\mathrm{B}}T_{\mathrm{C}}$ と同程度である．このため臨界温度より高

表 1.1 ボース凝縮と局在磁性の相転移の類似性

	ボース粒子系	ハイゼンベルク磁性体
感受率の逆数	$\varepsilon_0 - \mu$	$N/\chi(\mathbf{0})$
励起エネルギー	$\varepsilon_{\mathbf{k}} - \varepsilon_0$	$J(\mathbf{0}) - J(\mathbf{q})$
保存量	N	$S(S+1)$
秩序	$\langle b_0 \rangle$	$\langle \mathbf{S}_0 \rangle$

温のハイゼンベルクモデルでは高温近似が正当化され,古典的な統計力学が適用できる.一方で,ボース粒子系では量子統計が欠かせない.この違いが臨界温度を決める式 (1.29) と (1.51) の違いに現れている.あえてボース粒子系の場合に現れるボース分布関数についても高温近似を行えば,その結果得られる式,

$$k_\mathrm{B} T_\mathrm{C} \sum_{\mathbf{k}} \frac{1}{\varepsilon_{\mathbf{k}} - \varepsilon_0} = N \tag{1.58}$$

とスピン系の場合の式 (1.51) との類似性は,より一層明瞭となる.これら 2 つの系を例とした取り扱いの説明から,相転移の発生に対する保存則の重要性とその応用の可能性について理解してもらえたと思う.

本書では,遍歴電子磁性体の取り扱いに対し,上の 2 つの例と同様に保存則が成り立つことを積極的に利用できると考える.これについては第 3 章以降で詳しく述べる.次の最後の節では,これとは異なる立場に基づく Stoner-Wohlfarth 理論について簡単に説明する.これから詳しく述べるスピンゆらぎ理論との対比のためと,歴史的な研究の発展についての経緯を紹介する目的によるものである.したがって,遍歴電子磁性に関する理解の現状とは無関係であることを予め断っておく.

1.4 金属電子論の応用—Stoner-Wohlfarth 理論

この節では,金属電子論の適用によって金属磁性を説明しようとする理論の概略について説明する.現在では,Stoner-Wohlfarth (SW) 理論として引用されている.ずいぶん長期に渡り,この理論が多くの研究者に受け入れられたことが知られているが,磁性以外の分野における金属電子論やバンド理論の果たした役割を考えると納得できることである.

この理論は (1.12) のハミルトニアンが取り扱いの対象となる.温度や外部からの磁場の影響により,伝導電子の各状態を電子が占める電子数に変化が生ずることから磁

1.4 金属電子論の応用—Stoner-Wohlfarth 理論　21

気相転移を理解しようとするが，ここに問題がある．磁気的な性質として固体内部における磁気モーメントは，上向きスピンを持つ電子数と下向きスピンの伝導電子数に差ができることによって発生すると考えられる．一方，各スピン方向の電子数の和は全電子数 N に等しい．これらを式で表すと次のようになる．

$$M = -\frac{1}{2}\sum_{\mathbf{k}} \langle n_{\mathbf{k}\uparrow} - n_{\mathbf{k}\downarrow} \rangle = -\frac{N_0}{2} \langle n_\uparrow - n_\downarrow \rangle$$
$$N = \sum_{\mathbf{k}} \langle n_{\mathbf{k}\uparrow} + n_{\mathbf{k}\downarrow} \rangle = N_0 \langle n_\uparrow + n_\downarrow \rangle$$
(1.59)

この節では，M をスピン方向の異なる電子数の差によって定義し，磁化は $2\mu_\mathrm{B} M$ で与えられる．逆に $\langle n_\uparrow \rangle$ や $\langle n_\downarrow \rangle$ を M と N を用いて表せば，

$$\langle n_\uparrow \rangle = \frac{1}{2N_0}(N - 2M)$$
$$\langle n_\downarrow \rangle = \frac{1}{2N_0}(N + 2M)$$
(1.60)

となる．強磁性の場合，安定な状態で試料全体としての磁化の平均値 M（$2\mu_\mathrm{B}$ 単位）が有限の値になるかどうかが問題となる．磁化 M についての上の定義，つまり (1.59) の第 1 式を見る限りは問題がなさそうである．

相互作用がある多電子系の状態は，多電子系に特有の性質を示す．特に磁性が発生する場合，基底状態近傍の励起状態は，多数の電子による集団的な励起であると見なされている．絶縁体磁性のスピン波励起の場合と同様である．このような状況で，個々の伝導電子が互いに独立にそのスピンの向きを変えることは，より高い励起エネルギーを要する．実際には集団全体としてスピンの向きを変える，より低いエネルギーの励起が存在する．つまり SW 理論は，あえてより高いエネルギー励起の状態を用いた近似になっている．

1.4.1　Hartree-Fock 近似

多電子系において，電子間の相互作用の影響を適切に取り扱うことは一般に難しい．そこで，初期の理論である SW 理論では，相互作用に対して分子場近似 (Hartree-Fock 近似) が用いられた．ここで注意すべきことは，同じ分子場近似でも，この近似がハイゼンベルクモデルの場合とは全く異なる意味を持つことである．重要なことは，どのような変数，物理量に対して近似がなされるかである．ハイゼンベルクモデルの場合には，満足ではないにしても分子場近似を用いてかなりよい結果が得られている．以

下に述べる説明からもわかるように，この近似では電子の集団的な運動が全く無視され，個々の伝導電子の状態に直接作用する平均場が用いられたことに問題がある．

ここで言う分子場近似とは，(1.12) の電子間に働く反発力エネルギーを，外部からかけた磁場に相当する平均的なポテンシャルとして近似することである．具体的には，相互作用を以下のように近似する．

$$\begin{aligned}
U \sum_i n_{i\uparrow} n_{i\downarrow} &\Longrightarrow U \sum_i (n_{i\uparrow} \langle n_\downarrow \rangle + n_{i\downarrow} \langle n_\uparrow \rangle - \langle n_\downarrow \rangle \langle n_\uparrow \rangle) \\
&= U \sum_{\mathbf{k}\sigma} n_{\mathbf{k}\sigma} \langle n_{-\sigma} \rangle - N_0 U \langle n_\downarrow \rangle \langle n_\uparrow \rangle \\
&= I \sum_{\mathbf{k}\sigma} \left(\frac{N}{2} - \sigma M \right) c^\dagger_{\mathbf{k}\sigma} c_{\mathbf{k}\sigma} - I \left(\frac{N^2}{4} - M^2 \right) \quad (I = U/N_0)
\end{aligned} \tag{1.61}$$

今後，σ についての和は，スピンの方向に関する和を表す．また，外部磁場による影響は次のように表される．

$$-M^z H = -\sum_i \frac{h}{2} \left(c^\dagger_{i\uparrow} c_{i\uparrow} - c^\dagger_{i\downarrow} c_{i\downarrow} \right) = -\sum_{\mathbf{k}\sigma} \sigma \frac{h}{2} c^\dagger_{\mathbf{k}\sigma} c_{\mathbf{k}\sigma} \quad (h = 2\mu_\mathrm{B} H) \tag{1.62}$$

これら 2 つの式を比較すれば，相互作用 (1.61) の磁気的性質に及ぼす影響は，外部磁場 h を $h + 2IM$ に置き換える効果と見なされる．つまりこの近似では，発生する磁気モーメントが各伝導電子に対して余分な磁場として作用する．したがって，(1.61) と (1.62) を代入し，(1.12) のハミルトニアンを以下のように近似することができる．

$$\begin{aligned}
\mathcal{H} &= \sum_{\mathbf{k}\sigma} \left(\varepsilon_{\mathbf{k}\sigma} - \mu \right) c^\dagger_{\mathbf{k}\sigma} c_{\mathbf{k}\sigma} - I \left(\frac{N^2}{4} - M^2 \right) \\
\varepsilon_{\mathbf{k}\sigma} &= \varepsilon_\mathbf{k} + \frac{IN}{2} - \sigma \Delta, \quad \Delta = IM + \frac{h}{2}
\end{aligned} \tag{1.63}$$

強磁性が発生するかどうかを調べるには，(1.63) を用いて系全体のエネルギーを計算し，磁気モーメントが発生した状態が，系の最低エネルギー状態になるかどうかを確かめればよい．

この近似では，相互作用の影響を外部からの磁場と実質的に等価であると見なすことができ，有限温度を含む系の熱力学的性質を，相互作用のない系に対する自由エネルギーの計算によって求めることができる．統計力学に従って，伝導電子がフェルミ統計に従うことから自由エネルギーは以下のように表される．

1.4 金属電子論の応用—Stoner-Wohlfarth 理論

$$F(h,\mu,T) = IM^2 + F_0,$$
$$F_0(h,\mu,T) = -kT \sum_{\mathbf{k}\sigma} \ln(1 + e^{-(\varepsilon_{\mathbf{k}\sigma}-\mu)/k_{\mathrm{B}}T}) \tag{1.64}$$

変数 μ と h についての次の熱力学的な関係式が成り立つこともよく知られている.

$$N(h,\mu,T) = -\frac{\partial F}{\partial \mu} = \sum_{\mathbf{k}\sigma} f(\varepsilon_{\mathbf{k}\sigma}) = \int d\varepsilon \rho(\varepsilon)[f(\varepsilon+\Delta) + f(\varepsilon-\Delta)]$$

$$M(h,\mu,T) = -\frac{\partial F}{\partial h} = -\frac{1}{2}\sum_{\mathbf{k}\sigma} \sigma f(\varepsilon_{\mathbf{k}\sigma}) \tag{1.65}$$

$$= -\frac{1}{2}\int d\varepsilon \rho(\varepsilon)[f(\varepsilon+\Delta) - f(\varepsilon-\Delta)]$$

ただし, フェルミ分布関数 $f(\varepsilon_{\mathbf{k}\sigma})$, および状態密度 $\rho(\varepsilon)$ を次のように定義した.

$$f(\varepsilon_{\mathbf{k}\sigma}) = \frac{1}{e^{(\varepsilon_{\mathbf{k}\sigma}-\mu)/k_{\mathrm{B}}T}+1}, \quad \rho(\varepsilon) = \sum_{\mathbf{k}} \delta(\varepsilon - \varepsilon_{\mathbf{k}}) \tag{1.66}$$

1.4.2 Stoner-Wohlfarth 理論の自由エネルギー

外部磁場と化学ポテンシャルを独立変数とする自由エネルギーの求め方を上で説明したが, 特に相転移が発生する状況では, 発生する磁化 M を独立変数とする自由エネルギーを用いたほうが便利である. そのほうが, ある有限の M の値で自由エネルギーが極小値を持ち, 直感的に相転移の様子が把握できて便利である. このために, 統計力学でよく用いられる Legendre 変換と呼ばれる方法を利用する. 前節の自由エネルギー (1.64) に対し, 次の定義により新しい変数の自由エネルギーを定義する.

$$F(M,N,T) = F(h,\mu,T) + hM + \mu N \tag{1.67}$$

ただし, (1.65) を用いて右辺に現れる変数 h と μ を新たな変数 M と N を用いて表し, 右辺からこれらの変数を消去するものとする. 新たに定義した自由エネルギーについては次の熱力学の関係式が成り立つ.

$$\begin{aligned}\frac{\partial F(M,N,T)}{\partial N} &= \mu + \left[\frac{\partial F(h,\mu,T)}{\partial \mu} + N\right]\frac{\partial \mu}{\partial N} + \left[\frac{\partial F(h,\mu,T)}{\partial h} + M\right]\frac{\partial h}{\partial N} \\ &= \mu \\ \frac{\partial F(M,N,T)}{\partial M} &= h + \left[\frac{\partial F(h,\mu,T)}{\partial \mu} + N\right]\frac{\partial \mu}{\partial M} + \left[\frac{\partial F(h,\mu,T)}{\partial h} + M\right]\frac{\partial h}{\partial M} \\ &= h\end{aligned}$$

$$\tag{1.68}$$

以下で詳しく説明するように，(1.67) の M 依存性だけに着目すれば，自由エネルギーが M のべきについて展開した形で表される．

$$F(M,T) = F(0,T) + \frac{1}{2}a(T)M^2 + \frac{1}{4}b(T)M^4 + \cdots \tag{1.69}$$

右辺の第 1 項は，磁化 M が 0 であるときの自由エネルギーを表す．

SW 理論では，温度 T と磁気モーメント M の値を微小なパラメータと見なし，これらについてべき展開した形の自由エネルギーを用いて磁気的性質を導くことができると考えている．温度依存性についてはフェルミ分布関数 $f(\varepsilon)$ と任期の関数 $g(\varepsilon)$ との積についての次の Sommerfeld 展開が用いられる．

$$\int_{-\infty}^{\infty} d\varepsilon g(\varepsilon) f(\varepsilon) = \int_{-\infty}^{\mu} d\varepsilon g(\varepsilon) + \sum_{n=1} a_n (k_B T)^{2n} g^{(2n-1)}(\mu) \tag{1.70}$$

ここで，$a_1 = \pi^2/6$ であり，高次項の係数 $a_n (n \geq 2)$ についても具体的な値が求められている．

(1.69) 式の自由エネルギーを求めるには，(1.65) の右辺を温度 T，バンド分裂 Δ，化学ポテンシャルの変化 $\delta\mu = \mu - \varepsilon_F$ について展開した形に表すことができればよい．ただし ε_F は，非磁性の基底状態の場合の化学ポテンシャル $\mu(T=0)$ である．フェルミ分布関数に含まれる伝導電子のエネルギーは，こららのパラメータを用いて，

$$\varepsilon_{\mathbf{k}\sigma} - \mu = (\varepsilon_{\mathbf{k}} - \sigma\Delta - \delta\mu) - \varepsilon_F = \varepsilon_{\mathbf{k}\sigma} - \varepsilon_F - (\delta\mu + \sigma\Delta)$$

と表される．つまり，(1.66) 式で $\mu = \varepsilon_F$ と置いたフェルミ分布関数を用いることにすれば，(1.65) を書き直すことができる．

$$\begin{aligned} N &= \int_{-\infty}^{\infty} d\varepsilon \rho(\varepsilon) [f(\varepsilon - \Delta - \delta\mu) + f(\varepsilon + \Delta - \delta\mu)] \\ 2M &= \int_{-\infty}^{\infty} d\varepsilon \rho(\varepsilon) [f(\varepsilon - \Delta - \delta\mu) - f(\varepsilon + \Delta - \delta\mu)] \end{aligned} \tag{1.71}$$

上の最初の式は，常磁性の場合 ($\Delta = 0, \delta\mu = 0$) に成り立つ式を用い，次のように書き換えた式を用いたほうが便利である．

$$\sum_{\sigma=\pm 1} \int_{-\infty}^{\infty} d\varepsilon \rho(\varepsilon) [f(\varepsilon - \sigma\Delta - \delta\mu) - f(\varepsilon)] = 0 \tag{1.72}$$

(1.71) の第 2 式と (1.72) 式を，Δ と $\delta\mu$, $k_B T$ のべきで展開した形に表すことができる．

1.4 金属電子論の応用—Stoner-Wohlfarth 理論

$$2\rho\delta\mu + \frac{2\pi^2}{3}\rho'(k_BT)^2 + \rho'\Delta^2 + \cdots = 0$$

$$\begin{aligned}
2M &= 2\Delta\left[\rho + \frac{\pi^2}{3}\rho''(k_BT)^2 + \cdots\right] + 2\rho'\Delta\delta\mu + \frac{1}{3}\rho''\Delta^3 + \cdots \\
&= 2\rho\Delta\left[1 - \frac{\pi^2}{3}\left(\frac{\rho''}{\rho} - \frac{\rho'^2}{\rho^2}\right)(k_BT)^2 + \cdots\right] \\
&\quad + \left(\frac{\rho''}{3} - \frac{\rho'^2}{\rho}\right)\Delta^3 + \cdots
\end{aligned} \tag{1.73}$$

上の最後の行は，最初の式の $\delta\mu$ を Δ^2 と $(k_BT)^2$ を用いて表した結果を第 2 式の右辺に代入して得られる．さらに (1.63) の関係 $\Delta = IM + h/2$ を利用して，h を M について展開した形に表すことができる．

$$h = \frac{\partial F}{\partial M} = a(T)M + b(T)M^3 + \cdots \tag{1.74}$$

ここで，係数 $a(T)$, $b(T)$ は，状態密度を用いて次のように表される．

$$\begin{aligned}
a(T) &= \frac{2}{\rho} - 2I + \frac{\pi^2}{3}\left(\frac{\rho''}{\rho} - \frac{\rho'^2}{\rho^2}\right)(k_BT)^2 + \cdots, \\
b(T) &= \frac{1}{\rho^3}\left(\frac{\rho'^2}{\rho^2} - \frac{\rho''}{3\rho}\right) + \cdots
\end{aligned} \tag{1.75}$$

熱力学の関係式 (1.68) より，自由エネルギー $F(M, N, T)$ の M 依存性は，この h を M に関して積分することによって得られ，(1.69) のように表される．すでに述べたように，ハミルトニアン (1.12) の中には，伝導電子の結晶内の並進運動に関係するバンドエネルギーと磁性原子内の電子間に働くクーロン反発力の 2 つの寄与が存在する．SW 理論では，この競合する 2 つエネルギーの和，

$$E_{\text{Band}} + E_{\text{Coulomb}}$$

が，伝導電子の状態の占有数の変化によって極小となる自由エネルギーを求めようとする．ある状況でスピン成分毎の電子の占有数に差が生ずると，エネルギーバンドのスピン分極の発生によって磁気モーメントが発生する．電子の占有数の変化は，フェルミ粒子の特性からフェルミ準位近傍に限られる．つまり，バンド分裂による強磁性発生の条件に，フェルミ準位近傍の状態密度が影響する．SW 理論では，このようにして得られる自由エネルギーに基づいて，種々の磁気的な性質が導出される．

1.4.3 Stoner-Wohlfarth 理論から導かれる性質

- 強磁性発生の条件

基底状態で強磁性が安定となる条件のことである．自由エネルギーの M 依存性に関し，原点 $M=0$ が不安定となる条件と等しい．つまり，自由エネルギーの M に関する 2 次の展開係数 $a(T)$ が負になる条件として，次のように表される．

$$a(0) < 0 \quad または \quad I\rho > 1 \tag{1.76}$$

これは，Stoner 条件とも呼ばれる．この条件が満たされたときに常磁性状態が不安定となり，スピン分極が発生し，ある有限の磁化 M の値で自由エネルギーが極小となる．

- 磁化率の温度依存性

(1.74) の右辺の係数 $a(T)$ が，磁化率の逆数に当たる．低温で強磁性が発生するかどうかによらず，高温の常磁性相の磁化率の温度依存性が次のように表される．

$$\frac{1}{\chi_0(T)} \equiv \frac{\partial h}{\partial M} = \frac{1}{\chi_\mathrm{P}(T)} - 2I \tag{1.77}$$

ここで $\chi_\mathrm{P}(T)$ は，相互作用が存在しない ($I=0$) 場合のパウリ常磁性磁化率である．

$$\chi_\mathrm{P}(T) = \frac{\rho}{2}\left\{1 - \frac{\pi^2}{6}R(k_\mathrm{B}T)^2 + \cdots\right\}, \quad R = \frac{\rho''}{\rho} - \frac{\rho'^2}{\rho^2} \tag{1.78}$$

- 臨界温度（キュリー温度）

強磁性の発生の条件 (1.76) が成り立つ場合には，温度の低下に伴いある温度で係数 $a(T)$ が 0 となる．この磁化率が発散する温度として，臨界温度 T_C が決まる．

$$a(T_\mathrm{C}) = 0, \quad \therefore \quad k_\mathrm{B}T_\mathrm{C} = \left[\frac{6(I\rho-1)}{\pi^2 R}\right]^{1/2} \tag{1.79}$$

この T_C を用いると，$a(T)$ の温度変化は次のように表される．

$$a(T) = a(0)\left(1 - \frac{T^2}{T_\mathrm{C}^2}\right) \tag{1.80}$$

1.4 金属電子論の応用—Stoner-Wohlfarth 理論

- 基底状態における自発磁化

基底状態で発生する自発磁化の値は，温度をゼロとした $(T=0)$ 状態方程式 (1.74) において，外部磁場 $h=0$ を満たす解として求められる．

$$a(0)M + b(0)M^3 = 0,$$
$$\therefore M_0 = \left[\frac{-a(0)}{b(0)}\right]^{1/2} = \left[\frac{2(I\rho-1)}{\rho b(0)}\right]^{1/2} \propto T_\mathrm{C} \tag{1.81}$$

係数 $a(0)$ についての (1.75) の結果が上の式で用いられている．得られた自発磁気モーメントについての (1.81) と，臨界温度についての (1.79) とを比較すると，基底状態で発生するモーメントが臨界温度と比例関係にあることがわかる．

- 自発磁化の温度依存性

有限温度の場合にも，自発磁化の値は (1.74) 式の $h=0$ を満たす解として求められる．係数 $b(T)$ の温度変化が弱いと考え無視すれば，

$$\begin{aligned}M(T) &= \left[\frac{-a(T)}{b(T)}\right]^{1/2} \simeq \left[\frac{-a(0)}{b(0)}\right]^{1/2}\left[\frac{a(T)}{a(0)}\right]^{1/2} \\ &= M_0\left(1-\frac{T^2}{T_\mathrm{C}^2}\right)^{1/2}\end{aligned} \tag{1.82}$$

が得られる．低温極限から臨界温度までの全温度領域において，M^2 が T^2 に比例して減少する結果を与える．ただし，T^4 に比例する項は無視されている．

- 磁化曲線

外部から印加した磁場 h と，それによって発生した磁化 M との関係のことである．熱力学の関係式 (1.74) であるとも言える．自由エネルギーが M についての 4 次までのべき展開でよく近似できる場合には，以下の式からわかるように M^2 は H/M についての 1 次式となる．

$$M^2(H,T) = -\frac{a(T)}{b(T)} + \frac{1}{b(T)}\frac{h}{M(H,T)} \tag{1.83}$$

磁化測定で得られた結果について，M^2 の値を H/M に対してプロットする解析がよく行われ，Arrott プロットと呼ばれている．自発磁化の温度依存性についての (1.82) を代入し，(1.74) を次の形に表すこともある．

$$M^2(H,T) = M^2(0,0)\left(1 - \frac{T^2}{T_C^2}\right) + M^2(0,0)\frac{2\chi_0 H}{M(H,T)} \qquad (1.84)$$

ただし，$\chi_0 = 1/[2b(T)M^2(0,0)]$ は微分磁化率と呼ばれる．

以上が SW 理論によって導かれる遍歴電子磁性体の磁気的性質である．この理論では，フェルミ分布関数に現れる温度依存性を Sommerfeld 展開を用いて温度についてのべき展開の形で表す．このため，多くの場合に T^2 に比例する温度依存性が現れるという特徴がある．

1.4.4　遍歴磁性の特徴と Stoner-Wohlfarth 理論

この章のまとめとして，絶縁体磁性の場合に対比させ，遍歴電子磁性の特徴を表 1.2 に示す．表に示されているそれぞれの性質について，SW 理論によって導かれる結果と比較してみる．ただしこの表は，強磁性の場合についてのみ当てはまる．この表に

表 1.2　遍歴電子磁性体の特徴−局在電子磁性との相違

磁気的性質	局在電子磁性	遍歴磁性
$M/(N_0\mu_B)$	整数 ǀ 半整数	$\ll 1$
低温での磁化曲線	飽和	不飽和
Arrott プロット	非線形	直線
低温磁化の温度依存性	$T^{3/2}$	T^2
$\chi(T)$	キュリー・ワイス則	キュリー・ワイス則
p_{eff}/p_s	~ 1	$\gg 1$

示されている磁性体による磁気的性質の違いや，SW 理論による遍歴磁性の理解について，以下のようにまとめることができる．

- 原子当たりの磁気モーメントの値

  スピン・軌道相互作用が無視できるとして $g = 2$ を仮定すれば，絶縁体磁性の場合は，原子当たりのモーメント (μ_B 単位) の値は角運動量の量子化により整数に近い値になる．金属磁性の場合，観測される値が 1 よりはるかに小さい値となることも多く，整数とは無関係である．SW 理論によれば，エネルギーバンドのスピン分裂によって強磁性が生ずるため，分裂の大きさは任意の値を取り得る．つまり，原子当たりのモーメントの値に対する制約はない．

1.4 金属電子論の応用—Stoner-Wohlfarth 理論

- 基底状態における磁化曲線

低温極限で外部から磁場をかけたとき，局在電子磁性の場合は磁化の値に変化がなく，飽和している様子が観測される．スピンがすでに完全に伸び切った状態にあるためである．金属磁性の場合，外部からの磁場の強さに応じてさらに磁化が増大する．SW 理論によれば，伝導電子の状態のスピン分極が，磁場によってさらに拡大するためであるとして理解できる．

- 磁気モーメントの温度依存性

磁気転移温度より十分低温では，温度上昇に伴って絶縁体の場合の磁気モーメントには $T^{3/2}$ に比例する減少が見られ，スピン波の影響によるものと考えられている．一方で金属磁性の場合，発生する磁化が特に微小である場合には，T^2 に比例する減少がよく観測される．この温度依存性は，SW 理論の (1.82) 式とよく一致する．

- 常磁性状態の磁化率の温度依存性

どちらもキュリー・ワイス則に従う温度依存性を示すことが観測されている．しかし，キュリー定数 C の値から求められる原子当たりの有効磁気モーメント p_{eff} と低温での自発磁気モーメント p_s との比を求めると，局在電子磁性の場合は常にほぼ 1 程度の値が得られる．角運動量の量子化によるゼロ点ゆらぎの寄与により，比の値には少しバラツキがある．これに対し，金属磁性の場合のこの比は 1 に比べて非常に大きな値になることが多い．同じキュリー・ワイス則でありながら，この比の値の大きな違いは，キュリー・ワイス則の起源についての両者の違いによるものと考えられる．(1.77) によれば，磁化率の分母に $T^2 - T_C^2$ が現れる，キュリー・ワイス則とは異なる依存性が SW 理論では導かれる．

以上の説明からもわかるように，基底状態や磁気秩序状態に関する限り，SW 理論は観測される多くの性質をうまく説明できているように思える．少し難しいと思われるのは，常磁性相で観測されるキュリー・ワイス則であるに過ぎない．また，いろいろな性質に，この理論に特有の T^2 に比例する温度変化が現れることも知られていた．これらのことが，SW 理論を長期に渡り支持させる結果につながった．SW 理論では難しいと思われたキュリー・ワイス則の温度依存性を説明しようとする試みが，次の発展への原動力となった．新たな理論により，現在ではキュリー・ワイス則の温度変

化を含むほとんどすべての性質が理解できる．最後に，これ以外の次の問題点も SW 理論に対して指摘できる．

1. 相転移の起源

    SW 理論では，フェルミ粒子的な伝導電子の熱励起が起源であると考えている．この章で説明したボース粒子系と局在スピン系のどちらについても，相転移の原因となるのはボース統計に従う励起である．相転移の起源に関する SW 理論のこの立場は，理論的な観点から問題がある．

2. 磁気相転移とスピン分極の発生消滅

    自発磁化の発生によって磁性体の体積が変化 (多くは膨張) する，磁気体積効果の存在が知られている．SW 理論では，キュリー温度以下で発生する自発磁化による体積膨張は，スピン分極の消滅と同時にキュリー温度で完全に消滅すると考えられる．実測される温度上昇による磁性体の体積収縮は，SW 理論の予測値に比べて小さい．磁気相転移点を，伝導電子のスピン分極の消失と同一視することを否定する結果と見なせる．

表 1.2 の遍歴電子磁性の性質はごく大まかなものであり，より詳細に見ると，理論との間に多くの細かい違いのあることが知られている．より詳しいことについては次の章以降で述べる．

第2章
スピンゆらぎと磁性

　自然界にはさまざまなゆらぎが存在する．同様に，磁性体の内部にも磁気的な自由度に関係するゆらぎが存在し，種々の磁気的性質の発現に重要な役割を担っている．第1章では，ゆらぎを無視した平均場を用いた取り扱いについて説明した．この章ではゆらぎを取り上げ，ゆらぎの持つ意味や磁気現象に対するゆらぎの影響について説明する．

　平均場を用いた取り扱いの改良には，平均場からの外れ，つまりゆらぎの効果をどのように考慮に入れるかが問題となる．この章では，ゆらぎの影響が比較的小さいと見なせる場合に対し，その寄与を摂動論的に取り扱う方法について述べる．分子場理論を改良する直接的で素直な方法であると言える．

2.1　平均場とゆらぎ

　磁気的なゆらぎについて考える前に，ある物理変数，例えば粒子の座標 $x(t)$ の時間変化について考えてみる．粒子は周囲と熱平衡状態にあり，その運動には周囲との相互作用の影響を反映した不確定な時間変化，つまり「ゆらぎ」が現れる．時間間隔が T の間のこの変数の平均値 $\bar{x}$ と，その周りのゆらぎ $\delta x(t)$ は，以下のように定義される．

$$\bar{x} = \langle x \rangle \equiv \lim_{T \to \infty} \frac{1}{T} \int_0^T dt \ x(t), \quad \delta x(t) \equiv x(t) - \langle x \rangle \tag{2.1}$$

この定義からわかるように，ゆらぎの平均値については常に，$\langle \delta x \rangle = 0$ が成り立ち，ゆらぎの特徴を表す量として次の分散，

$$\langle \delta x^2 \rangle \equiv \lim_{T \to \infty} \frac{1}{T} \int_0^T dt \ [x(t) - \langle x \rangle]^2 \tag{2.2}$$

が重要になる．

　同時刻におけるゆらぎのこの平均2乗振幅は，平衡状態の統計力学を用いて求める

ことができる．具体的なモデルとして，平均値を座標原点(つまり $\langle x \rangle = 0$)とする次の調和振動子のハミルトニアンを考えてみよう．

$$H(x,p) = \frac{1}{2m}p^2 + \frac{1}{2}m\omega^2 x^2 \tag{2.3}$$

粒子の質量と運動量をそれぞれ m, p で表し，ω は振動の角周波数である．この振動子の安定点が原点であることから，原点以外の座標 x や運動量 p の値に対応する状態は，熱エネルギーや量子力学的な原因によって発生するゆらぎと見なされる．統計力学によれば，このゆらぎの状態を見出す確率はボルツマン因子 $\mathrm{e}^{-H(x,p)/k_\mathrm{B}T}$ に比例する．古典的には，位相空間における次の積分から自由エネルギーが求められる．

$$\begin{aligned}\mathrm{e}^{-F_C(T)/k_\mathrm{B}T} &= \frac{1}{h}\int \mathrm{d}p \int \mathrm{d}x \ \mathrm{e}^{-(p^2/2m + m\omega^2 x^2/2)/k_\mathrm{B}T} \\ F_C(T) &= -k_\mathrm{B}T \log \frac{k_\mathrm{B}T}{\hbar\omega}\end{aligned} \tag{2.4}$$

量子力学的な取り扱いでは，上の積分の代わりに量子化されたエネルギー準位についての次の和を用いて求められる．

$$\begin{aligned}\mathrm{e}^{-F_Q(T)/k_\mathrm{B}T} &= \sum_{n=0}^{\infty} e^{-\hbar\omega(n+1/2)/k_\mathrm{B}T} \\ F_Q(T) &= \frac{1}{2}\hbar\omega + k_\mathrm{B}T\log(1 - \mathrm{e}^{-\hbar\omega/k_\mathrm{B}T})\end{aligned} \tag{2.5}$$

量子化の効果が無視できる，$\alpha = \hbar\omega/k_\mathrm{B}T \ll 1$ が成り立つ高温極限では，2つの自由エネルギー $F_Q(T)$ と $F_C(T)$ との関係を，α のべきについての展開として次式のように表すことができる．

$$\begin{aligned}F_Q(T) &= F_C(T) + k_\mathrm{B}T\left\{\frac{1}{2}\alpha + \log\left[1 - \frac{\mathrm{e}^{-\alpha} - 1 + \alpha}{\alpha}\right]\right\} \\ &= F_C(T) + \frac{1}{24}k_\mathrm{B}T\alpha^2 + \cdots\end{aligned}$$

この右辺の第2項以降が量子力学的な効果を表す．量子力学の場合，自由エネルギーはゼロ点エネルギーの項とボーズ分布関数に比例する項の和として表される．ゆらぎの2乗振幅の平均値は高温近似を用いて，

$$\begin{aligned}\left\langle \frac{p^2}{2m}\right\rangle &= \left\langle \frac{m\omega^2 x^2}{2}\right\rangle = \frac{1}{2}\langle H \rangle = \frac{1}{2}\left[\frac{1}{2}\hbar\omega + \frac{\hbar\omega}{\mathrm{e}^{\hbar\omega/k_\mathrm{B}T}-1}\right] \\ \langle x^2 \rangle &= \frac{1}{m\omega^2}\langle H \rangle = \frac{\hbar}{m\omega} \simeq \frac{k_\mathrm{B}T}{m\omega^2} \quad (\hbar\omega \ll k_\mathrm{B}T)\end{aligned} \tag{2.6}$$

と表され，エネルギー等分配則に対応する古典力学の結果が得られる．

ゆらぎの相関

　異なる時刻におけるゆらぎの平均値は，(時間) 相関関数と呼ばれる．例えば，振動運動による時間変化を示す座標変数 $x(t)$ がゆらぎを伴う場合，その時間変化は次のように表される．

$$x(t) = x_0 \cos(\omega t + \theta) + \delta x(t)$$

最初の項が平均値を表し，2 項目がゆらぎである．外部からのランダムな力によって生ずるこのゆらぎに対し，空間的に異なる位置，異なる時刻で発生したゆらぎの間の相関と，同時刻の異なる位置のゆらぎ，同じ位置の異なる時刻のゆらぎの相関を，それぞれ次のように定義することができる．

$$\begin{aligned} C(x-x, t-t') &= \langle \delta x(t) \delta x'(t') \rangle, \\ C(x-x') &= \langle \delta x(t) \delta x'(t) \rangle, \quad C(t-t') = \langle \delta x(t) \delta x(t') \rangle \end{aligned} \quad (2.7)$$

ただし，空間，および時間に関する並進操作についての系の対称性を仮定した．一般にこれらの相関は，互いの位置が隔たるにつれ，また時間の経過に伴って減衰する傾向があり，よく次の距離，または時間依存性を用いて表される．

$$C(x-x') = \langle \delta x^2 \rangle e^{-|x-x'|/\lambda}, \quad C(t-t') = \langle \delta x^2 \rangle e^{-|t-t'|/\tau} \quad (2.8)$$

これらの式に現れる λ と τ は，空間的，時間的な相関が維持される相関距離と相関時間（寿命）を表す．

　空間内の各座標位置 **r** に物理量の値が定義されている場合，それを場と呼ぶ．その値が時間変化する場合，場は時間の関数でもある．粒子の座標と同様に，空間の各点に定義された場も，熱的，量子力学的な理由によってゆらぎが生ずる．座標変数の場合と同様に，場のゆらぎについても統計的な性質を定義することができる．簡単のために，1 次元の座標軸の各点 x で定義された時間変化する場 $\phi(x,t)$ を考えると，その平均とゆらぎを次のように定義することができる．

$$\bar{\phi}(x) = \langle \phi(x) \rangle \equiv \lim_{T \to \infty} \frac{1}{T} \int_0^T dt\, \phi(x,t), \quad \delta\phi(x,t) \equiv \phi(x,t) - \langle \phi(x) \rangle \quad (2.9)$$

「場」の場合の平均値を，平均場と呼ぶ．場のゆらぎについて，同じ場所のゆらぎ，異なる場所でのゆらぎの相関を定義することができる．

34　第 2 章　スピンゆらぎと磁性

$$C(x, t-t') = \langle \delta\phi(x,t)\delta\phi(x,t')\rangle,$$
$$C(x-x', t-t') = \langle \delta\phi(x,t)\delta\phi(x',t')\rangle \quad (2.10)$$

物理的な系に対し，温度領域の違いによって生ずる特徴的なゆらぎの相関について，次に簡単に説明する．

2.1.1　基底状態近傍のゆらぎ

格子振動を例に，基底状態近傍のゆらぎの相関を調べるために次のハミルトニアンを用いることにする．

$$\mathcal{H} = \sum_{ks} \hbar\omega_{ks}[n_{ks} + 1/2], \quad \omega_{ks} = v_s k \quad (2.11)$$

音響モードだけを考えることにし，v_s は音速を表す．この式に現れる n_{ks} は，波数が k のボース粒子の生成，消滅演算子 $b_{ks}^\dagger$ と b_{ks} を用いて表され，またこれらは，(2.3) の調和振動子の変数と次の関係がある．

$$n_k = b_k^\dagger b_k$$
$$b_k^\dagger = \sqrt{\frac{m\omega}{2\hbar}} q_k - i\sqrt{\frac{1}{2m\hbar\omega}} p_k, \quad b_k = \sqrt{\frac{m\omega}{2\hbar}} q_k + i\sqrt{\frac{1}{2m\hbar\omega}} p_k \quad (2.12)$$

p_k が p に，q_k が x に対応する．今後は振動モードを表す s は無視する．生成，消滅演算子は，よく知られた次の交換関係を満たす．

$$[b_k, b_{k'}] = 0, \quad [b_k^\dagger, b_{k'}^\dagger] = 0, \quad [b_k, b_{k'}^\dagger] = \delta_{k,k'}$$

格子点 x_i と x_j 上の 2 個の原子の熱的な振動励起の相関関数について，次の結果が成り立つ．

$$\langle b_i^\dagger b_j \rangle = \sum_{k,k'} e^{i(kx_i - k'x_j)} \langle b_k^\dagger b_{k'} \rangle$$
$$= \sum_k e^{ik(x_i - x_j)} n_k, \quad n_k = \frac{1}{e^{\hbar\omega_k/k_B T} - 1} \quad (2.13)$$

低温極限で $n_k \simeq e^{-\hbar\omega_k/k_B T}$ が成り立つ場合について，波数積分を実行した結果は以下のように表される．

$$\langle b_i^\dagger b_j \rangle \simeq \sum_k e^{ik(x_i-x_j)} e^{-\hbar v k/k_B T} = \frac{L}{\pi} \frac{\hbar v k_B T}{(\hbar v)^2 + [k_B T(x_i - x_j)]^2}$$
$$= \frac{L}{\pi \hbar v} \frac{\tau}{\tau^2 + \Delta t_{ij}^2} \quad \to \frac{1}{\pi} \frac{k_B T}{\hbar v/L} \quad (\Delta t_{ij} \ll \tau) \tag{2.14}$$

ただし，長さ L の周期的境界条件を満す系を仮定した．時間の尺度に関する2つのパラメータ，$\tau = \hbar/k_B T$，$\Delta t_{ij} = |x_i - x_j|/v$ も定義した．それぞれ，τ は熱エネルギー $k_B T$ による振動運動を量子力学的に時間に換算した尺度を表し，Δt_{ij} は音波が格子点 i と j の間を伝わるために要する時間を表す．音波が伝わることによって相関が生じ，ゆらぎの発生によりそれは消滅する．低温極限で寿命 τ が十分に長い状況では，$\tau \gg \Delta t_{ij}$ が成り立つ広い空間領域で，粒子間の距離にほとんど依存しない相関が発生する．得られた (2.14) の結果を (2.12) 式を用いて位置座標についての相関の形として表すこともできる．

$$\langle q_i q_j \rangle = \frac{\hbar}{2m\omega} \langle (b_i^\dagger + b_i)(b_j^\dagger + b_j) \rangle = \frac{\hbar}{2m\omega} \langle b_i^\dagger b_j + b_i b_j^\dagger \rangle$$
$$= \frac{\hbar}{2m\omega} (\delta_{ij} + \langle b_i^\dagger b_j + b_j^\dagger b_i \rangle)$$
$$= \frac{\hbar}{2m\omega} \left[\delta_{ij} + 2\sum_k e^{ik(x_i-x_j)} n_k \right] \tag{2.15}$$

得られた結果のクロネッカーのデルタ δ_{ij} の項は，同じ原子位置で発生する温度によらないゼロ点ゆらぎによる寄与である．したがって，空間座標の相関は，原子位置に局在した温度変化のない大きな振幅のゼロ点ゆらぎによる自己相関と，熱的なゆらぎによる (2.14) の寄与との重ね合わせとして表される．

2.1.2 臨界ゆらぎと高温極限

空間変化するゆらぎの場 $\phi(x)$ についての自由エネルギーが，次の式で表されるとしてみる．

$$F[\phi(x)] = F_0 + \frac{1}{2} \int dx \phi(x) \left[a(T) - c\frac{d^2}{dx^2} \right] \phi(x)$$
$$+ \frac{1}{4} b(T) \int dx \phi^4(x) \quad (c > 0) \tag{2.16}$$

秩序の発生しない常磁性相で，高次の非線形項が無視できる場合の自由エネルギーは，ゆらぎのフーリエ成分の和として次のように表される．

$$F = F_0 + \frac{1}{2}\sum_k [a(T) + ck^2]\phi_k \phi_{-k}, \quad \phi(x) = \sum_k \phi_k e^{ikx} \qquad (2.17)$$

この自由エネルギーを用い，ゆらぎの場についての相関関数を以下のように求めることができる．

$$\begin{aligned}\langle \phi(x)\phi(x') \rangle &= \sum_{k,k'} e^{i(kx-k'x')} \langle \phi_k \phi_{-k} \rangle \delta_{k,k'} = \sum_k e^{ik(x-x')} \frac{2k_B T}{a(T)+ck^2} \\ &= \frac{L}{\pi}\int dk e^{ik(x-x')} \frac{k_B T}{a(T)+ck^2} = \frac{L k_B T}{c\kappa} e^{-\kappa|x-x'|}, \qquad (2.18) \\ \kappa &= \sqrt{\frac{a(T)}{c}}\end{aligned}$$

相転移現象によってある温度 T_c で秩序が発生することは，(2.16) の 2 次の係数の温度変化について，$a(T) = a_0(T - T_c)$ が成り立つためであると考えられる．その場合，自由エネルギーが温度 T_c を境に $k = 0$ のゆらぎ ϕ_0 に対して不安定になり，その結果として秩序が発生する．上の式の κ の逆数として，相関距離 $\lambda = 2\pi/\kappa \propto (T - T_c)^{-1/2}$ を定義できる．温度が臨界点に近づくことによって λ が増大し，臨界温度で発散する．つまり臨界温度近傍では，空間的に長距離に渡るゆらぎの相関が発達する．

逆に温度が上昇し，$ck^2 \ll a(T)$ の条件が成り立つ高温領域でのゆらぎの相関は，(2.18) の被積分関数の波数依存性が無視できるようになる．その結果，空間的に局在した自己相関が支配的となり，異なる位置のゆらぎは互いに独立で，無関係となる傾向が強まる．相関距離 λ が短くなることに等しい．

2.1.3 線形応答理論

ゆらぎの相関に，温度領域の違いによってそれぞれ特徴的な性質が現れる．外部から系に加えられた刺激もゆらぎに影響を与え，またそれは現象にも反映される．自然界のさまざまな現象を理解しようとするとき，その背景にあるゆらぎについて知ることは重要である．このような事情は，非平衡状態の統計力学においてよく知られる揺動散逸定理が成り立つことに関係があり，ゆらぎと感受率と呼ばれる性質との間に成り立つ密接な関係からも知ることができる．

ある波数 **q** の空間的な変調を持ち，角周波数 ω で時間的に変化する磁場を外部から磁性体に対して作用させたとき，その応答として系に磁気モーメント $\boldsymbol{M}(\boldsymbol{r},t)$ が発生する．この外部からの磁場と，その応答として発生する磁化との間の 1 次式の関係のことを線形応答と呼ぶ．また，この磁場と発生する磁化との比例係数が感受率であ

る．一般にこの感受率を，外場による寄与を含めたこの系のハミルトニアンを用いて求めることができる．

$$\mathcal{H} = \mathcal{H}_0 + V(t), \quad V(t) = -g\mu_B S^{\alpha}_{-\mathbf{q}} B_{\text{ext}} e^{-i\omega t}$$

ハミルトニアンの右辺の第 1 項は，外部磁場が存在しない系のハミルトニアンを表し，第 2 項が外場の影響を表す．座標軸に関する α 成分のスピン演算子のフーリエ成分を $S^{\alpha}_{-\mathbf{q}}$ を用いて表し，B_{ext} は磁場の強さである．この問題を摂動論的に解くために，相互作用表示と呼ばれる方法を用いることにする．つまり，状態 $|\Psi(t)\rangle$ の代わりに，$|\Psi(t)\rangle = e^{-i\mathcal{H}_0 t}|\Phi(t)\rangle$ で定義される新たな状態 $|\Phi(t)\rangle$ を用い，運動方程式を書き換えることができる．この節では $\hbar = 1$ と置く．

$$\begin{aligned}\mathcal{H}_0 e^{-i\mathcal{H}_0 t}|\Phi(t)\rangle + i e^{-i\mathcal{H}_0 t}\frac{\partial}{\partial t}|\Phi(t)\rangle &= [\mathcal{H}_0 + V(t)]e^{-i\mathcal{H}_0 t}|\Phi(t)\rangle, \\ i\frac{\partial}{\partial t}|\Phi(t)\rangle &= V_H(t)|\Phi(t)\rangle\end{aligned} \quad (2.19)$$

最初の式の両辺に現れる同じ項を整理して得られる第 2 式において，$V_H(t)$ とスピン演算子の時間変化を次のように定義した．

$$V_H(t) = e^{i\mathcal{H}_0 t}V(t)e^{-i\mathcal{H}_0 t} = -g\mu_B S^{\alpha}_{\mathbf{q}}(t)B_{\text{ext}}e^{-i\omega t}, \quad S^{\alpha}_{\mathbf{q}}(t) \equiv e^{i\mathcal{H}_0 t}S^{\alpha}_{\mathbf{q}}e^{-i\mathcal{H}_0 t}$$

この表示は，状態と物理変数を表す演算子のどちらもが時間変化をするという特徴がある．したがって，時刻 t におけるスピンの β 成分の平均値は，$\langle\Phi(t)|S^{\beta}_{\mathbf{q}}(t)|\Phi(t)\rangle$ で与えられる．(2.19) 式の解は，形式的に以下のように表すことができる．

$$\begin{aligned}|\Phi(t)\rangle &= |\Phi(-\infty)\rangle - i\int_{-\infty}^{t}dt' V_H(t')|\Phi_{\nu}(t')\rangle \\ &= \Bigg[1 - i\int_{-\infty}^{t}dt' V_H(t') \\ &\qquad + (-i)^2 \int_{-\infty}^{t}dt' V_H(t')\int_{-\infty}^{t'}dt'' V_H(t'') + \cdots\Bigg]|\Phi(-\infty)\rangle\end{aligned}$$

時刻 $t = -\infty$ のときに系がある状態にあったとき，その後の時間の経過によって系に誘起された磁気モーメントの期待値の時刻 t における値は，外部磁場に関して 1 次の範囲で次のように表される．

$$\begin{aligned}
g\mu_{\mathrm{B}} \langle S^{\beta}_{\mathbf{q}} \rangle (t) &= g\mu_{\mathrm{B}} \langle \Phi(t)| S^{\beta}_{\mathbf{q}}(t) |\Phi(t) \rangle \\
&= g\mu_{\mathrm{B}} \langle \Phi(-\infty)| \left[1 + i \int_{-\infty}^{t} \mathrm{d}t' V_H(t') + \cdots \right] S^{\beta}_{\mathbf{q}}(t) \\
&\quad \times \left[1 - i \int_{-\infty}^{t} \mathrm{d}t' V_H(t') + \cdots \right] |\Phi(-\infty) \rangle \\
&\simeq i g\mu_{\mathrm{B}} \int_{-\infty}^{t} \mathrm{d}t' \langle [V_H(t'), S^{\beta}_{\mathbf{q}}(t)] \rangle
\end{aligned}$$

ここで, 0 次の項の期待値がゼロであることに注意し, $V_H(t)$ の 1 次の範囲まで取り出してその定義を代入した結果が次の式である.

$$\begin{aligned}
g\mu_{\mathrm{B}} \langle S^{\beta}_{\mathbf{q}} \rangle (t) &= -i(g\mu_{\mathrm{B}})^2 B_{\mathrm{ext}} \int_{-\infty}^{t} \mathrm{d}t' \mathrm{e}^{-i\omega t'} \langle [S^{\alpha}_{-\mathbf{q}}(t'), S^{\beta}_{\mathbf{q}}(t)] \rangle \\
&= (g\mu_{\mathrm{B}})^2 \chi^{\beta\alpha}(q,\omega) B_{\mathrm{ext}} \mathrm{e}^{-i\omega t}
\end{aligned} \tag{2.20}$$

動的磁化率は, 上の第 2 式の外部磁場に対する比例係数として定義され, 改めて以下のように表される.

$$\begin{aligned}
\chi^{\beta\alpha}(q,\omega) &= i(g\mu_{\mathrm{B}})^2 \int_{0}^{\infty} \mathrm{d}\tau \mathrm{e}^{i\omega\tau} \langle [S^{\beta}_{\mathbf{q}}(\tau), S^{\alpha}_{-\mathbf{q}}(0)] \rangle \\
&= i(g\mu_{\mathrm{B}})^2 \int_{-\infty}^{\infty} \mathrm{d}\tau \mathrm{e}^{i\omega\tau} \theta(\tau) \langle [S^{\beta}_{\mathbf{q}}(\tau), S^{\alpha}_{-\mathbf{q}}(0)] \rangle, \\
\theta(\tau) &= \begin{cases} 1 & 0 \leq \tau \text{ のとき} \\ 0 & \tau < 0 \text{ のとき} \end{cases}
\end{aligned} \tag{2.21}$$

最初に系がある温度 T で熱平衡状態にあった場合を考えるには, ボルツマン因子に比例する確率を用い, この結果を初期状態に関して統計平均をとればよい. その場合, 量子力学的な期待値 $\langle \cdots \rangle$ を, 密度行列 $\rho = \mathrm{e}^{-\mathcal{H}_0/k_{\mathrm{B}}T}/Z$ (Z は分配関数) を用いた行列の対角和 $\mathrm{Tr}\{\rho \cdots \}$ に置き換えればよい.

一方, 量子力学では一般に 2 つの物理量に対する相関関数を, 次の反交換関係の期待値として定義する.

$$\langle \{S^{\beta}_{\mathbf{q}}(t), S^{\alpha}_{-\mathbf{q}}(0)\} \rangle = \frac{1}{2} \left[\langle S^{\beta}_{\mathbf{q}}(t) S^{\alpha}_{-\mathbf{q}}(0) \rangle + \langle S^{\alpha}_{-\mathbf{q}}(0) S^{\beta}_{\mathbf{q}}(t) \rangle \right] \tag{2.22}$$

一般に演算子である物理量が互いに交換しないためである. この相関関数の周波数に関するフーリエ変換が, (2.20) で定義した動的磁化率の虚数成分を用いて以下のように表される.

$$\int_{-\infty}^{\infty} \langle \{M_{\mathbf{q}}^z(t), M_{-\mathbf{q}}^z(0)\}\rangle \, \mathrm{e}^{i\omega t} \mathrm{d}t = \coth\left(\frac{\beta\omega}{2}\right) \mathrm{Im}\chi^{zz}(q,\omega)$$
$$\langle \{M_{\mathbf{q}}^z(t), M_{-\mathbf{q}}^z(0)\}\rangle = \frac{1}{2\pi}\int_{-\infty}^{\infty} \mathrm{d}\omega \coth\left(\frac{\beta\omega}{2}\right) \mathrm{Im}\chi^{zz}(q,\omega) \mathrm{e}^{-i\omega t} \quad (2.23)$$

(2.23) の下の式は，上の式のフーリエ逆変換を表している．ゆらぎの時間相関関数と外部からの刺激に対する系の応答を表す動的磁化率との関係が，揺動散逸定理を磁性の場合に適用した例である．この定理はアインシュタインのブラウン運動の理論を量子力学的に拡張した関係式に当たる．

外部から系に時間変化する外部磁場を印加したとき，ある時刻 t' の磁場による系に発生する磁化への影響は，必ずそれより後の時刻 t ($t \geq t'$) になってから現れる（因果律）．(2.21) の積分範囲が，正の値の τ の領域に限られるのはこのためである．この式を用いて定義される動的磁化率 $\chi(q,\omega)$ の実数部と虚数部を次の式で定義する．

$$\chi(q,\omega) = \mathrm{Re}\chi(q,\omega) + i\mathrm{Im}\chi(q,\omega)$$

この動的磁化率のように，現象の因果律に関係する関数については一般に，その実部と虚部の間に次の Kramers-Kronig の関係式が成り立つことが知られている．

$$\mathrm{Re}\chi(q,\omega) = \frac{1}{\pi}\int_{-\infty}^{\infty} \mathrm{d}\omega' \frac{\mathrm{Im}\chi(q,\omega')}{\omega-\omega'},$$
$$\mathrm{Im}\chi(q,\omega) = -\frac{1}{\pi}\int_{-\infty}^{\infty} \mathrm{d}\omega' \frac{\mathrm{Re}\chi(q,\omega')}{\omega-\omega'} \quad (2.24)$$

2.2 遍歴電子磁性体の磁気ゆらぎ

外部からの磁場の影響に，相互作用の影響を含めた実効的な磁場による伝導電子への影響だけが，SW 理論では考慮されている．励起状態についても，伝導電子の状態がそれぞれ独立にその占有数を変化させると考えられた．一方で系に秩序が発生する場合や，またはそれに近い状況では，多くの伝導電子が関与する集団的な磁気励起が存在することも知られている．現象の理解に必要なことは，問題とする温度や磁場領域において，どのような自由度が主に関与するかを特定することにある．現在のところ，通常の磁性体の熱力学的な性質は，後者の集団励起の自由度によって支配されると考えられている．本書では，この磁気的な自由度による集団的な励起のことを，「スピンゆらぎ」と呼んでいる．量子統計力学的には，この励起はボース粒子的であると見なされる．

遍歴磁性に対する調和ゆらぎの効果

　金属磁性についての SW 理論に対し，スピンゆらぎによる影響を取り入れることは，有限の波数 $\mathbf{q}$ ($\mathbf{q} \neq 0$) で空間的に変動し，時間的にも変化する磁性体内部の磁化 $\mathbf{M_q}(t)$ による影響を考慮に入れることを意味する．次式のように，このゆらぎの発生によるエネルギー変化を，振幅についての 2 次までの範囲で近似することを調和近似と呼ぶ．

$$\Psi[\{\mathbf{M_q}\}, M, T] = F_{\mathrm{SW}}(M, T) + \sum_{\mathbf{q} \neq 0} \frac{1}{2\chi_0(\mathbf{q})} |\mathbf{M_q}|^2 \quad (|\mathbf{M_q}|^2 = \mathbf{M_q} \cdot \mathbf{M_{-q}}) \tag{2.25}$$

右辺の第 1 項は SW 理論による自由エネルギーを表す．磁気的なゆらぎの寄与を表す第 2 項は，(2.3) の調和振動子のポテンシャルエネルギーに相当し，その係数 $1/2\chi_0(\mathbf{q})$ は，調和振動子の ω^2 の値に対応する．波数についての和は，周波数の異なる調和振動子の集合を考えることに相当する．以下に示す例のように，このスピンゆらぎによる影響は，状況に応じてそれぞれに特徴的な現象として現れる．

- 低温極限の磁気的性質

  局在磁性のモデルでは，スピン波 (マグノン) 励起として知られる励起が重要となる．自発磁化の温度依存性など，種々の磁気的性質の温度変化にこの影響が現れる．金属磁性の場合にも，これと同じ励起が存在する．

- 磁気的不安定点近傍の低温比熱

  金属の場合，一般に低温比熱の温度変化が次式を用いてよく記述されることが知られている．

$$C = \gamma T + bT^3 + \cdots$$

  右辺の第 1 項が伝導電子の寄与を表し，第 2 項が格子振動による影響である．系が磁気秩序の発生する状況に近づくと，この温度に比例する第 1 項の係数 γ が増大を示すことが実験で観測されている．これはパラマグノン効果と呼ばれ，調和近似の範囲内でゆらぎの寄与を考慮に入れることで理解できる．

- 臨界点近傍の性質

  磁気相転移近傍で発生するゆらぎは，空間的に長距離の相関が発達し，それが長

時間に渡って持続するという特徴がある．温度が臨界温度に近づくにつれ，相関長や寿命が発散する傾向を示し，種々の磁気的性質の特異な温度変化などにその影響が現れる．特にこの状況では，さらにゆらぎの非線形効果も考慮に入れることが重要である．

遍歴電子磁性体で観測される磁気励起

中性子散乱を用いた直接的な観測手段を用い，実際に磁気的な集団運動に起因する励起の存在が低エネルギー領域において確認されている．Ishikawa et al. (1977) によって観測された，遍歴磁性化合物 MnSi についての中性子の散乱強度[6]の等高線図を図 2.1 （左）に示す．遍歴電子磁性体におけるスピン波の存在は，簡単なシングルバンドの Hubbard モデルについての RPA 近似を用いた理論計算によって示すことができる．理論的に予想されるスピン波が発生する領域を同じ右図に示す．

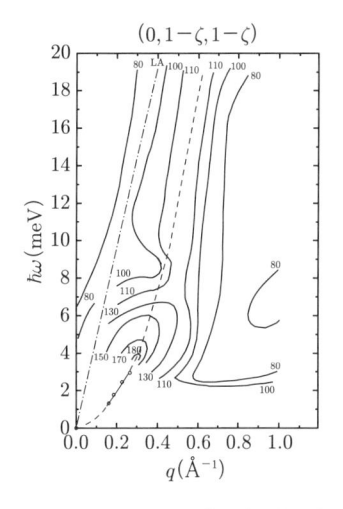

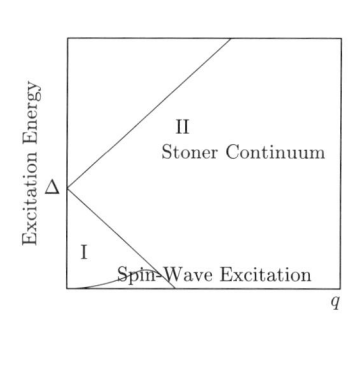

図 2.1 MnSi のスピン波の観測 $T = 5$ （文献[6]の Fig. 2 と Fig. 8）と，金属強磁性体のスピン波と Stoner 励起（右）

左図の縦軸は，散乱された中性子のエネルギー損失 $\hbar\omega$ を表し，横軸は散乱角から求めた運動量（波数）の変化 q である．強度の等高線が図中に描かれている．この散乱強度は，ほぼ動的磁化率の虚数部に当たると考えられる．図の原点から放物線状の曲線に従って，波数とエネルギーについての上限 $q = 0.3$ Å，$\hbar\omega = 4$ meV までの範囲で鋭いピークが現れている．低エネルギー領域に現れるこの鋭いピークが，スピン

波励起に対応する．上限を越えたこのピークの高エネルギー領域での延長は，図からもわかるように線幅が広がり，散乱強度も減少する．この観測結果に対応する右図に，動的磁化率の虚数部の強度の違いによって区分した領域が示されている．強度は領域 I, II だけに限られるが，領域 I の強度はスピン波に対応する曲線上だけに限られる．ただし，これは基底状態についての計算である．強度が連続的に分布する II の領域は，Stoner 連続体と呼ばれることもある．領域 I のスピン波が，領域 II ではその痕跡としてピーク幅が次第に広がりを見せながら，その強度が減少する様子が理論を用いた強度計算でも得られている．Ni_3Al について，これと同じような中性子散乱を用いた実験が，その後 Bernhoeft et al. によっても行われている[7,8]．

スピンゆらぎ理論では，中性子散乱を用いた直接的な観測手段で見出される，ボーズ粒子的な磁気励起による自由エネルギーへの寄与を重視する．低温比熱の温度係数 γ の増強についてのパラマグノン効果のように，調和ゆらぎの近似で十分理解できる現象もある．一方，磁化率のキュリー・ワイス則の温度依存性の説明には，さらに非線形のゆらぎの影響までを考慮に入れる必要があった．

2.3　ゆらぎの非線形効果

熱平衡状態にある系において物理変数の値を観測すると，その値は常に一定に留まるように見える．しかしよく見ると，熱平均値の周りを乱雑に変化する動きをしていることがわかる．これが「ゆらぎ」である．平均値からの外れを表す熱ゆらぎの振幅は，温度の上昇に伴い増大する．平均値そのものが小さくなれば，ゆらぎの相対的な影響は増大する．そのような場合，ゆらぎの振幅に関する高次項，または非線形項の影響が無視できなくなる．この節では，この非線形のゆらぎの影響を取り扱うための方法について述べ，その応用例として磁化率の温度依存性に対する影響についても説明する．

簡単な非線形項の取り扱いの例

多数の自由度が含まれる系を問題にする前に，まず簡単な 1 変数のモデルとして，次の非線形ポテンシャル $\phi(x)$ の影響を受けた振動子の熱平衡状態近傍のゆらぎについて考える．

$$H(x,p) = \frac{1}{2m}p^2 + \phi(x), \quad \phi(x) = \frac{1}{2}ax^2 + \frac{1}{4}bx^4 \tag{2.26}$$

ただし，$b > 0$ とする．非線形項を無視した $b = 0$ の場合は調和振動子のモデルに相当し，その場合の係数 a は，角周波数 ω と $a = m\omega^2$ の関係がある．理解しやすいように古典的な取り扱いを用いる．主に座標 x の自由度による自由エネルギーへの寄与を問題にし，これを求めるための 3 つの異なる近似法について以下で取り上げる．ポテンシャルによる自由エネルギー $F(T)$ への寄与は，したがって下記に示すボルツマン因子の x に関する積分によって求められる．

$$\begin{aligned} e^{-F(T)/k_B T} &= e^{-F_0/k_B T} \int dx \, e^{-\phi(x)/k_B T}, \\ F_0 &= -\frac{1}{2} k_B T \log(2\pi m k_B T) \end{aligned} \quad (2.27)$$

運動エネルギーによる寄与が F_0 である．

1. ゆらぎの影響を無視する近似

    これは第 1 章の SW 理論に相当し，自由エネルギーを $\phi(x)$ の極小値 $\phi(x_0)$ の値を用いて近似する方法である．極小値を与える条件 $\phi'(x) = 0$ を用いて極小値 x_0 が決まり，係数 a の符号の正負により，自由エネルギーの値はそれぞれ以下のように求まる．

    $$\begin{aligned} F(T) - F_0 &\simeq \phi(x_0) \\ &= \begin{cases} 0 & x_0 = 0 \text{ の場合 } (a \geq 0) \\ -a^2/4b & x_0 = \sqrt{-a/b} \text{ の場合 } (a < 0 \text{ の場合}) \end{cases} \end{aligned} \quad (2.28)$$

2. 調和近似

    ゆらぎの変数 $\delta x = x - x_0$ を導入し，δx についての展開の 2 次までの範囲でポテンシャルを近似し，自由エネルギーを求める方法である．この近似では，ポテンシャル $\phi(x)$ の極小値 x_0 をまず決定し，$\phi(x)$ をその周りで放物線近似することにある．

    $$\phi(x) \simeq \phi(x_0) + \frac{1}{2} a^* \delta x^2, \quad a^* = \left.\frac{d^2\phi}{dx^2}\right|_{x=x_0} = a + 3b{x_0}^2 \quad (2.29)$$

    この近似ポテンシャルを用いた自由エネルギーは，以下のように求められる．

$$e^{-[F-F_0-\phi(x_0)]/k_B T} = \int dx\, e^{-[\phi(x)-\phi(x_0)]/k_B T}$$

$$\simeq \int d\delta x\, e^{-a^*\delta x^2/2k_B T} = \sqrt{\frac{2\pi k_B T}{a^*}},$$

$$F(T) = F_0 + \phi(x_0) + \Delta F(a^*, T), \tag{2.30}$$

$$\Delta F(a^*, T) = -\frac{1}{2} k_B T \log\left(\frac{2\pi k_B T}{a^*}\right)$$

この方法はパラマグノン理論に対応する．最初の方法で求めた自由エネルギーに対して2次のゆらぎの影響が余分に付け加わるが，高次の非線形項の影響は無視されている．

3. 非線形ゆらぎの影響を考慮に入れる方法

第2の方法と同様にこの第3の方法も，まず非線形のポテンシャルを次のように調和近似する．

$$\phi(x) \simeq \phi(x_0^*) + \frac{1}{2} a^*(x - x_0^*)^2 = \phi(x_0^*) + \frac{1}{2} a^*\delta x^2 \tag{2.31}$$

ただしこの場合，安定点の座標やポテンシャルの2次の展開係数が，非線形性の影響によって変化する可能性が考慮されている．つまり，x_0 と a の代わりに2つの変分パラメータ x_0^* と a^* が導入されている．ゆらぎの定義も $\delta x = x - x_0^*$ が用いられる．これらのパラメータは，最終的に得られた自由エネルギーを最適化するために用いられる．調和近似による自由エネルギーへの寄与 ΔF は，(2.30) と同じように求められる．ここまでの近似による自由エネルギーは，$F_{\mathrm{HA}} = F_0 + \phi(x_0^*) + \Delta F$ で与えられる．

次に非線形項の寄与を求めるため，ポテンシャルの変分 $\Delta\phi(x) = \phi(x) - \phi(x_0^*)$ を定義し，これを δx についての多項式として表す．

$$\begin{aligned}\Delta\phi(x) &= \frac{a}{2}(x_0^* + \delta x)^2 + \frac{b}{4}(x_0^* + \delta x)^4 - \phi(x_0^*) \\ &= \frac{a}{2}\delta x^2 + \frac{b}{4}(6x_0^{*2}\delta x^2 + \delta x^4) + x_0^*[a + b(x_0^{*2} + \delta x^2)]\delta x\end{aligned} \tag{2.32}$$

(2.30) の最初の式が成り立つことを参考にすれば，この $\Delta\phi(x)$ による自由エネルギーの寄与，$\Delta' F = F - F_{\mathrm{HA}}$ は形式的に次の x についての積分として表される．

2.3 ゆらぎの非線形効果

$$\begin{aligned}
\mathrm{e}^{-\Delta' F/k_\mathrm{B}} &= \mathrm{e}^{[\phi(x_0^*)+\Delta F]/k_\mathrm{B} T} \int \mathrm{d}x\, \mathrm{e}^{-\phi(x)/k_\mathrm{B} T} \\
&= \mathrm{e}^{\Delta F/k_\mathrm{B} T} \int \mathrm{d}x\, \mathrm{e}^{-\Delta\phi(x)/k_\mathrm{B} T} \\
&= \mathrm{e}^{\Delta F/k_\mathrm{B} T} \int \mathrm{d}x\, \mathrm{e}^{-a^*\delta x^2/2 k_\mathrm{B} T} \mathrm{e}^{-[\Delta\phi(x)-a^*\delta x^2/2]/k_\mathrm{B} T} \\
&= \langle \mathrm{e}^{-[\Delta\phi(x)-a^*\delta x^2/2]/k_\mathrm{B} T} \rangle
\end{aligned} \tag{2.33}$$

ただし，任意の δx に関する関数 $A(\delta x)$ の平均値を以下のように定義した．

$$\langle A(\delta x) \rangle \equiv \mathrm{e}^{\Delta F/k_\mathrm{B} T} \int \mathrm{d}\delta x\, \mathrm{e}^{-a^*\delta x^2/2 k_\mathrm{B} T}\, A(\delta x)$$

量子力学的な系であり，また多数の自由度が含まれるような一般的な場合にも，同様な取り扱いが可能であるが，上の (2.33) に従って自由エネルギーの補正項を求めることはより困難になる．そこで，不等式を利用した，次の自由エネルギーの最適近似がよく用いられる．

$$\Delta' F \simeq \langle \Delta\phi(x) - \frac{1}{2} a^* \delta x^2 \rangle \tag{2.34}$$

ただし，上の右辺の平均値を用いた全自由エネルギーが極小となる条件から，変分パラメータ x_0^*, a^* の値を決めるものとする．

(2.34) 式について，一般に確率変数 x の指数関数 e^{-x} の平均値の対数として定義される X と，x の平均値 $\langle x \rangle$ の間に次の大小関係が成り立つ．

$$\begin{aligned}
\mathrm{e}^{-X} &\equiv \langle \mathrm{e}^{-x} \rangle = 1 - \langle x \rangle + \frac{1}{2!} \langle x^2 \rangle + \cdots \\
&= \exp\left[-\langle x \rangle + \frac{1}{2}(\langle x^2 \rangle - \langle x \rangle^2) + \cdots \right], \\
\langle x \rangle - X &\simeq \frac{1}{2}(\langle x^2 \rangle - \langle x \rangle^2) = \frac{1}{2} \langle (x - \langle x \rangle)^2 \rangle \geq 0
\end{aligned} \tag{2.35}$$

つまり，不等式 $\langle x \rangle \geq X$ が成り立つことがわかる．パラメータの値の調節によって $\langle x \rangle$ の最適値，つまり (2.34) の右辺の値を求めれば，より真の値に近い近似が得られる．

上の第 3 の方法に従って，(2.34) の近似を用いて得られる具体的な結果についてさらに詳しく調べる．式 (2.32) を (2.34) に代入した結果は以下のように表される．

第 2 章 スピンゆらぎと磁性

$$\Delta' F = \frac{a}{2} \langle \delta x^2 \rangle + \frac{b}{4}(6x_0^{*2} \langle \delta x^2 \rangle + \langle \delta x^4 \rangle) - \frac{a^*}{2} \langle \delta x^2 \rangle$$

$$\langle \delta x^2 \rangle = \frac{k_B T}{a^*}, \quad \langle \delta x^4 \rangle = 3\left(\frac{k_B T}{a^*}\right)^2 \tag{2.36}$$

δx に関する奇数次項は，平均操作によって消えてしまう．これにより，変分自由エネルギーに含まれるすべての項，つまり SW 理論に対応する自由エネルギー $F_0 + \phi(x_0^*)$，調和近似による自由エネルギー $\Delta F(a^*)$，非線形項に起因する補正項 $\Delta' F(x_0^*, a^*)$ のすべてが以下のように求められた．

$$F(x_0^*, a^*) = F_0 + \phi(x_0^*) + \Delta F(a^*) + \Delta' F(x_0^*, a^*)$$

$$\Delta' F(x_0^*, a^*) = \frac{1}{2} a \left(\frac{k_B T}{a^*}\right) + \frac{1}{4} b \left[6x_0^{*2}\left(\frac{k_B T}{a^*}\right) + 3\left(\frac{k_B T}{a^*}\right)^2\right] - \frac{1}{2} k_B T \tag{2.37}$$

上の最初の式の右辺の第 2 項，第 3 項に含まれる変分パラメータ x_0^*, a^* が，SW 理論や調和近似で現れるパラメータとは異なることに注意がいる．第 3 項の ΔF は調和近似の (2.30) 式と同じ形で表され，最後の第 4 項の $\Delta' F$ が，非線形項の影響を表す補正項である．この自由エネルギーを極小にする条件から，2 つの変分パラメータの値が下記のように決まる．

● a^* に関する極小の条件

$$a^* = a + 3b[x_0^{*2} + \langle \delta x^2 \rangle (a^*)], \quad \langle \delta x^2 \rangle (a^*) = \frac{k_B T}{a^*} \tag{2.38}$$

● x_0^* に関する極小の条件

$$x_0^* \left[a + 3b\left(x_0^{*2} + \langle \delta x^2 \rangle\right)\right] = 0,$$

$$x_0^{*2} = \begin{cases} 0 & a \geq 0 \text{ の場合} \\ -a/3b - \langle \delta x^2 \rangle & a < 0 \text{ の場合} \end{cases} \tag{2.39}$$

平均値 x_0^* の周りのゆらぎによる寄与 $\langle \delta x^2 \rangle$ が，上のどちらの条件式にも含まれている．これらが係数 b に比例することから，非線形項の存在によって現れることもわかる．(2.38) の第 2 式から，$\langle \delta x^2 \rangle$ は温度 T の関数である．この結果を代入し，第 1 式を用いて a^* を温度 T の関数として求めることができる．振動子と考えた場合，こ

の係数 a^* は角周波数の 2 乗 (ω^2) の値に相当する．したがって非線形項の影響により，周波数に温度変化が生ずる．再度 (2.38) の第 1 式に着目すると，ここに含まれるゆらぎの振幅 $\langle \delta x^2 \rangle$ は，a^* についての関数である．つまり，単に右辺の値を用いて左辺の変数 a^* を定義しているのではない．求めるべき a^* の値の決定に，a^* の値自身が必要となる．この式を用い，左辺の a^* と右辺に入力する値が互いに矛盾しない (self-consistent) 解を探す必要がある．

2.3.1 非線形効果と固体の熱膨張

非線形項が重要になる例として，格子振動による固体の熱膨張の問題がよく知られている．つまり，固体の熱膨張は原子間力ポテンシャルの非線形項に起因する．格子振動による比熱への寄与の計算に，デバイモデルがよく用いられる．固体内の各原子の振動が，原子間の相互作用によって集団的な連成振動の波となり，固体内を伝播するという考え方である．このモデルでは，格子振動を各原子の独立な振動と見なすのではなく，波数に依存するさまざまな周波数を持つ調和振動子の集合体と見なす．その自由エネルギーは次のように表される．

$$F(T) = \sum_{qs} \left[\frac{1}{2} \hbar \omega_{qs} + k_\mathrm{B} T \log(1 - e^{-\hbar \omega_{qs}/k_\mathrm{B} T}) \right] \tag{2.40}$$

音響モードと呼ばれる振動モードについては，原点の近くで波数に比例する分散関係，$\hbar \omega_{qs} = v_{qs} q$ が成り立ち，その比例係数 v_{qs} は結晶内を伝わる音速に等しい．このモデルでは，振動の振幅がいくら増大しても体積変化には影響せず，固体の熱膨張に寄与しない．熱膨張の説明には，原子間に働く力のポテンシャルに含まれる，非線形項の影響を考慮に入れる必要がある．前節の説明によれば，ポテンシャルのゆらぎについての 2 次の展開係数が，非線形項の影響によって実質的に温度変化し，平衡位置も移動する．つまり，振動の振幅が変化すると，その周波数も変化する．よく知られた熱膨張についての Grüneisen の取り扱いでは，(2.40) 式の周波数 ω_{qs} に体積依存性が仮定されている．格子振動の場合の熱膨張の説明には，原子変位についての 3 次の非線形項の影響が重要である．

遍歴電子磁性の場合にも，非線形性の影響についての同じような事情が当てはまる．格子振動のハミルトニアンに現れる ω^2 の値は，磁性体の励起エネルギーを磁気モーメント $\mathbf{M_q}(\mathbf{q} \neq 0)$ に関して展開した，2 次の係数に対応する．強磁性の場合，この係数は磁化率の逆数 $\chi^{-1}(T)$ の意味を持つ．この類似から，磁気ゆらぎの非線形項の

存在が磁化率の温度変化に影響することが予想される．

2.3.2　SCRスピンゆらぎ理論

　金属強磁性体の常磁性相において，磁化率のキュリー・ワイス則に従う温度変化が一般的に観測されることが知られていた．しかしこの依存性を，SW理論を用いて説明することはなかなか難しかった．遍歴電子磁性についてのSelf-Consistent Renormalization (SCR) スピンゆらぎ理論は，スピンゆらぎの非線形項による影響を考慮に入れ，このキュリー・ワイス則に従う温度変化を説明しようとした．SW理論と比較したとき，この理論の特徴として以下の点を挙げることができる．

- 磁気的性質に現れる温度変化が，ボース粒子的な量子統計に従う磁気励起，つまりスピンゆらぎの影響によるものと考えたこと．

- 特に磁化率の温度変化に対し，ゆらぎの振幅に関する非線形項の影響を考慮に入れる必要があると考えたこと．

ただし，取り扱い上の都合などから以下に述べる仮定も置かれていた．

1. 基底状態はバンド理論で記述され，伝導電子の状態にスピン分極が発生している状態である．

   これは熱的なゆらぎのみを考慮に入れることを意味し，ゆらぎの影響が存在しない基底状態についてはSW理論と違いがない．

2. 磁気的な励起エネルギーによる自由エネルギーへの影響は，熱ゆらぎの振幅に関する展開を用いた摂動論的な取り扱いによって求めることができる．

   つまり，自由エネルギーへのゆらぎの寄与を，熱的な影響だけに限ることにした．これにより，低温でゆらぎの振幅が微小な値を持つことを仮定できる．

3. スピンゆらぎを考慮に入れる実質的な影響は，自由エネルギーを磁化 M で展開した，2次の係数，つまり磁化率の温度変化に限られる．

   より高次項，例えば4次の展開係数へのゆらぎの影響は無視でき，したがって温度にほとんど依存しない定数と見なした．これらが基底状態における値と等しいとすれば，SW理論と同様に，バンド理論で得られる状態密度曲線を用いてその値を求めることができる．

SCR 理論の自由エネルギー

SCR 理論は，SW 理論の自由エネルギーに対し，さらに磁気ゆらぎ（スピンゆらぎ）の影響も考慮に入れようとする．そのために，この理論ではハバードモデルに基づいて，磁気的なゆらぎによる寄与が近似的に求められる．本書では SCR 理論について詳しく解説することが目的ではない．そこで，基本的な考え方をわかりやすく説明するため，現象論的なモデルを古典統計力学を用いて取り扱う方法を用いる．

非線形ゆらぎの影響を考慮に入れた自由エネルギーを求めることは，空間的に変調した磁気モーメントのゆらぎ $\mathbf{M_q}$（$\mathbf{q}=0$ を除く）の発生に伴うエネルギー励起を取り入れることに相当し，それは次の式で表される．

$$\Psi[\{\mathbf{M_q}\}, M, T] = F_{\mathrm{SW}}(M,T) + \Phi(\{\mathbf{M_q}\})$$
$$\Phi(\{\mathbf{M_q}\}) = \sum_{\mathbf{q}\neq 0} \frac{1}{2\chi_0(\mathbf{q})} \mathbf{M_q} \cdot \mathbf{M_{-q}}$$
$$+ \frac{1}{4} b \sum_{\sum_i \mathbf{q}_i = 0} \mathbf{M_{q_1}} \cdot \mathbf{M_{q_2}} \mathbf{M_{q_3}} \cdot \mathbf{M_{q_4}} + \cdots \quad (2.41)$$

ただし，$\chi_0(\mathbf{q})$ は調和近似による波数に依存した磁化率を表し，$\{\mathbf{M_q}\}$ は異なる $\mathbf{q}$ の値に対応する変数 $\mathbf{M_q}$ のすべてを含むことを表す．第2式の右辺の第2項が，スピンゆらぎの間に働く非線形の相互作用を表す．この項による自由エネルギーへの影響を求める方法を SCR 理論に従って説明するが，基本的にはこの節の最初で説明した第3の方法と同じである．主な違いは，単に変数が増えただけである．自由エネルギーを求めるために必要となる分配関数を求めるには，(2.41) の励起エネルギーに対応するボルツマン因子について，ブリルアンゾーン内の波数 $\mathbf{q}$ の関数として定義されたゆらぎの変数 $\mathbf{M_q}$ についての状態和を求めればよい．まず，ゆらぎの変数を含まない Stoner-Wohlfarth 理論による自由エネルギーへの寄与を，予め定数として次のように分離することができる．

$$\begin{aligned} \mathrm{e}^{-F(M,T)/k_\mathrm{B}T} &= \sum_{\{\mathbf{M_q}\}} \exp[-\Psi(\{\mathbf{M_q}\})/k_\mathrm{B}T] \\ &= \mathrm{e}^{-F_{\mathrm{SW}}(M,T)/k_\mathrm{B}T} \sum_{\{\mathbf{M_q}\}} \exp[-\Phi(\{\mathbf{M_q}\})/k_\mathrm{B}T] \end{aligned} \quad (2.42)$$

変分法による取り扱い　非線形項が含まれる (2.42) を，変分法を用いた近似的な計算で求める方法について述べる．そのために，変分パラメータを含む次の調和 (汎) 関数を導入する．

$$\Phi(\{\mathbf{M_q}\}) \simeq \Phi_0(\{\mathbf{M_q}\}) = \sum_{\mathbf{q}\neq 0} (\Omega_q^{\parallel}|\mathbf{M_q^{\parallel}}|^2 + \Omega_q^{\perp}|\mathbf{M_q^{\perp}}|^2) \tag{2.43}$$

右辺に現れる $\Omega_q^{\parallel}$ と $\Omega_q^{\perp}$ が変分パラメータである．(2.41) の $\Phi(\{\mathbf{M_q}\})$ についての右辺の 2 次の項の係数と比較すれば，これらが波数に依存した磁化率の逆数の意味を持つことがわかる．添字の $\parallel$ と $\perp$ は，それぞれ発生した磁気モーメントと同じ平行方向と垂直方向のゆらぎの成分を表す．平行成分が 1 つであるのに対し，垂直方向には 2 つの成分がある．

$$\Omega_q^{\parallel} = \frac{1}{2\chi^{\parallel}(\mathbf{q})}, \quad \Omega_q^{\perp} = \frac{1}{2\chi^{\perp}(\mathbf{q})} \tag{2.44}$$

これらのパラメータの値は，最終的に変分自由エネルギーを最適化する条件から決定される．調和近似による (2.43) の励起エネルギーによる自由エネルギーへの寄与を ΔF と定義すれば，それぞれ独立な変数 $\mathbf{M_q}$ に関する積分の積として，その値を以下のように求めることができる．

$$\begin{aligned}
\mathrm{e}^{-\Delta F/k_\mathrm{B}T} &= \sum_{\{\mathbf{M_q}\}} \mathrm{e}^{-\Phi_0(\{\mathbf{M_q}\})/k_\mathrm{B}T} = \int \prod_{\mathbf{q'}} d\mathbf{M_{q'}}\, \mathrm{e}^{-\beta\Phi_0(\{\mathbf{M_q}\})} \\
&= \prod_{\mathbf{q}} \left[\left(\frac{\pi k_\mathrm{B}T}{\Omega_q^{\parallel}}\right)^{1/2} \left(\frac{\pi k_\mathrm{B}T}{\Omega_q^{\perp}}\right) \right] \\
\Delta F &= -k_\mathrm{B}T \sum_{\mathbf{q}\neq 0} \left[\frac{1}{2}\log\left(\frac{\pi k_\mathrm{B}T}{\Omega_q^{\parallel}}\right) + \log\left(\frac{\pi k_\mathrm{B}T}{\Omega_q^{\perp}}\right) \right]
\end{aligned} \tag{2.45}$$

最後に非線形項による自由エネルギーへの寄与を，$\Delta' F = F - F_\mathrm{SW} - \Delta F$ によって定義する．1 変数の場合の (2.33) と同様に $\Delta' F$ を，形式的にボルツマン因子 $\mathrm{e}^{-(\Phi-\Phi_0)/k_\mathrm{B}T}$ の熱平均値として次のように表すことができる．

$$\begin{aligned}
\mathrm{e}^{-\Delta' F/k_\mathrm{B}T} &= \mathrm{e}^{\Delta F/k_\mathrm{B}T} \sum_{\{\mathbf{M_q}\}} \exp[-\Phi(\{\mathbf{M_q}\})/k_\mathrm{B}T] \\
&= \mathrm{e}^{\Delta F/k_\mathrm{B}T} \sum_{\{\mathbf{M_q}\}} \mathrm{e}^{-\Phi_0(\{\mathbf{M_q}\})/k_\mathrm{B}T}\, \mathrm{e}^{-[\Phi(\{\mathbf{M_q}\})-\Phi_0(\{\mathbf{M_q}\})]/k_\mathrm{B}T} \\
&= \langle \mathrm{e}^{-(\Phi-\Phi_0)/k_\mathrm{B}T} \rangle, \\
\langle \cdots \rangle &= \mathrm{e}^{\Delta F/k_\mathrm{B}T} \sum_{\{\mathbf{M_q}\}} \mathrm{e}^{-\Phi_0(\{\mathbf{M_q}\})/k_\mathrm{B}T} \cdots
\end{aligned} \tag{2.46}$$

実際にはこの値を次のように近似する．

$$\Delta' F \simeq \langle \Phi - \Phi_0 \rangle, \quad \langle \Phi \rangle = \langle \Phi_a + \Phi_b \rangle$$
$$\langle \Phi \rangle_a = \sum_{\mathbf{q} \neq \mathbf{0}} \frac{1}{2\chi_0(\mathbf{q})} \langle \mathbf{M}_\mathbf{q} \cdot \mathbf{M}_{-\mathbf{q}} \rangle, \qquad (2.47)$$
$$\langle \Phi \rangle_b = \frac{1}{4} b \sum_{\{\mathbf{q}_i\}} \langle \mathbf{M}_{\mathbf{q}_1} \cdot \mathbf{M}_{\mathbf{q}_2} \mathbf{M}_{\mathbf{q}_3} \cdot \mathbf{M}_{\mathbf{q}_4} \rangle + \cdots$$

SCR 理論で用いる変分自由エネルギー

自由エネルギーの補正 $\Delta' F$ について，(2.47) の近似に現れる平均値の求め方について簡単に説明する．ガウス型のボルツマン因子 $e^{-\Phi_0(\{\mathbf{M}_\mathbf{q}\})/k_\mathrm{B} T}$ に比例する確率分布を用い，まずこれらの計算に必要となるゆらぎの 2 乗振幅の期待値を，以下のように求めることができる．

$$\langle |\mathbf{M}_\mathbf{q}^\parallel|^2 \rangle = \langle \mathbf{M}_\mathbf{q}^\parallel \cdot \mathbf{M}_{-\mathbf{q}}^\parallel \rangle = \frac{k_\mathrm{B} T}{2\Omega_q^\parallel}, \quad \langle |\mathbf{M}_\mathbf{q}^\perp|^2 \rangle = \langle \mathbf{M}_\mathbf{q}^\perp \cdot \mathbf{M}_{-\mathbf{q}}^\perp \rangle = \frac{k_\mathrm{B} T}{\Omega_q^\perp} \quad (2.48)$$

この結果を代入し，熱平均 $\langle \Phi_0 \rangle$ と $\langle \Phi_a \rangle$ が次のように求まる．

$$\langle \Phi_0 \rangle = \sum_{\mathbf{q} \neq \mathbf{0}} \left(\Omega_q^\parallel \langle |\mathbf{M}_\mathbf{q}^\parallel|^2 \rangle + \Omega_q^\perp \langle |\mathbf{M}_\mathbf{q}^\perp|^2 \rangle \right) = \frac{3}{2} k_\mathrm{B} T \sum_{\mathbf{q} \neq \mathbf{0}} 1 = \frac{3}{2} N_0 k_\mathrm{B} T$$
$$\langle \Phi \rangle_a = k_\mathrm{B} T \sum_{\mathbf{q} \neq \mathbf{0}} \frac{1}{2\chi_0(\mathbf{q})} \left(\frac{1}{2\Omega_q^\parallel} + \frac{1}{\Omega_q^\perp} \right) \qquad (2.49)$$

また，ガウス型分布の特徴を反映した次の非線形項の平均値についての結果も導かれる．

$$\langle \Phi \rangle_b = \frac{b}{4} M_0^2 \sum_{\mathbf{q} \neq \mathbf{0}} \left[2 \langle \mathbf{M}_\mathbf{q} \cdot \mathbf{M}_{-\mathbf{q}} \rangle + 4 \langle M_\mathbf{q}^\parallel \cdot M_{-\mathbf{q}}^\parallel \rangle \right]$$
$$+ \frac{b}{4} \sum_{\mathbf{q},\mathbf{q}' \neq \mathbf{0}} \left[\langle \mathbf{M}_\mathbf{q} \cdot \mathbf{M}_{-\mathbf{q}} \rangle \langle \mathbf{M}_{\mathbf{q}'} \cdot \mathbf{M}_{-\mathbf{q}'} \rangle + 2 \sum_\alpha \langle M_\mathbf{q}^\alpha \cdot M_{-\mathbf{q}}^\alpha \rangle \langle M_{\mathbf{q}'}^\alpha \cdot M_{-\mathbf{q}'}^\alpha \rangle \right]$$
$$(2.50)$$

最初の行の右辺は，非線形項に現れる磁気モーメントの 2 つの波数が同時にゼロとなる場合に対応する項で，それぞれ以下の 2 つの状況から生ずる．

1. 第 1 項: $\mathbf{q}_1 = \mathbf{q}_2 = \mathbf{0}$，または $\mathbf{q}_3 = \mathbf{q}_1 + \mathbf{q}_2 = \mathbf{0}$ の場合

2. 第 2 項: $\mathbf{q}_1 = \mathbf{q}_3 = \mathbf{0}$，または $\mathbf{q}_2 = \mathbf{q}_3 = \mathbf{0}$ の場合

    ただし，$\langle \mathbf{M}_\mathbf{0} \cdot \mathbf{M}_\mathbf{q} \mathbf{M}_\mathbf{0} \cdot \mathbf{M}_{-\mathbf{q}} \rangle$ の値は，発生する磁気モーメントと同じ平行成分のゆらぎだけが寄与し，$M_0^2 \langle M_\mathbf{q}^\parallel M_{-\mathbf{q}}^\parallel \rangle$ で与えられる．

2 行目は，どの波数もゼロにならない場合から生ずる．ガウス分布についての平均では，2 つの波数の和がゼロとなるときだけ，つまり $\mathbf{q}_1+\mathbf{q}_2 = 0$, または $\mathbf{q}_1+\mathbf{q}_3 = 0$, $\mathbf{q}_2+\mathbf{q}_3 = 0$ が成り立つときにだけ平均値が有限に残る．前者の場合が 2 行目の第 1 項に対応し，後者の $\mathbf{q}_1 + \mathbf{q}_3 = 0$ の場合はゆらぎの成分を用いて $\sum_{\mu\nu} \langle M_{\mathbf{q}_1}^\mu M_{-\mathbf{q}_1}^\nu \rangle \langle M_{\mathbf{q}_2}^\mu M_{-\mathbf{q}_2}^\nu \rangle$ と表される．したがって平均値が残るのは，成分が同じ ($\mu = \nu$) 場合だけに限られる．(2.48) の代入により，結局次の結果が得られる．

$$\langle \Phi \rangle_b = \frac{1}{2} b k_B T M_0^2 \left(\frac{3}{2\Omega_q^\parallel} + \frac{1}{\Omega_q^\perp} \right)$$
$$+ \frac{1}{4} b (k_B T)^2 \sum_{\mathbf{q},\mathbf{q}' \neq \mathbf{0}} \left\{ \left(\frac{1}{2\Omega_q^\parallel} + \frac{1}{\Omega_q^\perp} \right) \left(\frac{1}{2\Omega_{q'}^\parallel} + \frac{1}{\Omega_{q'}^\perp} \right) \right. \quad (2.51)$$
$$\left. + 2 \left(\frac{1}{4\Omega_q^\parallel \Omega_{q'}^\parallel} + \frac{1}{2\Omega_q^\perp \Omega_{q'}^\perp} \right) \right\}$$

以上の結果により，変分計算に必要な自由エネルギーへの寄与がすべて得られた．

$$F(M_0, \{\Omega_q^\parallel\}, \{\Omega_q^\perp\}, T) = F_{\mathrm{SW}}(M_0) + \Delta F + \langle \Phi_a + \Phi_b - \Phi_0 \rangle$$
$$F_{\mathrm{SW}}(M_0) = \frac{1}{2\chi_0(\mathbf{0})} M_0^2 + \frac{1}{4} b M_0^4 \quad (2.52)$$

最初の式の右辺の第 1 項は，第 1 章で説明した F_{SW} を表し，調和近似による第 2 項 ΔF と第 3 項は，それぞれ (2.45)，および (2.49) と (2.51) を用いて表される．

変分自由エネルギーを極値にする条件

得られた自由エネルギー (2.52) を最適化する条件から，変分パラメータの値を決定することができる．外部磁場 H の作用による磁化 M が発生した場合について考えてみる．その場合，$\Omega_q^\parallel$, $\Omega_q^\perp$, および M に関する条件が以下のように表される．

- $\Omega_q^\perp$ ($\mathbf{q} \neq \mathbf{0}$) に関する条件

$$\Omega_q^\perp = \frac{1}{2\chi_0(\mathbf{q})} + \frac{1}{2} b M^2 + \frac{1}{4} b k_B T \sum_{\mathbf{q}' \neq \mathbf{0}} \left(\frac{1}{\Omega_{q'}^\parallel} + \frac{4}{\Omega_{q'}^\perp} \right) \quad (2.53)$$

- $\Omega_q^\parallel$ ($\mathbf{q} \neq \mathbf{0}$) に関する条件

$$\Omega_q^\parallel = \frac{1}{2\chi_0(\mathbf{q})} + \frac{3}{2} b M^2 + \frac{1}{4} b k_B T \sum_{\mathbf{q}' \neq \mathbf{0}} \left(\frac{3}{\Omega_{q'}^\parallel} + \frac{2}{\Omega_{q'}^\perp} \right) \quad (2.54)$$

- M に関する条件

$$\frac{H}{M} = \frac{1}{\chi_0(\mathbf{0})} + bM^2 + \frac{1}{2}bk_\mathrm{B}T \sum_{\mathbf{q}' \neq \mathbf{0}} \left(\frac{3}{\Omega_{q'}^{\|}} + \frac{2}{\Omega_{q'}^{\perp}} \right) \tag{2.55}$$

左辺が逆磁化率の値に相当する (2.53) と (2.54) の右辺の最後の項は，1 変数の場合に得られた (2.38) の最後の項に対応する．

外部磁場が存在しない常磁性相 ($T > T_\mathrm{C}$) の場合，自発磁化が現れない ($M = 0$) ことから，$\Omega_q^{\perp} = \Omega_q^{\|}$ が成り立ち，ゆらぎの振幅は等方的である．したがって，スピン成分 ($\|$ か $\perp$) による違いがなくなり，(2.53) と (2.54) は同じ式になる．すなわち，次の

$$\Omega_q = \frac{1}{2\chi_0(\mathbf{q})} + \frac{5}{4}bk_\mathrm{B}T \sum_{\mathbf{q}' \neq \mathbf{0}} \frac{1}{\Omega_{q'}} \tag{2.56}$$

が成り立つ．この場合，$\mathbf{q} = \mathbf{0}$ の極限の $2\Omega_0$ は (2.55) の左辺の H/M に等しい．つまり (2.55) も，この極限の (2.56) に一致する．得られた 3 個の条件は，常磁性相においては矛盾がない．

2.3.3 遍歴磁性体の磁化率のキュリー・ワイス則

前節の (2.56) の結果を利用し，SCR 理論によって導かれた磁化率の温度依存性を求めるための式を求めることができる．常磁性相でゆらぎが等方的の場合，まず (2.48) を用いてスピンの全振幅が次の式で表される．

$$\langle \mathbf{M_q} \cdot \mathbf{M_{-q}} \rangle = \langle |\mathbf{M_q^{\|}}|^2 \rangle + \langle |\mathbf{M_q^{\perp}}|^2 \rangle = \frac{3k_\mathrm{B}T}{2\Omega_q} \tag{2.57}$$

(2.56) の右辺の第 2 項は，上の (2.57) を用いてゆらぎの振幅の熱平均として表される．この結果を代入すれば，(2.56) の $\mathbf{q} = \mathbf{0}$ の極限として，磁化率の温度依存性を求めるための式が得られる．

$$\frac{1}{\chi(T)} = \frac{1}{\chi_0(\mathbf{0})} + \frac{5}{3}b \sum_{\mathbf{q}} \langle \mathbf{M_q} \cdot \mathbf{M_{-q}} \rangle, \quad \chi(T) \equiv \chi(\mathbf{0}) = \frac{1}{2\Omega_0} \tag{2.58}$$

ただし，$\chi(T)$ は $\mathbf{q} = \mathbf{0}$ の一様磁化率を表す．この右辺の第 2 項が，非線形ゆらぎの影響による SW 理論に対する補正である．自由エネルギーの磁化 M についての 4 次の展開係数 b がこの項の係数に現れていることからもわかる．この項の熱ゆらぎの振幅の温度依存性は，次の 2 つの原因によって生ずる．

54　第 2 章　スピンゆらぎと磁性

1. 熱エネルギー

　ここで用いた古典的な取り扱いのために，熱ゆらぎの振幅が直接温度に比例する (2.57) が得られた．量子力学的取り扱いの場合には，ボース分布関数の温度変化を反映した依存性が現れる．つまり，統計的な確率分布に含まれる直接的な温度依存性が原因で，振幅に温度依存性が現れる．

2. 逆磁化率 Ω_q の温度依存性

　熱ゆらぎの振幅の計算に必要な逆磁化率 Ω_q は，2 つの寄与の和として表される．

$$\Omega_q = \Omega_0 + [\Omega_q - \Omega_0] = \frac{1}{2\chi(T)} + [\Omega_q - \Omega_0]$$

この第 1 項の逆磁化率が温度変化を示す．第 2 項は，波数空間内における q の値に応じた分布を表すだけである．

つまり，熱ゆらぎの振幅 $\langle \mathbf{M_q} \cdot \mathbf{M_{-q}} \rangle (\chi^{-1}, T)$ は，2 つのパラメータ，逆磁化率 $\chi^{-1}(T)$ と直接的な温度 T を通した温度依存性が現れる．

臨界温度と整合性の条件

　臨界温度で磁化率が発散する（あるいは，逆磁化率がゼロになる）．これを，臨界温度を決めるための条件として用いることができる．(2.58) において，$T = T_\mathrm{C}$, $\chi^{-1} = 0$ を代入し，この条件を次の式を用いて表すことができる．

$$0 = \frac{1}{\chi_0(\mathbf{0})} + \frac{5}{3} b \sum_{\mathbf{q}} \langle \mathbf{M_q} \cdot \mathbf{M_{-q}} \rangle (0, T_\mathrm{C}) \tag{2.59}$$

SW 理論では，上の右辺の第 1 項の $\chi_0^{-1}(\mathbf{0})$ が温度変化し，その値をゼロにする温度が臨界温度 T_C である．第 2 項はもちろん存在しない．ゆらぎの効果を取り入れることにより，一般に T_C は低下する．実際に上の式を解くことにより，SW 理論よりも低い T_C が得られることがわかっている．

　この (2.59) の条件を (2.58) に代入して $1/\chi_0(\mathbf{0})$ を消去し，磁化率の温度依存性を求める (2.58) を以下のように書き換えることができる．

$$\chi^{-1} = \frac{5}{3} b \sum_{\mathbf{q}} \left[\langle \mathbf{M_q} \cdot \mathbf{M_{-q}} \rangle (\chi^{-1}, T) - \langle \mathbf{M_q} \cdot \mathbf{M_{-q}} \rangle (0, T_\mathrm{C}) \right] \tag{2.60}$$

右辺に現れる熱ゆらぎの振幅は，スピンゆらぎによる自由エネルギーの補正項から生じたものである．量子力学的な熱ゆらぎの振幅の計算には，揺動散逸定理を利用して

動的磁化率 $\chi(\mathbf{q},\omega)$ を用いて求められる．逆磁化率のこの右辺の繰り込み効果に，熱ゆらぎの振幅を通して，磁化率 χ 自身が含まれている．このような事情から，この理論は，Self-Consistent Renormalization (SCR) 理論と呼ばれている．

量子力学的な効果について

以上は説明を簡単にするために秩序パラメータである磁化の空間変化のみを考慮し，時間変化については無視した．この章の最初の方で説明した揺動散逸定理によれば，磁化の z 成分の時間に関する相関関数は一般に次の式で表される．

$$\langle M^z(t)M^z(0)\rangle = C(t) = \int D(\omega)n(\omega)\mathrm{e}^{-i\omega t}\mathrm{d}\omega, \quad C(0) = \int D(\omega)n(\omega)\mathrm{d}\omega \tag{2.61}$$

同時刻 ($t=0$) の相関関数，つまりゆらぎの振幅は相関関数 $D(\omega)$ の周波数積分で与えられる．この式に現れるボース分布関数は，周波数領域によって次のように近似できる．

$$n(\omega) \simeq \begin{cases} \dfrac{k_\mathrm{B}T}{\hbar\omega} & \hbar\omega \ll k_\mathrm{B}T \text{ の場合} \\ \mathrm{e}^{-\hbar\omega/k_\mathrm{B}T} & k_\mathrm{B}T \ll \hbar\omega \text{ の場合} \end{cases}$$

高周波領域で $k_\mathrm{B}T \ll \hbar\omega$ が成り立つ場合，指数関数的な依存性のために関数の値はほとんどゼロに等しい．つまり，ボース分布関数の影響は，周波数についての (2.61) の積分に対して上限 $k_\mathrm{B}T$ を設けることに相当する．周波数が条件，$\hbar\omega \lesssim k_\mathrm{B}T$ を満たす場合のみ積分に寄与すると言い換えることもできる．この条件が満たされる場合，ボース分布関数 $n(\omega)$ を $k_\mathrm{B}T/\hbar\omega$ を用いて近似できる．これを高温近似と呼ぶ．

被積分関数に現れる (2.61) のスペクトル関数 $D(\omega)$ の周波数分布が，$k_\mathrm{B}T$ までの範囲に限られるとき．すべての周波数について高温近似が適用できる．この場合，積分を次のように近似できる．

$$C(0) \simeq k_\mathrm{B}T \int \frac{1}{\hbar\omega}D(\omega)\mathrm{d}\omega$$

関数 $D(\omega)$ の分布が温度幅 $k_\mathrm{B}T$ に収まりきらないとき，高温近似は破綻する．その場合は一部の $\hbar\omega \lesssim k_\mathrm{B}T$ を満たす自由度だけが励起され，$k_\mathrm{B}T$ を越える周波数の励起は凍結されたままになる．励起エネルギーが波数に依存するような場合，温度によって熱的に励起される波数領域の範囲が変化する．このような場合，波数積分に対

して温度変化する上限波数 $q_c(T)$ を導入し，量子力学的な効果を比較的容易に取り入れることができる．以下の2つの状況は，高温近似が成り立つよく知られた例である．

- 格子振動の場合

  音響モードの周波数に対し，スペクトル関数 $D(\omega)$ は，次の状態密度関数で与えられる．

  $$D(\omega) \propto \sum_{\mathbf{q}s} \delta(\omega - \omega_{qs})$$

  この分布の上限 ω_c は，ほぼデバイ温度 Θ で決まる，つまり $\hbar\omega_c \sim k_B\Theta$ が成り立つ．このため，デバイ温度より高温で高温近似が成り立ち，比熱についてのデュロン・プティの法則が成り立つ．デバイ温度より低温で，量子力学的な効果によって比熱に寄与する自由度の凍結が始まる．

- 局在電子磁性の場合

  スペクトル分布の幅が，ハイゼンベルクモデルの交換相互作用 J とほぼ同程度である．つまり上限周波数について，$\hbar\omega_c \sim J$ が成り立つ．臨界温度についても，$J \sim k_B T_C$ が成り立つ．臨界温度より高温の常磁性相で高温近似が成り立つ．この温度領域でキュリー・ワイス則に従う磁化率の温度変化も観測される．

遍歴電子磁性の場合，上の2つの例とは異なって一般に，$k_B T \ll \hbar\omega_c$ が成り立つ．SCR理論では，(2.60) 式の右辺のスピンゆらぎの振幅の計算に，揺動散逸定理を用いた次の式が用いられている．

$$\langle \mathbf{M}_\mathbf{q} \cdot \mathbf{M}_{-\mathbf{q}} \rangle \propto \int_0^\infty d\omega\, n(\omega) \mathrm{Im}\chi(\mathbf{q},\omega)$$

波数 $\mathbf{q}$ の値によっては，$\mathrm{Im}\chi(\mathbf{q},\omega)$ の周波数分布の広がりのために高温近似が適用できない．ボーズ分布関数をそのまま残して積分を実行する必要がある．このような数値計算を行って求めた磁化率の温度依存性が，Moriya と Kawabata (1973) によって報告されている[1]．それによれば，かなり広い温度範囲で逆磁化率の温度依存性が温度に対してほぼ直線的に変化する．観測される温度依存性も厳密な直線になるわけでないことを考慮すれば，理論の結果は実験とよく一致すると考えられる．このようにして，長い間の懸案であったキュリー・ワイス則に従う磁化率の温度変化の問題が，SCR理論によって解決された．

局在スピンモデルのキュリー・ワイス則

揺動散逸定理を表す (2.23) の関係式を用い，ある原子サイトの同時刻の自己スピン相関関数は，次の周波数に関する積分として表すことができる．

$$\begin{aligned}
(g\mu_\mathrm{B})^2 \langle \mathbf{S}_i \cdot \mathbf{S}_i \rangle &= \frac{3(g\mu_\mathrm{B})^2}{N_0^2} \sum_\mathbf{q} \langle \mathbf{S}_\mathbf{q} \cdot \mathbf{S}_{-\mathbf{q}} \rangle \\
&= \frac{3}{N_0^2} \sum_\mathbf{q} \int_{-\infty}^\infty \frac{\mathrm{d}\omega}{2\pi} \coth\left(\frac{\omega}{2k_\mathrm{B}T}\right) \mathrm{Im}\chi(\mathbf{q},\omega) \\
&\simeq \frac{3k_\mathrm{B}T}{N_0^2} \sum_\mathbf{q} \int_{-\infty}^\infty \frac{\mathrm{d}\omega}{\pi} \frac{\mathrm{Im}\chi(\mathbf{q},\omega)}{\omega} \\
&= \frac{3k_\mathrm{B}T}{N_0^2} \sum_\mathbf{q} \mathrm{Re}\chi(\mathbf{q},0)
\end{aligned} \quad (2.62)$$

常磁性相で高温近似が適用できるとすれば，上の第 2 行目の被積分関数で，$\coth(\omega/2k_\mathrm{B}T) \simeq 2k_\mathrm{B}T/\omega$ の近似を適用できる．得られた第 3 式に対し，さらに (2.24) の Kramers-Kronig の関係式を用いると，その結果は第 4 式の静的磁化率 ($\omega = 0$) の実部に等しい．実部の波数依存性を無視できるとして，$\mathrm{Re}\chi(\mathbf{q},0) \sim \chi(T)$ を仮定すれば，原子位置でのスピンの 2 乗振幅の値と磁化率の間に成り立つ次の関係式が得られる．

$$(g\mu_\mathrm{B})^2 S(S+1) = (g\mu_\mathrm{B})^2 \langle \mathbf{S}_i \cdot \mathbf{S}_i \rangle = \frac{3k_\mathrm{B}T}{N_0^2} \sum_\mathbf{q} \chi(\mathbf{q},0) \simeq \frac{3k_\mathrm{B}T}{N_0}\chi(T), \quad (2.63)$$

$$\chi(T) \equiv \mathrm{Re}\chi(\mathbf{0},0)$$

局在モデルにおいては 2 乗振幅 $\mathbf{S}_i \cdot \mathbf{S}_i$ は保存量であり，その期待値は $S(S+1)$ である．ここでは一様で静的 ($\omega = 0$, $\mathbf{q} = \mathbf{0}$) な磁化率として，$\chi(T)$ を定義した．この両辺を温度で割れば，常磁性の高温相で磁化率のキュリー則が成り立つことがわかる．

$$\chi(T) \sim \frac{N_0(g\mu_\mathrm{B})^2 S(S+1)}{3k_\mathrm{B}T} = \frac{N_0 \mu_\mathrm{B}^2 p_\mathrm{eff}^2}{3k_\mathrm{B}T}, \quad p_\mathrm{eff} \equiv 2\sqrt{S(S+1)}$$

ただし，$g = 2$ を仮定した．相転移の発生を考慮していないことから，転移点を表す T_C は現れない．磁化率の温度依存性から得られるキュリー定数を用い，有効磁気モーメント p_eff を求めることができる．強磁性であれば，低温の磁化測定から原子当たりの飽和磁気モーメント $p_\mathrm{s} \equiv 2S$ が得られる．有効磁気モーメントが少し大きな値となるのは，ゼロ点ゆらぎの寄与による．これら 2 つのモーメントの比は，

$$\frac{p_{\text{eff}}}{p_{\text{s}}} = \sqrt{(S+1)/S} \sim 1 \tag{2.64}$$

と表され，S が大きいほど比の値は 1 に近い値となる．

以上の説明をまとめると，局在モデルでキュリー・ワイス則が成り立つのは，次の 3 つの条件が満たされることによるものである．

1. スピン振幅の保存則

    ハイゼンベルクモデルの保存量として，2 乗スピン振幅が保存すること．

2. 励起スペクトルの周波数依存性についての狭い分布幅

    動的磁化率の虚数部の周波数についての分布の上限が，ほぼ交換相互作用 J 程度に限られる．この値は臨界温度 T_C とほぼ同じエネルギーに相当する．つまり，高温近似が成り立つ条件が必要である．

3. 波数空間における励起スペクトルの限られた分布幅

    (2.63) が成り立つため，静的磁化率 $\chi(q,0)$ の波数 q 依存性の分布幅も J の値と同程度であること．

遍歴電子磁性の場合，これらすべての条件が満されないと考えられていた．それにも関わらず，磁化率の温度依存性についてはキュリー・ワイス則が成り立つ．多くの場合で 1 より大きな磁気モーメントの比 $p_{\text{eff}}/p_{\text{s}}$ の値も観測される．これらをどのように説明するかが SCR 理論の大きな課題であった．それに対する解答は，磁化率を求めるための方程式 (2.60) が局在モデルの振幅保存則とは無関係であり，したがってキュリー・ワイス則が成り立つ理由も全く異なるからであるとされた．

2.4 第 2 章のまとめ

最後に，SCR 理論を用いて導かれる主な磁気的性質を，SW 理論の場合と比較した表 2.1 に示す．SCR 理論は，広い温度範囲で $(T-T_\text{C})^{-1}$ に比例する磁化率の温度依存性を導く．一方 SW 理論によれば，$(T^2-T_\text{C}^2)^{-1}$ に比例する温度依存性が得られる．自発磁化については，どちらも低温で M^2 が T^2 に比例する温度依存性を導く．ただし，SCR 理論では臨界点近傍で M^2 は $(T_\text{C}^{4/3}-T^{4/3})$ に比例する変化を示す．基底状態では，どちらもバンド理論が適用できると考える．熱ゆらぎの寄与を考慮に入れ

表 2.1 SCR 理論と Stoner-Wohlfarth 理論の比較

	SCR Theory	SW Theory
磁化率の温度依存性	$(T-T_\mathrm{C})^{-1}$	$(T^2-T_\mathrm{C}^2)^{-1}$
自発磁化 [1]		
$T/T_\mathrm{C} \ll 1$	$M^2-M_s^2 \propto T^2$	$M^2 = M_s^2(1-T^2/T_\mathrm{C}^2)$
$T/T_\mathrm{C} \lesssim 1$	$M^2 \propto (T_\mathrm{C}^{4/3}-T^{4/3})$	
基底状態	バンド理論	
磁化曲線	$H = aM + bM^3$	
磁気熱膨張 $(T > T_\mathrm{C})$	有	無

1) SCR 理論の秩序状態ついての取り扱いは,スピン空間における球対称性が無視されている.

るため,有限温度の場合に両者の違いが現れると考えるのが SCR 理論の特徴である.外部磁場 H と M との関係を表す磁化曲線は,M についての 1 次の係数 $a(T)$ の温度依存性の原因が互いに大きく違っていても,違いはそれまでに留まる.秩序相での自発磁化の温度依存性が SCR 理論の場合にも計算されているが,この結果はスピン空間における系の対称性を無視して得られたものである.これについては,また後で触れることになる.

第3章
遍歴電子磁性のスピンゆらぎ理論

　第2章のSCR理論とは異なる視点に立つスピンゆらぎ理論について，この章以降で詳しく述べる．2つのスピンゆらぎ理論の違いは，自由エネルギーに影響を与えるゆらぎについて，その振幅を小さいとするか，または大きいと考えるかにある．この立場の違いは，SCR理論が無視したゼロ点ゆらぎの寄与に対する考え方の違いからくる．温度変化や磁場によるゼロ点ゆらぎへの影響を無視できるとするか，あるいはこの振幅も変化し，その磁性への影響を無視できないとするかの違いである．後者の立場から，今後は大きな振幅のゆらぎが存在することを前提とする．またSCR理論では，常磁性相における磁化率の温度依存性を特に問題にした．一方，これから解説するスピンゆらぎ理論は，温度依存性と全く同じように，磁場依存性の取り扱いがなされるべきであると考える．SCR理論には，臨界温度で自発磁化が不連続に消失するという問題が当初からあった．磁場依存性についての取り扱いは，この問題と密接に関係する．

　この章の主な目的は，これから述べるスピンゆらぎ理論の前提となる，2つの基本的な考え方について詳しく説明することにある．理論，実験の両方の立場から，これらの根拠や必要性についても触れる．この理論は，以下に示す課題に対処するために考えられた．

- 臨界温度近傍における熱ゆらぎの振幅の磁場効果

    温度効果に関しては，臨界温度近傍における熱ゆらぎの振幅の臨界挙動による影響が，すでにSCR理論によって考慮されていた．その一方で，同様な磁場効果は全く無視されてきた．

- ゼロ点ゆらぎ，または量子ゆらぎの振幅が，温度や磁場の影響で変化する可能性

- 系の対称性と矛盾しない磁気秩序相の取り扱い

3.1 スピンゆらぎ理論の基本原理

大きな振幅のゆらぎを取り扱うための方法として，摂動論的な近似を用いることはあまり好ましくない．その代わりに用いるとすれば，より一般性がある方法が望ましい．それによって得られる結果も，より一般に成り立つことが期待されるからである．第1章では，ボース粒子系の相転移に対する保存則の役割について触れた．局在スピンモデルでは，スピン振幅に関する保存則が成り立つ．この章で説明する遍歴電子磁性についての理論でも，保存則を積極的に利用しようとする．

遍歴電子磁性の磁気的な性質を理解するため，スピンゆらぎについての以下の保存則と，その取り扱いに関する要請を，今後の我々の基本原理とする．

- 全スピン振幅の保存 (Total Amplitude Conservation, TAC) 則

  ゼロ点ゆらぎを含む全スピン振幅が保存し，温度変化や磁場の有無に関わらず一定の値に保たれる．第1章で説明したボース粒子系における相転移の発生の場合と同様に，保存則の存在が磁気的相転移が発生する原因であると見なす．

- 磁場効果に関する大域的な整合性 (Global Consistency, GC)

  温度依存性と磁場依存性の両方を，同等に取り扱うべきであることをこれは意味する．磁化曲線，つまり磁場 H と，それによって発生する磁化 M との関係を関数 $H(M)$ で表したとき，従来はこれを M で展開して得られる最初の項の係数として現れる磁化率だけを主な取り扱いの対象とした．変数 M について，より広い領域における H と M の間の関数関係を問題にすべきであるとする要請である．

これらのそれぞれの意味について，より詳しく次に説明する．

3.1.1 全スピン振幅の保存

ある任意の格子点 i 上において定義された磁性原子のスピン $\mathbf{S}_i$ の，同時刻における自己相関関数，つまり2乗振幅の平均値 $\langle \mathbf{S}_i \cdot \mathbf{S}_i \rangle$ が，温度変化や磁場の影響によらず，一定に保たれることをこれは意味する．空間座標の z 軸方向に有限の磁化 $\sigma = \langle S_i^z \rangle$ が発生した場合，保存する振幅は次の和として表される．

$$\langle \mathbf{S}_i \cdot \mathbf{S}_i \rangle = \sigma^2 + \langle \delta \mathbf{S}_i \cdot \delta \mathbf{S}_i \rangle \tag{3.1}$$

ただし，$\delta \mathbf{S}_i$ を以下の式で定義した．

$$\delta \mathbf{S}_i = \mathbf{S}_i - \langle \mathbf{S}_i \rangle, \quad \langle \mathbf{S}_i \rangle = (0, 0, \sigma)$$

ここで，σ は原子当たりのスピン変数の期待値を表す．今後，ある格子点上でのスピンを表す場合に $\mathbf{S}_{\mathrm{loc}}$ の記号も用いることにする．第1章での説明からわかるように，これが成り立つことは，絶縁体磁性のハイゼンベルクモデルでは自明である．この保存則を，遍歴電子磁性体の場合にも適用するところにこの理論の大きな特徴がある．ハイゼンベルクモデルが成り立つ絶縁体の状態では，磁性に関わる低エネルギーの磁気励起と，電荷移動を伴う励起との間に大きなエネルギーギャップが存在する．遍歴電子磁性の場合，この両者の分離はそれほど明瞭ではない．そのためこの仮定を置くことには少しためらいがある．しかし，そもそも磁性が発現する前提に，電子間の強い反発力相互作用の存在がある．系の低エネルギー領域の励起が，主に磁気的な自由度によって占められることは，遍歴電子磁性の場合にも当てはまる．絶縁体磁性ほど明瞭な分離ではもちろんない．したがって本書では，遍歴電子磁性体で発現する磁気現象に対し，振幅一定の条件が近似的に成り立つ温度範囲，磁場領域が存在することを仮定する．実験室において通常の熱力学的手段を用いて観測される現象は，この領域に含まれると考えられる．

特に遍歴電子磁性の場合，スピン振幅保存則の導入により，広い温度，磁場領域の磁気現象がゼロ点ゆらぎによって大きな影響を受ける可能性が生ずる．そこでまず，ゼロ点ゆらぎと熱ゆらぎの成分の定義を明確にしておく．常磁性の場合を考えると，第2章の揺動散逸定理が成り立つことから磁気相関関数と動的磁化率の虚数部との間に次の関係が成り立つ．

$$\begin{aligned}\langle \mathbf{S}_{\mathrm{loc}}^2 \rangle &= \frac{1}{N_0} \sum_{\mathbf{q}} \langle \mathbf{S}_{\mathbf{q}} \cdot \mathbf{S}_{-\mathbf{q}} \rangle \\ &= \frac{3}{N_0^2} \sum_{\mathbf{q}} \int_0^{\infty} \frac{\mathrm{d}\omega}{\pi} \coth(\omega/2T) \mathrm{Im}\chi(\mathbf{q}, \omega),\end{aligned} \quad (3.2)$$

$$\coth(\omega/2T) = \frac{\mathrm{e}^{\omega/T} + 1}{\mathrm{e}^{\omega/T} - 1} = 1 + \frac{2}{\mathrm{e}^{\omega/T} - 1} = 1 + 2n(\omega)$$

表示の煩わしさを避けるため，これ以降は，プランク定数 $\hbar = h/2\pi$，ボルツマン定数 k_{B} のどちらも1とする単位を用いることにする．そのため角周波数 ω と温度 T は，どちらもエネルギーの単位を持つ．上の (3.2) の第2式の $\coth(\omega/2T)$ の分割により，ゼロ点ゆらぎと熱ゆらぎのそれぞれの成分を以下のように定義する．

$$\langle \mathbf{S}_{\text{loc}}^2 \rangle = \langle \mathbf{S}_{\text{loc}}^2 \rangle_Z + \langle \mathbf{S}_{\text{loc}}^2 \rangle_T,$$
$$\langle \mathbf{S}_{\text{loc}}^2 \rangle_Z = \frac{3}{N_0^2} \sum_{\mathbf{q}} \int_0^\infty \frac{d\omega}{\pi} \mathrm{Im}\chi(\mathbf{q}, \omega),$$
$$\langle \mathbf{S}_{\text{loc}}^2 \rangle_T = \frac{6}{N_0^2} \sum_{\mathbf{q}} \int_0^\infty \frac{d\omega}{\pi} n(\omega) \mathrm{Im}\chi(\mathbf{q}, \omega) \quad (3.3)$$

(3.3) 式の右辺の最初の項がゼロ点ゆらぎを表し，第2項が熱ゆらぎである．下の式からわかるように，熱ゆらぎの振幅の被積分関数にはボース因子 $n(\omega)$ が含まれる．

低周波数，長波長領域における動的磁化率の虚数部分の波数，および周波数依存性は，以下に示す2重ローレンツ型のスペクトル分布を用いてよく表されることが知られている (強磁性の場合)．

$$\mathrm{Im}\chi(\mathbf{q}, \omega) = \chi(\mathbf{q}, 0) \frac{\omega \Gamma_q}{\omega^2 + \Gamma_q^2}, \quad \chi(\mathbf{q}, 0) = \chi(\mathbf{0}, 0) \frac{\kappa^2}{\kappa^2 + q^2}$$
$$\Gamma_q = \Gamma_0 q (\kappa^2 + q^2), \quad q \equiv |\mathbf{q}| \quad (3.4)$$

周波数依存性に現れる減衰定数 Γ_q は，波数 $\mathbf{q}$ のゆらぎの寿命の逆数の意味がある．静的磁化率 $\chi(\mathbf{q}, 0)$ と減衰定数の波数依存性に現れる相関波数 κ は，磁気的相関長 λ と $\kappa = 2\pi/\lambda$ の関係がある．スピンゆらぎのスペクトルは，この κ の値に依存する．また，$\kappa^2 \propto \chi(\mathbf{0}, 0)^{-1}$ の関係が成り立つことから，磁化率の値を通してこの値は温度や磁場の影響を受ける．したがって，動的磁化率の虚数部の波数 $\mathbf{q}$ と周波数 ω に関するどちらの分布幅も，温度変化や磁場の影響によって変化する．この κ が長さの逆数の単位を持ち，κ^2 が磁化率の逆数に比例することを考慮し，今後は次式で定義する無次元のパラメータ y を，逆磁化率の代わりに用いることにする．

$$y = \frac{\kappa^2}{q_B^2} = \frac{N_0}{2T_A \chi(\mathbf{0}, 0)} \quad (3.5)$$

規格化のため，ブリルアンゾーン境界波数 q_B を用い，N_0 は結晶内の磁性原子の数である．比例係数として現れる温度の単位のパラメータ T_A は，動的磁化率の虚数部のスペクトル分布の幅の目安を表す．

3.1.2 スピンゆらぎの自由エネルギー

種々の熱力学的性質の導出には，自由エネルギーが必要である．ただし，それはスピン振幅保存と矛盾しないものである必要がある．この条件を満たす候補として，次の自由エネルギーが考えられる．

3.1 スピンゆらぎ理論の基本原理　65

$$F_m(y,T) = F_0(y,T) + \Delta F(y),$$
$$F_0(y,T) = \frac{3}{\pi}\sum_{\mathbf{q}}\int_0^\infty d\omega \left[\frac{\omega}{2} + T\ln(1-e^{-\omega/T})\right]\frac{\Gamma_q}{\Gamma_q^2 + \omega^2}, \quad (3.6)$$
$$\Delta F(y) = -N_0 T_A C_{\text{amp}} y$$

(3.6) の第1式の右辺の第1項 $F_0(y,T)$ の定義が次の第2式である．第2式のゼロ点ゆらぎの寄与 $\omega/2$ を除いた熱ゆらぎによる成分は，SCR 理論でも用いられている．また，(3.5) で定義した変数 y が，スペクトル幅を表す減衰定数 Γ_q と 最後の式の $\Delta F(y)$ に含まれている．そのため自由エネルギーは，パラメータ y についての関数と見なせる．この y に関する変分を次のように求めることができる．

$$\delta F_m(y,t) = \frac{3}{\pi}\sum_{\mathbf{q}}\int_0^{\omega_c} d\omega \left[\frac{\omega}{2} + T\ln(1-e^{-\omega/T})\right]\frac{\partial}{\partial\Gamma_q}\left(\frac{\Gamma_q}{\omega^2 + \Gamma_q^2}\right)\delta\Gamma_q$$
$$+ \frac{\partial \Delta F(y)}{\partial y}\delta y$$

周波数積分の上限として ω_c を定義した．右辺の第1項をさらに書き換えるため，次の関係が成り立つことを利用する．

$$\frac{\partial}{\partial\Gamma_q}\left(\frac{\Gamma_q}{\omega^2 + \Gamma_q^2}\right) = \frac{-\Gamma_q^2 + \omega^2}{(\Gamma_q^2 + \omega^2)^2},$$
$$\frac{\partial}{\partial\omega}\left(\frac{\omega}{\omega^2 + \Gamma_q^2}\right) = \frac{\Gamma_q^2 - \omega^2}{(\Gamma_q^2 + \omega^2)^2} = -\frac{\partial}{\partial\Gamma_q}\left(\frac{\Gamma_q}{\omega^2 + \Gamma_q^2}\right)$$

この関係を用い，Γ_q に関する微分が ω に関する微分に置き換えられる．さらに部分積分を利用し，ω についての積分が以下のように書き換えられる．

$$\delta F(y,t) = -\frac{3}{\pi}\sum_{\mathbf{q}}\int_0^{\omega_c} d\omega \left[\frac{\omega}{2} + T\ln(1-e^{-\omega/T})\right]\frac{\partial}{\partial\omega}\left(\frac{\omega}{\omega^2 + \Gamma_q^2}\right)\delta\Gamma_q$$
$$+ \frac{\partial \Delta F(y)}{\partial y}\delta y$$
$$= \frac{3}{\pi}\sum_{\mathbf{q}}\left\{-\left[\frac{\omega}{2} + T\ln(1-e^{-\omega/T})\right]\frac{\omega\Gamma_q}{\Gamma_q^2 + \omega^2}\bigg|_0^{\omega_c}\right.$$
$$\left.+ \int_0^{\omega_c} d\omega \left[\frac{1}{2} + n(\omega)\right]\frac{\omega\Gamma_q}{\Gamma_q^2 + \omega^2}\right\}\frac{\delta\Gamma_q}{\Gamma_q} + \frac{\partial \Delta F(y)}{\partial y}\delta y$$

上の式の3行目に現れる $\omega/2$ に比例する項は，ゼロ点ゆらぎによる寄与を表す．上限周波数 ω_c の代入により，$\omega_c \gg \Gamma_q$ が成り立つ場合の上限値として有限の $-\Gamma_q/2$

の値が得られる．実際には高い周波数領域までローレンツ分布はそのまま成り立たず，この上限からの寄与は現れない．これ以外の下限からの寄与や，次の熱ゆらぎによる項による積分への寄与も無視できる．また，減衰定数と y の定義, (3.4) と (3.5) を用いて次の関係が成り立つ．

$$\frac{\delta \Gamma_q}{\Gamma_q} = \frac{1}{y+x^2}\delta y = \frac{2T_A}{N_0}\chi(q,0)\delta y$$

この結果を 4 行目の最初の式に代入すると，この項がスピンゆらぎの振幅に比例することがわかる．結局，自由エネルギーの変分は，以下の 2 つの項の和として表される．

$$\delta F_m(y,t) = \left[N_0 T_A \langle \mathbf{S}_{\mathrm{loc}}^2 \rangle_{\mathrm{tot}} + \frac{\partial \Delta F(y)}{\partial y}\right]\delta y = N_0 T_A[\langle \mathbf{S}_{\mathrm{loc}}^2 \rangle_{\mathrm{tot}} - C_{\mathrm{amp}}]\delta y$$

自由エネルギーのパラメータ y についての極値の条件は，スピン振幅がある定数 C_{amp} に等しいとする振幅保存則と等価であることを意味する．TAC の条件と矛盾しない自由エネルギーとして，(3.6) を用いることができる．秩序が発生する場合，常磁性相のこの自由エネルギーを拡張する必要があることについて，後の章で説明する．

3.1.3 磁場効果に関する大域的な整合性

温度領域の違い，例えば磁気秩序相の低温極限や，キュリー温度 T_C より高温の常磁性相，キュリー温度 T_C の近傍など，これらの領域のそれぞれにおいて磁化率は異なる温度依存性を示す．磁化曲線についても全く同様である．外部磁場 H とその影響によって発生する磁化 M も，それぞれの状況に応じて特別な関係が成り立つと考えるのが自然である．このような観点から，温度依存性の場合と同様に，磁性にとっては磁化曲線も基本的で重要な性質である．この関数形を振幅保存則と矛盾なく決定しようとするのが，磁場効果に関する整合性 (GC) の要請である．具体的には，次の事情によって生ずる H （または H/M）と M の間に成り立つ関係を利用する．

- スピン空間における球対称性を有する強磁性体に対し，ある方向に大きさ M のモーメントが発生したとき，(3.1) の右辺のスピンゆらぎの振幅は，発生したモーメントの向きに対する垂直，および平行方向のそれぞれの成分の和として表される．

$$\langle \delta \mathbf{S}_{\mathrm{loc}}^2 \rangle = \langle (\delta \mathbf{S}_{\mathrm{loc}}^\perp)^2 \rangle + \langle (\delta \mathbf{S}_{\mathrm{loc}}^\parallel)^2 \rangle$$

この右辺の振幅は，それぞれの成分の動的磁化率の虚数部分に含まれる逆磁化率 H/M と $\partial H/\partial M$ の値に依存する．つまり，磁気モーメントが発生すると，磁気ゆらぎの振幅の成分に違いが生ずる．

3.1 スピンゆらぎ理論の基本原理

- 逆磁化率 H/M と $\partial H/\partial M$ は，熱力学の関係式を用いてどちらも同じ自由エネルギーの M 依存性から導かれる．したがってこれらは互いに独立でなく，次の関係で結ばれている．

$$\frac{\partial H}{\partial M} = \frac{\partial}{\partial M}\left(M \cdot \frac{H}{M}\right) = \frac{H}{M} + M\frac{\partial}{\partial M}\left(\frac{H}{M}\right) \tag{3.7}$$

つまり，後者の $\partial H/\partial M$ は，前者の H/M の M についての導関数と関係がある．

成分 $\langle(\delta\mathbf{S}_{\mathrm{loc}}^{\perp})^2\rangle$ と $\langle(\delta\mathbf{S}_{\mathrm{loc}}^{\parallel})^2\rangle$ が，それぞれ H/M と $\partial H/\partial M$ の値で決まり，これらと M^2 の和が一定であるとする TAC の条件 (3.1) は，M についての 2 つの関数，$H(M)/M$ と $\partial H(M)/\partial M$，および M^2 との間に成り立つ関係を与える．上の (3.7) に着目すれば，この条件を利用して微分係数 $\partial(H/M)/\partial M$ を，H/M と M の値を用いて求めることができる．つまり TAC の条件を，磁化曲線を求めるための常微分方程式であると見なせる．この解として得られた磁化曲線から，磁化率，磁気モーメントの温度，磁場依存性など，多くの磁気的性質を導くことができると考えられる．

有限の磁化 M が発生した場合の自由エネルギーと，2 つの逆磁化率 H/M, $\partial H/\partial M$ との関係について簡単に説明する．自由エネルギーがスピン空間において球対称性を有する系に対し，z 軸方向に作用した大きさ H の磁場により，同じ方向に一様磁化 $\mathbf{M} = (0, 0, M)$ が発生した場合を考える．球対称性が成り立つ自由エネルギーの磁気モーメントに関する依存性は，モーメントの各成分 M_x, M_y, M_z の関数として表されるのではなく，モーメントの大きさを表す 1 個の変数 M の関数として表される．

$$F(M_x, M_y, M_z, T) = F(M, T), \quad M^2 = M_x^2 + M_y^2 + M_z^2 \tag{3.8}$$

磁化の各成分についての上の自由エネルギーの微分係数から，まず次の熱力学の関係式が得られる．

$$\frac{\partial F}{\partial M_z} = \frac{M_z}{M}\frac{\partial F}{\partial M} = \frac{\partial F}{\partial M} = H, \quad \frac{\partial F}{\partial M_x} = \frac{M_x}{M}\frac{\partial F}{\partial M_x} = 0 \tag{3.9}$$

y 成分についても x 成分の場合と同様である．ただし，偏微分係数についての次の結果が成り立つことを用いた．

$$\frac{\partial M}{\partial M_z} = \frac{M_z}{M} = 1, \quad \frac{\partial M}{\partial M_x} = \frac{M_x}{M} = 0 \tag{3.10}$$

上の結果を用い，さらに (3.9) を磁化の各成分について微分することによって 2 次の微分係数も得られる．

68　第3章　遍歴電子磁性のスピンゆらぎ理論

$$\frac{1}{\chi^{\parallel}} = \frac{\partial^2 F}{\partial M_z^2} = \left(\frac{1}{M} - \frac{M_z^2}{M^3}\right)\frac{\partial F}{\partial M} + \frac{M_z^2}{M^2}\frac{\partial^2 F}{\partial M^2} = \frac{\partial^2 F}{\partial M^2} = \frac{\partial H}{\partial M},$$
$$\frac{1}{\chi^{\perp}} = \frac{\partial^2 F}{\partial M_x^2} = \frac{\partial}{\partial M_x}\left(\frac{M_x}{M}\frac{\partial F}{\partial M}\right) = \frac{1}{M}\frac{\partial F}{\partial M} = \frac{H}{M}$$
(3.11)

つまり，z 成分に関する 2 次の微分係数は H の M に関する微分係数で与えられ，x, y 成分の微分係数は，H/M に等しい．特に磁気秩序状態では，発生する磁化の影響によってこれらの成分の値に違いが生ずる．磁化率が異方的であることを考慮に入れた取り扱いが必要となる．

以上がスピンゆらぎ理論の基本的な考え方のすべてである．この考え方に基づいて実際に種々の磁気的な性質を導くには，スピンゆらぎの振幅の温度 T や H/M, $\partial H/\partial M$ に関する具体的な依存性が必要になる．これらについてはすぐ次の節で詳しく述べる．

3.2　熱ゆらぎとゼロ点ゆらぎの振幅

低周波，低波長領域におけるスピンゆらぎのスペクトルは，2 重ローレンツ型の分布関数を用いてよく記述されることが知られている．スピンゆらぎ理論では，波数 ($\mathbf{q}$) および周波数 (ω) 空間におけるゆらぎのスペクトル分布の特徴が，磁性体で発現する種々の磁気的性質に反映されると考えられる．この節では $\mathbf{q}$, ω 空間のゆらぎの分布の特徴を表すパラメータを定義し，それらを用いて熱ゆらぎ，ゼロ点ゆらぎの振幅がどのように表されるかについて説明する．

その前に，これから用いる単位についてまず説明する．結晶中に磁性原子が N_0 個含まれるとしたとき，無次元の原子当たりのスピン σ と，エネルギーの単位を持つ磁場 h を，磁化 M と外部磁場 H の代わりに以下の式で定義する．

$$\sigma = M/(N_0 g\mu_\mathrm{B}), \quad h = g\mu_\mathrm{B} H \tag{3.12}$$

原子当たりの磁気モーメントも同様に，$p = g\sigma = M/(N_0 \mu_\mathrm{B})$ を用いて定義する．これらの定義に従って，磁化率についても次の定義を用いることにする．

$$\chi^{-1} \equiv (g\mu_\mathrm{B})^2 \frac{H}{M} = \frac{h/g\mu_\mathrm{B}}{N_0 g\mu_\mathrm{B}\sigma} = \frac{1}{N_0}\frac{h}{\sigma}, \quad (g\mu_\mathrm{B})^2\frac{\partial H}{\partial M} = \frac{1}{N_0}\frac{\partial h}{\partial \sigma} \tag{3.13}$$

つまり，実際に測定で得られる磁化率を $(g\mu_\mathrm{B})^2$ で割った値として磁化率と定義し，その単位はエネルギーの逆数に等しい．特に断りのない場合，磁気回転比については $g = 2$ を仮定する．

3.2.1 スペクトル分布の特徴を表すパラメータ

　磁性体の磁気励起のことをスピンゆらぎと呼んでいる．外部からの磁気的な相互作用や温度によって励起が発生する．スピン振幅についての揺動散逸定理 (3.2) によれば，動的磁化率の虚数部 (3.4) が $\mathbf{q}, \omega$ 空間におけるスピンゆらぎのスペクトル分布を表す．この分布を特徴付けるパラメータとして，波数，および周波数に関する分布幅がよく用いられる．ここでは，分布幅に対応する温度の単位を持つ 2 つのパラメータを，以下に示す方法によって導入する．

　まず，波数空間の分布幅について考える．強磁性体の場合，一様成分 ($\mathbf{q} = \mathbf{0}$) の逆磁化率は，ゼロに近い微小な値であると考えられる．例えば臨界温度では磁化率が発散し，逆数のこの値はゼロである．したがって，逆磁化率の値は原点付近のほぼゼロの値から，ブリルアンゾーン境界 $\mathbf{q}_\mathrm{B}$ における値，$\chi^{-1}(\mathbf{q}_\mathrm{B}, 0)$ までの範囲に分布すると考えられる．いまの場合は磁化率の逆数がエネルギーの単位を持つので，分布幅を特徴付ける温度 T_A を次の式を用いて定義できる．

$$\frac{N_0}{\chi(\mathbf{q}_\mathrm{B}, 0)} = \frac{N_0(1 + q_\mathrm{B}^2/\kappa^2)}{\chi(\mathbf{0}, 0)} = \frac{N_0(1 + 1/y)}{\chi(\mathbf{0}, 0)} \simeq \frac{N_0}{\chi(\mathbf{0}, 0)y} \equiv 2T_A \tag{3.14}$$

ただし，臨界点近傍で $y \ll 1$ が成り立つことを用いた．規格化した逆磁化率 y についての (3.5) は，この T_A の定義と関係がある．

$$y = \frac{N_0}{2\chi(\mathbf{0}, 0)T_A} = \frac{h}{2T_A\sigma} \tag{3.15}$$

　同様に，周波数分布についても別のパラメータを定義することができる．ある波数 $\mathbf{q}$ に対し，周波数に関するスペクトルの半値幅は減衰定数 Γ_q で与えられる．$\mathbf{q} = \mathbf{0}$ の場合は，$\Gamma_q = 0$ が成り立つ．そこで，この場合もゾーン境界 ($q = q_\mathrm{B}$) での最大の半値幅を用い，温度に換算したスペクトル幅の尺度となるパラメータ T_0 を，次のように定義できる．

$$\Gamma_{q_\mathrm{B}} = \Gamma_0 q_\mathrm{B}(\kappa^2 + q_\mathrm{B}^2) = \Gamma_0 q_\mathrm{B}^3(y + 1) \simeq \Gamma_0 q_\mathrm{B}^3 = 2\pi T_0 \tag{3.16}$$

　理論的な取り扱いでは，変数によく無次元のパラメータが用いられる．上で定義したパラメータを用いると，動的磁化率の波数，周波数依存性を，規格化した無次元のパラメータを用いた形に書き換えることができる．

$$\begin{aligned} \chi(\mathbf{q}, 0) &= \chi(\mathbf{0}, 0)\frac{\kappa^2}{\kappa^2 + q^2} = \frac{N_0}{2T_A(y + x^2)}, \\ \Gamma_q &= \Gamma_0 q(q^2 + \kappa^2) = 2\pi T_0 x(x^2 + y) \end{aligned} \tag{3.17}$$

波数についての和も，規格化した変数 $x = q/q_B$ を用いて次のように表される．

$$\frac{1}{N_0}\sum_{\mathbf{q}} = \frac{4\pi V}{(2\pi)^3 N_0}\int_0^{q_B} dq\, q^2 = \frac{4\pi q_B^3 V}{(2\pi)^3 N_0}\int_0^1 dx\, x^2 = 3\int_0^1 dx\, x^2 \quad (3.18)$$

ただし，$(4\pi q_B^3 V/3)/(2\pi)^3 = N_0$ が成り立つことを用いた．絶対温度 T の代わりに，パラメータ T_0 との比で定義される規格化された温度 t を今後用いることにする．

$$t = \frac{T}{T_0} \quad (3.19)$$

3.2.2 熱ゆらぎの振幅

熱ゆらぎの振幅 $\langle \mathbf{S}^2 \rangle_T (y,t)$ には 2 つの変数 y と t が含まれる．この y は，発生する磁化 σ と温度 t についての関数でもある．この節では熱ゆらぎの振幅の，これらの変数についての依存性について説明する．無次元の周波数 $\xi = \omega/2\pi T$ を定義し，動的な磁化率の虚数部分を以下のように書き換えることができる．

$$\mathrm{Im}\chi(\mathbf{q},\omega) = \chi(\mathbf{q},0)\frac{\omega\Gamma_q}{\omega^2 + \Gamma_q^2} = \frac{N_0}{2T_A}\frac{1}{y+x^2}\frac{\xi u(x)}{\xi^2 + u^2(x)},$$
$$u(x) \equiv \frac{x(y+x^2)}{t} \quad (3.20)$$

波数 x についての関数 $u(x)$ は，規格化した減衰定数を表す．これを (3.3) の熱ゆらぎの定義に代入し，さらに変数 ξ についての積分を実行することができる．その結果，熱ゆらぎの振幅が規格化した波数 x についての積分の形に表される．

$$\langle \mathbf{S}^2 \rangle_T (y,t) = \frac{18 T_0}{T_A}\int_0^1 dx\, x^3\int_0^\infty d\xi\, \frac{\xi}{e^{2\pi\xi}-1}\frac{1}{\xi^2+u^2}$$
$$= \frac{9T_0}{T_A}A(y,t), \quad (3.21)$$
$$A(y,t) \equiv \int_0^1 dx\, x^3\left[\log(u) - \frac{1}{2u} - \psi(u)\right]$$

上の第 3 式の被積分関数に現れる $\psi(u)$ は digamma 関数を表し，gamma 関数 $\Gamma(u)$ の対数微分 $\psi(u) = d\log\Gamma(u)/du$ によって定義される．この式の被積分関数に含まれる u は，(3.20) で定義した関数 $u(x)$ のことである．

特に臨界温度近傍と低温極限の場合，(3.21) を用いて熱ゆらぎの振幅の変数 y と t についてのより具体的な依存性を導くことができる．その結果を以下に示す．

- 臨界温度近傍

磁化率が発散する $y = 0$ 近傍における熱ゆらぎの振幅 $A(y,t)$ は，それぞれの変数

に関し，被積分関数の臨界挙動を反映した特異な依存性を示す．長波長極限で支配的となる (3.21) の被積分関数の u 依存性について，$\log u - 1/2u - \psi(u) \simeq 1/2u$ ($u \ll 1$) の近似が成り立つ．これを代入して波数積分を行った結果，次の y 依存性が得られる．

$$\Delta A(y,t) \equiv A(y,t) - A(0,t) \simeq \frac{t}{2}\int_0^1 dx\left(\frac{x^2}{y+x^2} - 1\right)$$
$$= -\frac{1}{2}t\,y\int_0^1 dx\frac{1}{y+x^2} = -\frac{t}{2}\sqrt{y}\tan^{-1}\frac{1}{\sqrt{y}} \quad (3.22)$$

つまり，臨界点に対応する $y=0$ の周りで非解析的な次の y 依存性が得られる．

$$\Delta A(y,t) \simeq -\frac{\pi t}{4}\sqrt{y} \quad (y \ll 1) \tag{3.23}$$

原点 $y=0$ の周りでべき級数展開が不可能なこの $\sqrt{y}$ 依存性は，臨界現象特有の性質である．

臨界温度における熱ゆらぎの振幅の t 依存性も，(3.21) で $y=0$ と置き，関数 $u(x)$ の代わりに新たな変数 $u = x^3/t$ を導入して以下のように求めることができる．

$$A(0,t) = \frac{1}{3}t^{4/3}\int_0^{1/t} du\, u^{1/3}\left[\ln u - \frac{1}{2u} - \psi(u)\right]$$
$$\simeq \frac{1}{3}C_{4/3}t^{4/3} \quad (t \ll 1) \tag{3.24}$$
$$C_\alpha \equiv \int_0^\infty du\, u^{\alpha-1}\left[\log u - \frac{1}{2u} - \psi(u)\right], \quad C_{4/3} = 1.00608\cdots$$

定数 C_α はガンマ関数とツェータ関数の値を用いて表され，$\alpha = 4/3$ の場合のその値はほぼ 1 に近い．したがって，$t \ll 1$ が成り立つ場合の熱ゆらぎの振幅は，$t^{4/3}$ に比例する．

- 低温極限

この極限で $1 \ll u$ が成り立つことから，(3.21) の被積分関数に digamma 関数についての漸近展開を用いることができる．展開の初項だけを用いた近似により，t^2 に比例する熱ゆらぎの温度依存性が得られる．

$$A(y,t) \simeq \frac{1}{12}\int_0^1 dx\frac{x^3}{u^2(x)} = \frac{t^2}{12}\int_0^1 dx\frac{x}{(y+x^2)^2} = \frac{t^2}{24}\frac{1}{y(1+y)} \tag{3.25}$$

上の結果に現れる $1/y$ に比例する依存性のため，臨界点に向かって $(y \to 0)$ 発散する傾向が t^2 の係数に現れる．

Digamma 関数の性質 参考まで，熱ゆらぎの振幅について調べるために用いた digamma 関数の性質を以下にまとめて示す．

- 原点の周りの展開 (臨界点近傍)

$$\begin{aligned}\psi(x) &= -\frac{1}{2x} - \gamma - \frac{\pi}{2}\cot\pi x - \sum_{n=1}\zeta(2n+1)x^{2n} \\ &= -\frac{1}{x} - \gamma + \frac{\pi^2}{6}x - \zeta(3)x^2 + \frac{\pi^4}{90}x^3 - \zeta(5)x^4 + \cdots\end{aligned} \quad (3.26)$$

$\gamma = 0.57721\cdots$ はオイラーの定数と呼ばれる．

- 漸近展開 (低温極限)

$$\begin{aligned}\log x - 1/2x - \psi(x) &\sim \frac{1}{12x^2} - \frac{1}{120x^4} + \frac{1}{252x^6} - \frac{1}{240x^8} + \cdots \\ 1/x + 1/2x^2 - \psi'(x) &\sim -\frac{1}{6x^3} + \frac{1}{30x^5} - \frac{1}{42x^7} + \frac{1}{30x^8} - \cdots\end{aligned} \quad (3.27)$$

3.2.3 ゼロ点ゆらぎの振幅

一方，ゼロ点ゆらぎの振幅 $\langle \mathbf{S}_{\text{loc}}^2 \rangle_Z(y)$ は，変数 y にのみ依存する．磁気的性質にとって特に重要となる変数の領域は，温度が臨界点に近く，大きな磁化率が観測される $y = 0$ の近傍である．直接的な温度依存性はないにしても，温度や磁場によって変化する変数 y によるこの振幅への影響も無視できない．したがって熱ゆらぎの場合と比較し，この場合の y 依存性がどの程度の影響になるかを具体的に確かめる必要がある．一方 (3.3) の定義には，熱ゆらぎの場合とは異なりボース因子が含まれない．そのため，臨界点近傍の振幅の y 依存性に特異な挙動は現れにくい．一般に磁気秩序の発生はゆらぎの振幅を抑制する．秩序の発生による y の増大は，この振幅を減少させる効果として現れる．

ゼロ点ゆらぎの場合，無次元の規格化した周波 $\eta = \omega/2\pi T_0$ を定義し，動的磁化率の虚数部分を次式のように書き換えることができる．

$$\begin{aligned}\text{Im}\chi(\mathbf{q},\omega) &= \frac{N_0}{2T_A}\frac{1}{y+x^2}\frac{\eta v(x)}{\eta^2 + v^2(x)} = \frac{N_0}{2T_A}\frac{\eta x}{\eta^2 + v^2(x)}, \\ v(x) &= x(y+x^2)\end{aligned}$$

これを (3.3) に代入し，周波数に対応する η について積分を実行すれば，その結果は次の波数積分の形に表される．

$$\langle \mathbf{S}_{\mathrm{loc}}^2 \rangle_Z (y) = \frac{9T_0}{T_A} \int_0^1 \mathrm{d}x x^3 \int_0^{\eta_c} \mathrm{d}\eta \frac{\eta}{\eta^2 + v^2(x)}$$
$$= \frac{9T_0}{2T_A} \int_0^1 \mathrm{d}x x^3 \left\{ \log[\eta_c^2 + v^2(x)] - 2\log v(x) \right\}$$

$y = 0$ の近傍の振幅は，ほぼ y に比例する次の依存性を示す．

$$\langle \mathbf{S}_{\mathrm{loc}}^2 \rangle_Z (y) = \langle \mathbf{S}^2 \rangle_Z (0) - \frac{9T_0}{T_A} cy + \cdots \tag{3.28}$$

熱ゆらぎの振幅についての (3.21) 式に合わせ，同様な係数として比の値 $9T_0/T_A$ をあえて表に出し，残りの比例係数 c の値を定義した．このため，c は単なる数値的な定数となる．

振幅についての定義 (3.3) を，直接 y に関して微分することによっても定数 c 求めることができる．

$$\begin{aligned}\frac{\partial}{\partial y} \langle \mathbf{S}^2 \rangle_Z (y) &= \frac{3}{N_0^2} \sum_{\mathbf{q}} \int_0^\infty \frac{\mathrm{d}\omega}{\pi} \frac{\partial}{\partial y} \left\{ \chi(q) \frac{\omega \Gamma(q,\omega)}{\omega^2 + \Gamma^2(q,\omega)} \right\} \\ &= \frac{3}{N_0^2} \sum_{\mathbf{q}} \int_0^\infty \frac{\mathrm{d}\omega}{\pi} \left\{ \frac{\partial[\chi(q)\Gamma(q,\omega)]}{\partial y} \frac{\omega}{\omega^2 + \Gamma^2(q,\omega)} \right. \\ &\quad \left. - [\chi(q)\Gamma(q,\omega)] \frac{2\omega\Gamma(q,\omega)}{[\omega^2 + \Gamma^2(q,\omega)]^2} \frac{\partial \Gamma(q,\omega)}{\partial y} \right\} \\ &\simeq -\frac{3}{N_0^2} \sum_{\mathbf{q}} \chi(q) \frac{\partial \Gamma_q}{\partial y} \int_0^\infty \frac{\mathrm{d}\omega}{\pi} \frac{2\omega \Gamma_q^2}{(\omega^2 + \Gamma_q^2)^2} \\ &= -\frac{3}{N_0^2} \sum_{\mathbf{q}} \frac{1}{\pi} \chi(q) \frac{\partial \Gamma_q}{\partial y}\end{aligned} \tag{3.29}$$

一般に，ローレンツ型のスペクトル分布が高い周波数領域まで成り立つことはない．実際には強度はこれより早く減衰する．積分範囲の上限の存在や，減衰定数が ω に依存して変化するためであると考えることができる．また (3.4) によれば，低周波領域では 2 行目に現れる積 $[\chi(q)\Gamma(q,\omega)]$ は y に依存しない．そこで，この y についての微分係数に比例する項を無視することにする．高周波数領域で 3 行目に現れる因子について，$\omega/[\omega^2 + \Gamma_q^2]^2 \sim 1/\omega^3$ が成り立つ．つまりこの項の周波数積分は主に低周波領域から生じ，したがって $\Gamma(q,\omega)$ の周波数依存性が無視できる ($\Gamma(q,\omega) \simeq \Gamma_q$)．このようにして (3.29) を ω について積分した結果を (3.28) と比較し，ゼロ点ゆらぎの y に比例する係数を求める式が得られる．

$$-\frac{9T_0}{T_A}c = -\frac{3}{N_0^2}\sum_{\mathbf{q}}\frac{1}{\pi}\chi(q)\left.\frac{\partial\Gamma_q}{\partial y}\right|_{y=0}$$

純粋なローレンツ型の分布 (3.17) を代入すると，次の結果が得られる．

$$c = \int_0^1 dx\, \left.\frac{x^3}{y+x^2}\right|_{y=0} = \frac{1}{2}$$

3.3 スピン振幅の保存とゼロ点ゆらぎ

スピン振幅保存則を金属磁性の場合に仮定することは，決して無理なことを考えているわけではない．金属性を示す低次元の有限サイズの系について，保存則が成り立つことが実際に数値的な取り扱いによって確かめられている．1次元のハバードモデルについて，Shiba, Pincus (1972) [9] と Shiba (1972) [10] は，スピンの2乗振幅の熱平均値の温度変化が $(k_{\mathrm{B}}T/W)^2$ 程度に過ぎないことを明らかにしている．W がバンド幅を表すため，通常の温度ではこの変化はほとんど無視できる．同様な結果が，2次元有限サイズのハバードモデルについての Hirsch (1985) の計算によっても確かめられている[11]．ただし，これらはどちらも反強磁性的な相関が強い場合の例である．比較的最近では，部分強磁性が発生する次近接相互作用を持つ有限サイズの1次元ハバードモデルについて，Nakano, Takahashi (2004) による計算が行われている[12]．スピン振幅の温度変化の小さいことが，やはりこの場合でも確認されている．

スピン振幅の保存則やゼロ点ゆらぎの振幅に関する直接的な実験結果についても次に紹介する．

3.3.1 MnSi のスピン振幅の温度依存性の中性子散乱実験

ゼロ点ゆらぎの成分を含めた遍歴電子強磁性体の磁気励起を，直接的に観測した例について紹介する．MnSi について，偏極中性子線を用いた非弾性磁気散乱の実験を行った結果が，1982 年に英国の Ziebeck *et al.* によって報告されている[13]．図 3.1 に，その実験で得られた散乱強度の温度変化を示す．この測定では，試料によって散乱されたすべての方向の中性子を集めた強度が求められている．すべての散乱角についての積分強度は，波数について積分した強度を求めたことになる．散乱中性子のエネルギーについても分解せず，すべてのエネルギーの散乱中性子を集めた強度が求められた．中性子線の散乱強度の波数，周波数依存性を $S(q,\omega)$ とすれば，この実験で得られた強度 I は次のように表される．

3.3 スピン振幅の保存とゼロ点ゆらぎ 75

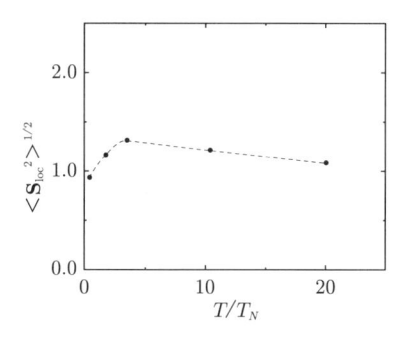

図 3.1 MnSi の中性子非弾性散乱強度の温度依存性

$$I = \sum_{\mathbf{q}} \int_{-\omega_c}^{\omega_c} d\omega S(q,\omega) \tag{3.30}$$

周波数の上限値 ω_c は，原子炉から出てくる熱中性子のエネルギーの上限 (室温程度) で決まる．この散乱強度 $S(q,\omega)$ は，動的磁化率の虚数部分と次の関係がある．

$$\begin{aligned} S(q,\omega) \propto \bar{S}(q,\omega) &= \frac{1}{1-e^{-\omega/T}} \mathrm{Im}\chi(q,\omega) \\ &= \begin{cases} [1+n(\omega)]\mathrm{Im}\chi(q,\omega) & \omega \geq 0 \\ n(|\omega|)]\mathrm{Im}\chi(q,|\omega|) & \omega < 0 \end{cases} \end{aligned} \tag{3.31}$$

常磁性相の場合の動的磁化率の虚数部は，ω についての奇関数である．これ以外の余分な周波数に依存する因子が含まれるため，散乱強度は周波数の原点に関して非対称な形状を示す．周波数 ω について偶関数である熱ゆらぎによる寄与 $\bar{S}_T(q,\omega)$ と，正の周波数領域だけに現れるゼロ点ゆらぎによる強度 $\bar{S}_Z(q,\omega)$ との和，$\bar{S}(q,\omega) = \bar{S}_T(q,\omega) + \bar{S}_Z(q,\omega)$ としてこの強度を表すこともできる．負の周波数領域の強度は，ボース因子が含まれる熱ゆらぎだけによる寄与である．波数 q をある値に固定し，ローレンツ型の分布を仮定して求めた散乱強度の周波数依存性の計算結果を，図 3.2 の実線で示す．図の実線で表される散乱強度分布は，$\omega = 0$ に関して非対称である．熱ゆらぎ成分を表す点線は原点に関して対称に分布し，非対称なゼロ点ゆらぎによる破線の分布は，$\omega > 0$ の領域だけに現れる．

正の周波数領域 $(0 < \omega)$ における熱ゆらぎとゼロ点ゆらぎの積分強度をそれぞれ次のように定義すれば，

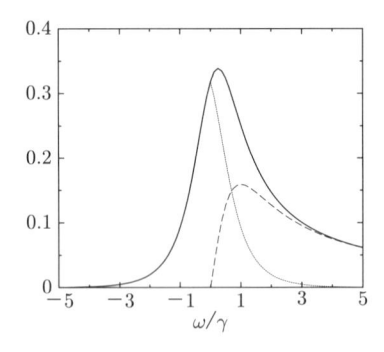

76　第3章　遍歴電子磁性のスピンゆらぎ理論

図 3.2　中性子散乱強度の非対称の周波数依存性

$$I_{\text{therm}} = \sum_{\mathbf{q}} \int_0^{\omega_c} d\omega \bar{S}_T(q,\omega), \quad I_{\text{zp}} = \sum_{\mathbf{q}} \int_0^{\omega_c} d\omega \bar{S}_Z(q,\omega)$$

Ziebeck et al. の測定で得られた強度は次の式を用いて表される.

$$I = 2I_{\text{therm}} + I_{\text{zp}} \tag{3.32}$$

周波数の上限 ω_c が十分高い場合，強度 I はスピンの 2 乗振幅の平均値を表す．上限値がそれほど高くない場合の観測強度は，熱ゆらぎの振幅 $2I_{\text{therm}}$ と，一部のゼロ点ゆらぎの振幅 I_{zp}，つまり低エネルギー領域における振幅だけを合わせた値であると見なされる．図 3.1 は，論文で報告された強度の値を図としてプロットしたものである．あまり温度変化のないこの図の積分強度は，スピン振幅保存則が成り立つことを支持する．高温領域で見られる強度の緩やかな減少は，温度の上昇によってスペクトルの分布幅が広がり，一部の強度が上限 ω_c を越えて漏れ出てしまうためと考えられる．

この報告のすぐ後で，Ishikawa et al. によっても同じ MnSi を用いた中性子非弾性散乱の実験結果が報告された[14]．彼らの主な目的は，SCR 理論の基礎となる考えを，直接的な実験手段を用いて検証することにあった．つまり，温度の上昇によって増大する熱ゆらぎの振幅を，観測によって明らかにすることである．彼らの用いた方法は，波数と周波数のどちらについても分解した散乱強度をまず観測し，その結果を波数と周波数に関し，数値的に積分することによって熱ゆらぎの振幅を求めるものである．ただし，観測強度から熱ゆらぎの成分 I_{therm} のみを取り出すため，周波数についての積分を負の領域だけに限ることにした．彼らによって得られた散乱強度の波数依存性を図 3.3 に示す．図の横軸の ζ は波数を表す．ほぼどの波数についても，温度の上昇に

3.3 スピン振幅の保存とゼロ点ゆらぎ　77

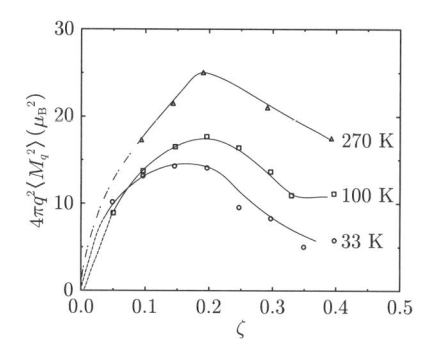

図 3.3 MnSi の中性子非弾性散乱強度の $(1-\zeta, 1-\zeta, 0)$ 方向の波数依存性（文献[14] の Fig. 6 より引用）

よる振幅の増大が見られる．彼らはこの結果から SCR 理論の考え方の正しいことが検証できたと主張するが，少し注意が必要である．熱ゆらぎの振幅のみを取り出したため，その温度変化は当然期待される結果に過ぎない．負の周波数領域の微弱で誤差の大きい熱ゆらぎによる強度を，あえてなぜ観測せざるを得なかったのか．むしろ問題とすべきはこの点である．Ziebeck et al. と同様に正の領域まで含めて積分すると，図 3.3 とは異なり，明瞭な温度変化が得られなかったと考えられる．Ziebeck et al. と Ishikawa et al. の両方の結果を矛盾なく理解しようとすれば，熱ゆらぎの振幅とゼロ点ゆらぎの振幅のどちらも変化し，その和が一定に保たれると考えるべきである．

3.3.2　スピンゆらぎ理論による MnSi のスピン振幅の温度変化

Ziebeck et al. による報告のすぐ後で，この結果を SCR 理論の立場から理解しようとする研究が Takahashi と Moriya (1983) によって行われた[15]．この論文では，(3.31) の散乱強度の動的磁化率の虚数部に対して 2 重ローレンツ型の分布を仮定し，スピンゆらぎの振幅の温度依存性が数値的な計算によって次の積分から求められた．

$$\bar{S}_L^2(T) \propto \sum_{\mathbf{q}} \int_{-\omega_c}^{\omega_c} d\omega \bar{S}(q,\omega) \tag{3.33}$$

実験的に得られたスペクトル幅のパラメータ T_0, T_A の値を用いた分布関数を用い，波数についての積分はブリルアンゾーンの内部に制限した．周波数の上限 ω_c について，実験条件と一致する熱中性子のエネルギーの上限値 E_c が用いられた．磁化率の温度変化についても SCR 理論を用いて求め，その結果は観測とほぼ一致するキュリー・ワ

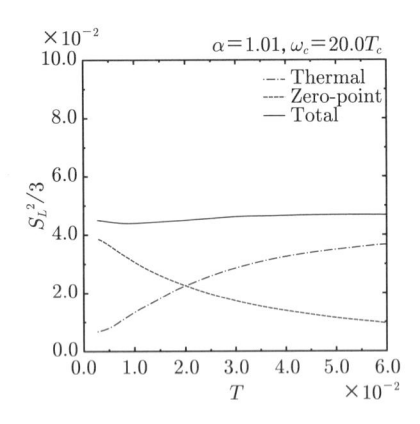

図 3.4 SCR 理論による計算結果（文献[15]の Fig. 7 からの引用）．熱ゆらぎとゼロ点ゆらぎの温度変化が，それぞれ一点鎖線と破線で表され，それらの和の全振幅が実線である

イス則の温度依存性を示すことが確認されている．数値計算による振幅の温度変化の結果を図 3.4 に示す．この図からわかるように，温度変化がほとんどない積分強度が得られることがわかり，Ziebeck の実験結果をうまく再現できている．

ただし，この論文では温度によらない強度が得られた理由として，実験で用いた熱中性子線のエネルギーが低いことを挙げている．より高いエネルギーの中性子線を用いることができ，したがって高い周波数の上限値までの積分に対応する測定が可能になれば，SCR 理論と矛盾しない温度変化を示す強度が得られると主張している．実験的には高エネルギー領域で観測される強度にはほとんど変化がないとも言われ，実験結果のこのような解釈には無理がある．むしろこの計算も，振幅保存則が成り立つことを支持すると考えるべきである．

3.3.3 (Y,Sc)Mn$_2$ の巨大スピンゆらぎ

反強磁性を示す化合物 YMn$_2$ は，約 100 K のネール温度で 1 次転移的に常磁性相に転移し，その際に巨大な体積歪の発生を伴うことが知られている．少量の Sc による Y 原子の置換によって反強磁性が消失する．しかしながら，低温で大きな熱膨張係数が観測されることから，磁性の消滅後にも大きな振幅のゆらぎの存在が示唆されていた．この物質のスピンゆらぎについて調べるために行われた，Shiga et al. (1988) による偏極中性子散乱の実験結果が報告されている[16]．この研究で，以下のことが

3.3 スピン振幅の保存とゼロ点ゆらぎ   79

明らかにされている．

1. 大きな振幅の反強磁性的なゆらぎが実際に存在すること
2. 温度の上昇により，ゆらぎの振幅が増大する傾向が見えること
3. かなりの大きさの散乱強度が低温でも観測され，その周波数分布は原点に関して非対称である

上の最後の結果は，大きな振幅のゼロ点ゆらぎが存在することを示している．この論文では，全ブリルアンゾーン内の波数，及び周波数について積分した散乱強度が，さらにゼロ点ゆらぎと熱ゆらぎのそれぞれの成分に分離して求められている．温度上昇に伴って熱ゆらぎの振幅が増大する一方で，両成分を合わせた全振幅の温度変化は小さいことが確認されている．MnSi の場合と同じ結果が得られていると見なせる．

3.3.4 温度変化や磁場によるスペクトル分布への影響

温度の変化や外部磁場によるスピンゆらぎへの影響は，スペクトル分布の主に低周波領域に限られると考えることができる．図 3.2 と同様な計算によってこのことを確かめることができる．波数 q をある値に固定し，ローレンツ型の分布を仮定して求めたスペクトル分布の周波数依存性を図 3.5 に示す．固定された波数の減衰定数 Γ_q を γ で表した．ある温度における熱ゆらぎとゼロ点ゆらぎのスペクトル強度の周波数依存性が，この図では ω/γ の比に対してプロットされている．原点近傍で有限の値を持つ熱ゆらぎのスペクトルは，$n(\omega)\mathrm{Im}\chi(q,\omega)$ に比例する．一方，動的磁化率の虚

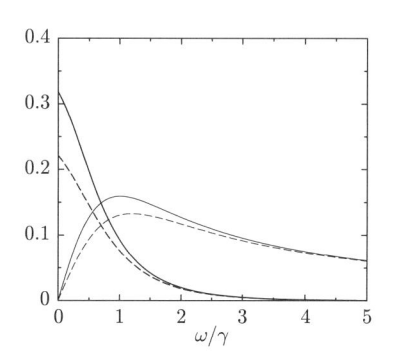

図 3.5　スペクトルの成分別の変化

部で与えられるゼロ点ゆらぎのスペクトルは，低周波領域で ω に比例する依存性を示す．この図には，2 つの異なる y の値に対応するスペクトル分布が示されている．実線の強度に対し，少し大きな y の値を用いた計算結果が破線である．ボース分布関数には変化がないことから，外部からの磁場による影響を表す図であると見なせる．

低周波極限における熱ゆらぎのスペクトル強度の抑制が，特に大きいことが図に示されている．一方で，減衰定数 γ と同程度の周波数の範囲を考えた場合，ゼロ点ゆらぎへの影響についても無視できない．どちらの成分に対しても，高周波数領域のスペクトル強度に対する影響は小さく無視できる．したがって，Ziebeck et al. の行った測定がより高い中性子のエネルギーまで実行できたとしても，得られる散乱強度の温度変化への影響は小さい．温度変化のないゼロ点ゆらぎの寄与が，単にその強度に上乗せされるだけである．

この節で述べたことからわかるように，熱ゆらぎの振幅だけが温度によって変化することを積極的に支持する実験結果は，今のところ見当たらない．特別な事情がある場合を除き，遍歴電子磁性の場合についても TAC の条件が成り立つと考えられる．

3.4 自発磁化の不連続な温度変化

この章の最初に述べたスピン振幅一定の条件や，磁場効果に関する整合性を考慮に入れる必要性について，この節では別な観点から説明する．第 2 章で紹介した SCR スピンゆらぎ理論を用いて自発磁化の温度変化を求めると，臨界温度で不連続にゼロになる．この原因と，どのようにして問題を解決できるかについて述べる．

3.4.1 自発磁化の温度依存性

まず初めに第 2 章の 2.3 節の説明に従って，自発磁化の不連続な変化が生ずる原因について考えてみる．一般に自由エネルギーについて，磁化 M に関する以下の展開が可能である．

$$F(M,T) = F(0,T) + \frac{1}{2}a(T)M^2 + \frac{1}{4}b(T)M^4 + \cdots \tag{3.34}$$

第 2 章のスピンゆらぎ理論では，スピンゆらぎの主な影響が，主に右辺の第 2 項の係数 $a(T)$ だけに限られると考える．外部磁場が存在する場合の熱力学的な関係式 (3.9) と，磁化が発生したことによる異方的な磁化率の各成分 (3.11) を以下に示す．

3.4 自発磁化の不連続な温度変化　81

$$H = \frac{\partial F}{\partial M} = a(T)M + b(T)M^3 + \cdots,$$
$$\frac{1}{\chi_\parallel} = \frac{\partial H}{\partial M} = a(T) + 3b(T)M^2 + \cdots, \quad (3.35)$$
$$\frac{1}{\chi_\perp} = \frac{H}{M} = a(T) + b(T)M^2 + \cdots$$

発生する磁化の方向に対する平行，および垂直方向の磁化率を $\chi_\parallel$ と $\chi_\perp$ を用いて表した．これら2つの磁化率の逆数の第2項，つまり M^2 項の係数の違いから異方性が生ずる．秩序状態では，この差が特に重要になる．例えば外部磁場ゼロで，自発磁気モーメント $M_0(T)$ が発生した場合 ($H \to 0$, $M \to M_0$)，高次項を無視すれば次の結果が得られる．

$$\frac{1}{\chi_\perp} = \frac{H}{M_0(T)} = a(T) + b(T)M_0^2(T) = 0,$$
$$\frac{1}{\chi_\parallel} = 2b(T)M_0^2(T) > 0 \quad (3.36)$$

この場合の垂直成分の磁化率の逆数 $\chi_\perp^{-1}$ は温度によらず常にゼロとなり，したがって，$M_0^2(T) = -a(T)/b(T)$ が成り立つ．一方，キュリー温度でゼロであった平行成分の磁化率の逆数 $\chi_\parallel^{-1}$ は，自発磁化 $M_0(T)$ と同様に温度の低下につれて増大する．このように，秩序状態での両者の温度依存性に差が生ずる．係数 $a(T)$ が正の有限の値を持つ常磁性相の場合，弱磁場領域でのこの差は小さい．

次に，自由エネルギー極小の条件から得られる第2章の変分パラメータが，対称性から導かれる上の結果を満たすかどうか調べてみる．得られた3個の条件，(2.53)，(2.54)，(2.55) を改めて以下に示す．

$$\Omega_q^\perp = \frac{1}{2\chi_0(\mathbf{q})} + \frac{1}{2}bM^2 + \frac{1}{4}bT\sum_{\mathbf{q}'\neq \mathbf{0}}\left(\frac{1}{\Omega_{q'}^\parallel} + \frac{4}{\Omega_{q'}^\perp}\right),$$
$$\Omega_q^\parallel = \frac{1}{2\chi_0(\mathbf{q})} + \frac{3}{2}bM^2 + \frac{1}{4}bT\sum_{\mathbf{q}'\neq \mathbf{0}}\left(\frac{3}{\Omega_{q'}^\parallel} + \frac{2}{\Omega_{q'}^\perp}\right), \quad (3.37)$$
$$\frac{H}{M} = \frac{1}{\chi_0(\mathbf{0})} + bM^2 + \frac{1}{2}bT\sum_{\mathbf{q}'\neq \mathbf{0}}\left(\frac{3}{\Omega_{q'}^\parallel} + \frac{2}{\Omega_{q'}^\perp}\right)$$

最初の式の $\mathbf{q} = \mathbf{0}$ の極限は，次のように表される．

$$\Omega_0^\perp = \frac{1}{2\chi_0(\mathbf{0})} + \frac{1}{2}bM^2 + \frac{1}{4}bT\sum_{\mathbf{q}'\neq \mathbf{0}}\left(\frac{1}{\Omega_{q'}^\parallel} + \frac{4}{\Omega_{q'}^\perp}\right) \quad (3.38)$$

垂直成分の逆数に当たるこの値について，$2\Omega_0^\perp = H/M$ の関係も成り立つ．そこで，(3.38) を 2 倍した式と (3.37) の第 3 式のそれぞれの右辺の差を求めてみると，ゼロにはならない結果が得られる．

$$2\Omega_0^\perp - \frac{H}{M} = bT \sum_{\mathbf{q}' \neq \mathbf{0}} \left(\frac{1}{\Omega_{q'}^\perp} - \frac{1}{\Omega_{q'}^\|} \right) \neq 0$$

磁化 M の発生により，$\Omega_q^\perp = \Omega_q^\|$ が成り立たなくなるためである．この近似で得られた (3.37) の第 1 式と第 3 式には，対称性の観点から少し矛盾がある．以下ではこの点には目をつぶり，$2\Omega_0^\perp = H/M$ が成り立つと仮定する．

熱力学の関係式による (3.36) が成り立つことから，磁化率の $\mathbf{q}=\mathbf{0}$ の成分について，$\Omega_0^\perp = 0$, $\Omega_0^\| = bM_0^2$ が成り立つ．また $\chi_0^{-1}(\mathbf{q})$ の波数依存性について，原点近傍で一般的に成り立つ q^2 に比例する依存性を仮定する．

$$\frac{1}{\chi_0(\mathbf{q})} - \frac{1}{\chi_0(\mathbf{0})} = Aq^2 + \cdots \tag{3.39}$$

これらを考慮した結果，(3.37) 式の $\Omega_q^\perp$ と $\Omega_q^\|$ を次のように表すことができる．

$$\begin{aligned}
\Omega_q^\perp &= \Omega_0^\perp + (\Omega_q^\perp - \Omega_0^\perp) = \Omega_0^\perp + \frac{1}{2}Aq^2 = \frac{1}{2}Aq^2, \\
\Omega_q^\| &= \Omega_0^\| + (\Omega_q^\| - \Omega_0^\|) = \Omega_0^\| + \frac{1}{2}Aq^2 = bM_0^2 + \frac{1}{2}Aq^2
\end{aligned} \tag{3.40}$$

つまり，$H=0$ と置いた (3.37) の第 3 式が，以下のように書き換えられる．

$$\begin{aligned}
&\frac{1}{\chi_0(\mathbf{0})} + bM_0^2 + 3bT \sum_{\mathbf{q}\neq\mathbf{0}} \frac{1}{Aq^2 + 2bM_0^2} + 2bT \sum_{\mathbf{q}\neq\mathbf{0}} \frac{1}{Aq^2} = 0, \\
&\frac{1}{\chi_0(\mathbf{0})} + 5bT_\mathrm{C} \sum_{\mathbf{q}\neq\mathbf{0}} \frac{1}{Aq^2} = 0
\end{aligned} \tag{3.41}$$

この下の式は，臨界温度 $T=T_\mathrm{C}$ で $M_0=0$ とした場合の上の式を表す．これらの 2 つの式のそれぞれの両辺の差から，自発磁化の温度依存性を求めるための次の式が得られる．

$$M_0^2 - 3T\sum_q \left(\frac{1}{Aq^2 + 2bM_0^2} - \frac{1}{Aq^2} \right) + 5(T - T_\mathrm{C}) \sum_q \frac{1}{Aq^2} = 0 \tag{3.42}$$

変数 M_0 に関するこの方程式の解から，自発磁化の温度依存性が求められる．

3.4.2 不連続な自発磁化の変化とその解消

臨界温度近傍での解を求めるため，まず (3.42) 式の左辺の第 2 項の波数に関する和を実行すると，次の結果が得られる．

$$\sum_q \left(\frac{1}{Aq^2 + 2bM_0^2} - \frac{1}{Aq^2} \right) = -\frac{8\pi b M_0^2 V}{(2\pi)^3 A^2} \int_0^{q_B} dq \frac{1}{q^2 + 2bM_0^2/A}$$

$$= -\frac{bM_0^2 V}{\pi^2 A^2} \sqrt{\frac{A}{2bM_0^2}} \tan^{-1} \sqrt{\frac{Aq_B^2}{2bM_0^2}}$$

自発磁化 M_0 がゼロに近づく極限で，上の結果を次のように近似できる．

$$\sum_q \left(\frac{1}{Aq^2 + 2bM_0^2} - \frac{1}{Aq^2} \right) \simeq -\frac{V}{2\pi A} \left(\frac{b}{2A} \right)^{1/2} M_0 \quad (M_0 \to 0) \tag{3.43}$$

したがって，臨界温度近傍における自発磁化は，M_0 に関する 2 次の代数方程式の解として求まる．

$$M_0^2 - c_1(T)M_0 + c_2(T) = 0,$$
$$c_1(T) = \frac{3VT}{2\pi A} \left(\frac{b}{2A} \right)^{1/2}, \quad c_2(T) = 5(T - T_C) \sum_q \frac{1}{Aq^2} < 0 \tag{3.44}$$

方程式の M_0 に関する 1 次の係数 $c_1(T)$ は正である．また，定数項 $c_2(T)$ には負の温度因子 $(T - T_C)$ が現れるため，負となるその値は温度に比例してキュリー温度でゼロになる．負である定数項の存在は，正負の 2 つの解が存在することも意味する．物理的に意味がある正の解が，臨界温度の極限で有限の $c_1(T_C)$ の値に留まる．このため自発磁化に不連続な変化が生ずる．原因となる (3.42) の左辺の第 2 項は，発生した自発磁化と同じ方向，つまり熱ゆらぎの平行成分のゆらぎの振幅 $\langle (\delta \mathbf{S}_{\mathrm{loc}}^{\parallel})^2 \rangle_T$ から生ずる．一般に，臨界点近傍の異常な挙動に関与するのは熱ゆらぎである．自発磁化 M_0 に比例する (3.43) 式の結果は，臨界温度近傍における (3.22) の非解析的な $\sqrt{y}$ 依存性によって生ずる．

以上から，自発磁化に不連続が生ずる原因について，次のように考えることができる．

1. 発生した自発磁化と同じ方向の熱ゆらぎ成分（縦成分）の振幅に現れる臨界挙動
系の対称性を考慮に入れた取り扱いでは，自発磁化の発生によって縦成分と横成分のゆらぎの振幅に違いが生ずる．特にこの問題に関係するのは縦成分のゆらぎである．このような事情から，初期の SCR 理論では横成分のゆらぎの寄与だけを考慮に入れて自発磁化の温度依存性を計算した．

2. 臨界点近傍における縦成分の逆磁化率の M_0 依存性

磁気秩序相における縦成分の磁化率として，(3.36) に従って $\chi_\parallel^{-1} \propto bM_0^2$ が常に成り立つことを仮定した．この仮定は磁化曲線の M 依存性と密接に関係する．

これら 2 つの要因が重なることにより，臨界温度における自発磁化に不連続な変化が生じた．この説明は，高温近似を用いて得られた式に基づくが，量子力学的な効果を考慮してもこの結論に変わりはない．有限温度で発生する相転移現象の本質は，低エネルギー領域における熱ゆらぎに主に支配される．それらに対して高温近似を用いることは何ら問題はない．

最後に，この章のスピンゆらぎ理論の基本的な考え方を用い，この問題を解決できる可能性について述べる．問題となる平行成分の磁化率の逆数 $\chi_\parallel^{-1}$ の M_0 依存性として，M_0^2 の代わりに一般的に M_0^α を仮定してみる．指数 α は，任意の値を取り得るものとする．この値として $\alpha = 4$ と置けば，(3.43) が M_0^2 に比例し，2 次方程式の M_0 についての 1 次項が消える．その場合，臨界点近傍で自発磁化が連続的に消失し，したがって問題が解決する．指数 α が変化し，臨界温度で 4 の値になる理由を知るには，臨界温度における磁化曲線を考えて見ればよい．

外部から z 軸方向に磁場をかけ，その時発生する磁気モーメントによる影響で磁化率に異方性が生ずる．磁化率の逆数は，z 軸に対する平行成分か垂直成分かの違いによってそれぞれ，(3.11) によって与えられる．これをそのまま代入すると，(3.41) の上の式が，次のように書き換えられる．

$$\frac{1}{\chi_0(\mathbf{0})} + bM^2 + 3bT_\mathrm{C} \sum_{\mathbf{q}\neq 0} \frac{1}{Aq^2 + \partial H/\partial M} \\ + 2bT_\mathrm{C} \sum_{\mathbf{q}\neq 0} \frac{1}{Aq^2 + H/M} = \frac{H}{M} \tag{3.45}$$

この式と，磁場をゼロにしたときに成り立つ式のそれぞれの両辺の差から，次の式が得られる．

$$bM^2 + 3bT_\mathrm{C} \sum_{\mathbf{q}\neq 0} \left(\frac{1}{Aq^2 + \partial H/\partial M} - \frac{1}{Aq^2} \right) \\ + 2bT_\mathrm{C} \sum_{\mathbf{q}\neq 0} \left(\frac{1}{Aq^2 + H/M} - \frac{1}{Aq^2} \right) = \frac{H}{M} \tag{3.46}$$

左辺に現れる波数についての 2 つの和を実行すると，これらはそれぞれ $(\partial H/\partial M)^{1/2}$ と $(H/M)^{1/2}$ に比例する．したがって，M に比例する項が現れないようにするた

めには，H/M と $\partial H/\partial M$ が M^4 に比例すると考える必要がある．つまりこれは，$H \propto M^5$ が成り立つことを意味し，$\alpha = 4$ の指数が得られる．ただし，上の右辺が M^4 に比例することから，左辺の M^2 項の和が，臨界温度でゼロになると考えなくてはならない．係数 b が温度変化し，臨界温度でゼロとなることを意味する．

ともかく自発磁化の不連続の問題は，係数 $b(T)$ の温度変化を無視したことによるものである．この問題の解決は，係数 $b(T)$ だけの問題に留まらない．温度依存性に留まらず，磁場効果についての取り扱いが問題を解く鍵となる．この章のスピンゆらぎ理論はこの点に関し，磁化曲線についての仮定を置かないという特徴がある．磁化曲線の決定を理論の主な対象とし，磁場効果に関する整合性 (GC) の要請がそのために用いられる．つまり，この問題の解決と密接な関係がある．磁化曲線の関数形を決めるために用いる条件は，1つであるほうが望ましい．1つの関数のための複数の条件は，互いの間に矛盾が生ずる原因となる．ある1つの条件だけを用い，温度によってさまざまに変化する磁化曲線を求めることが，自発磁化の不連続の問題を解決する．

3.5 第3章のまとめ

この章では，スピンゆらぎ理論の 2 つの基本的な考え方について説明した．これは，磁化曲線の決定に，スピン振幅保存則を利用すると言い換えることもできる．外部磁場よって発生した磁化の影響により，スピンゆらぎの振幅に異方性が生ずる．磁化に対するゆらぎの方向により，それぞれの振幅が異なる逆磁化率 H/M と $\partial H/\partial M$ による影響を受けるためである．この状況でスピン振幅保存則を課すことは，発生した磁化 M とこれらの磁化率の逆数との間に成り立つ関係を与える．つまり，閉じた形の次の 1 階の常微分方程式が成り立つことと等価である．

$$\Phi(M, H/M, \partial H/\partial M) = 0 \tag{3.47}$$

この方程式の解として，さまざまな温度における磁化曲線を求めることができる．具体的な解の求め方，その解から導かれる磁気的性質については次の章で詳しく説明する．

スピン振幅保存則を利用する前提に，スピンのゼロ点ゆらぎ成分の重要性についての暗黙の仮定がある．このゼロ点ゆらぎの寄与に関し，Solontsov-Wagner (1994) によっても非線形効果の観点から取り上げられている[17]．その後，相転移の Ginzburg-Landau 展開の自由エネルギーに基づく Lonzarich-Taillefer (1985) によるスピンゆらぎ理論[18] に対し，ゼロ点ゆらぎを考慮に入れた Kaul (1999) による研究[19]もあ

る．これらのどちらも温度依存性だけが主に問題とされ，磁化曲線への影響についての意識は希薄である．Solontsov-Wagner の影響を受けた Ishigaki-Moriya (1998) によるゼロ点ゆらぎの影響についての取り扱い[20]でも，磁化曲線は問題にされていない．これらの研究は，依然として臨界温度における自発磁化の不連続の問題の解決とは無縁である．

最後に，この章で説明したスピンゆらぎ理論と SCR 理論との主な違いを，表の形にまとめておく．

表 3.1 2 つのスピンゆらぎ理論の違い

	TAC-GC 理論	SCR 理論
ゼロ点ゆらぎの振幅	温度変化する	温度変化なし
	全振幅は温度変化せず不変	全振幅も温度変化する
磁化曲線の形状	変化する	一部の係数だけ変化
基礎となる方程式	常微分方程式	方程式
方程式の対象	磁化曲線 (関数)	磁化率，自発磁化 (変数の値)

第4章
磁気的性質へのゆらぎの影響

　スピンゆらぎ理論を用い，どのようにして種々の磁気的性質を導くことができるかについて，この章で説明する．この理論では，スピン振幅の値，つまり次の和が一定に保たれることを仮定する．

$$\langle \mathbf{S}_{\mathrm{loc}}^2 \rangle_{\mathrm{tot}} = \langle \delta \mathbf{S}_{\mathrm{loc}}^2 \rangle_T (y, y_z, T) + \langle \delta \mathbf{S}_{\mathrm{loc}}^2 \rangle_Z (y, y_z) + \sigma^2 \tag{4.1}$$

左辺が一定に保たれる振幅を表し，右辺の最初の 2 項がそれぞれ熱ゆらぎとゼロ点ゆらぎの振幅の熱平均値を表す．最後の項が，発生した磁気モーメントの 2 乗である．また，$y(\sigma,t)$ と $y_z(\sigma,t)$ は磁化 σ と温度 t の関数であり，z 軸方向に発生した磁化に対し，それぞれ垂直，平行方向に磁場をかけた場合の磁化率の逆数を表す．また，これらの間に次の関係が成り立つ．

$$y_z(\sigma,t) = y(\sigma,t) + \sigma \frac{\partial y(\sigma,t)}{\partial \sigma} \tag{4.2}$$

第 3 章，3.2 節の (3.21) と (3.28) によれば，熱ゆらぎとゼロ点ゆらぎの振幅をそれぞれ次のように表すことができる．

$$\langle \mathbf{S}_{\mathrm{loc}}^2 \rangle_T (y, y_z, t) = \frac{3T_0}{T_A} \Big[2A(y,t) + A(y_z,t) \Big],$$

$$\langle \mathbf{S}_{\mathrm{loc}}^2 \rangle_Z (y, y_z) = \langle \mathbf{S}_{\mathrm{loc}}^2 \rangle_Z (0,0) - \frac{3T_0}{T_A} c(2y + y_z) + \cdots$$

関数 $A(y,t)$ は，波数についての積分の形で定義されている．これらを (4.1) に代入し，スピン振幅保存則を書き換えることができる．

$$2A(y,t) + A(y_z,t) - c(2y + y_z) + \frac{T_A}{3T_0} \sigma^2 = \frac{T_A}{3T_0} [\langle \mathbf{S}_{\mathrm{loc}}^2 \rangle_{\mathrm{tot}} - \langle \mathbf{S}_{\mathrm{loc}}^2 \rangle_Z (0,0)]$$

ある臨界温度 T_C 以下で磁性が発生する場合，磁場がゼロの臨界点で $\sigma = 0$，および $y(0,t_c) = y_z(0,t_c) = 0$ が成り立つ．したがって，この場合の上の式の左辺は，$3A(0,t_c)$ の値に等しい．つまり，臨界温度における熱ゆらぎの振幅を用いて右辺の値

を表すことができる．臨界温度の代わりに規格化した臨界温度 $t_c = T_C/T_0$ がここで用いられている．一方，低温極限まで磁性が発生しない場合，磁場ゼロの基底状態における上の式の左辺，したがって右辺の値は $-3cy_0$ の値に等しい．熱ゆらぎが存在せず，外部磁場もゼロであれば $\sigma = 0$ が成り立つためである．ただし，$t = 0$ の極限の値として $y_0 = y(0,0) = y_z(0,0)$ の値を定義した．上で求めたそれぞれの場合についての右辺の値を代入し，保存則をさらに書き換えることができる．

$$2A(y,t) + A(y_z,t) - c(2y + y_z) + \frac{T_A}{3T_0}\sigma^2 = \begin{cases} 3A(0,t_c) & \text{強磁性体の場合} \\ -3cy_0 & \text{常磁性体の場合} \end{cases} \tag{4.3}$$

(4.3) 式に含まれる 2 つの関数 $y(\sigma,t)$ と $y_z(\sigma,t)$ は，互いに独立ではない．これらの間に (4.2) の関係が成り立つからである．この関係を代入した (4.3) は，関数 y とその導関数 $\partial y/\partial \sigma$，および変数 σ の間に成り立つ閉じた関数関係であると見なせる．任意の σ と y の値から，この関係を満たす導関数 $\partial y/\partial \sigma$ の値を求めることができる．つまり (4.3) は，常微分方程式であると見なせる．これから詳しく述べることは，種々の磁気的性質がこの方程式の解としてどのように導かれるかについてである．

4.1 基底状態における磁化曲線

説明上の都合から，まず最初に基底状態の磁化曲線について述べる．強磁性体と常磁性体は，それぞれ別々に分けて考える必要がある．そこでまず強磁性体の場合を説明し，その後で，強磁性体の場合との違いに着目しながら常磁性体について説明する．

4.1.1 秩序が発生する場合

基底状態では，(4.3) で熱ゆらぎの振幅による寄与を無視した次の関係が成り立つ．

$$-c(2y + y_z) + \frac{T_A}{3T_0}\sigma^2 = 3A(0,t_c) \tag{4.4}$$

変数 σ についての関数 $y(\sigma)$ が，規格化した磁化率の逆数 H/M であることから，$y(\sigma)$ は σ に関する偶関数であることがわかる．磁場 H が，磁化 M についての奇数次のべき展開の形で表されることに相当する．$y_z(\sigma)$ についても同様である．この節では，温度変数 t については無視することにする．また (4.4) 式で，σ^2 についての 0 次と 1 次の項だけが現れることにも注意すれば，次の解を仮定することができる．

4.1 基底状態における磁化曲線

$$y(\sigma) = y_1(\sigma^2 - \sigma_0^2) \tag{4.5}$$

上の右辺の第 2 項に現れる σ_0 は,外部磁場が存在せず,したがって $y(\sigma) = 0$ が成り立つときの σ の値,つまり基底状態における自発磁化の値を表す.係数 y_1 も,磁化曲線として磁場 H を変数 M に関して展開した 3 次の項の係数に相当する.さらに $y_z(\sigma)$ も,$y(\sigma)$ を用いて次のように求められる.

$$y_z(\sigma) = y(\sigma) + \sigma \frac{\partial y(\sigma)}{\partial \sigma} = y_1(3\sigma^2 - \sigma_0^2)$$

これらを (4.4) に代入し,σ^2 のべきについて整理した結果が次の式である.

$$\left(\frac{T_A}{3T_0} - 5cy_1\right)\sigma^2 + 3[cy_1\sigma_0^2 - A(0, t_c)] = 0 \tag{4.6}$$

この式が,変数 σ の任意の値に対して恒等的に成り立つ条件から,(4.5) の解に含まれる 2 つのパラメータ,つまり y_1 と σ_0^2 の値が決まる.

$$\begin{aligned}
y_1 &= \frac{T_A}{15cT_0}, \\
\sigma_0^2 &= \frac{1}{cy_1}A(0, t_c) = \frac{15T_0}{T_A}A(0, t_c) \simeq \frac{5T_0}{T_A}C_{4/3}\left(\frac{T_\text{C}}{T_0}\right)^{4/3}
\end{aligned} \tag{4.7}$$

上の σ_0^2 の式の右辺に現れる熱ゆらぎの振幅について,$t_c \ll 1$ の場合に成り立つ (3.24) が最後に用いられている.熱ゆらぎの振幅についての (3.21) を用い,第 2 式を次の形に書き換えることもできる.

$$\langle \mathbf{S}_\text{loc}^2 \rangle_T (0, 0, t_c) = \frac{9T_0}{T_A}A(0, t_c) = \frac{3}{5}\sigma_0^2 \tag{4.8}$$

臨界温度での熱ゆらぎの振幅と,基底状態の自発磁化 σ_0^2 との間に成り立つこの関係は,SCR 理論によってもすでに得られていた.その一方で,ゼロ点ゆらぎによる影響が,係数 y_1 についての (4.7) の結果に反映されている.この関係の成り立つことが,第 3 章の理論の大きな 1 つの特徴である.

磁化曲線を求めるには,(4.7) の y_1 についての結果を (4.5) に代入し,h を σ についてのべき展開の形に表せばよい.

$$h = 2T_A\sigma y = \frac{2T_A^2}{15cT_0}\sigma(\sigma^2 - \sigma_0^2) \tag{4.9}$$

(3.12) の定義から,これを元の単位の変数を用いて表すこともできる.

$$(g\mu_\text{B})H = \frac{2T_A^2}{15cT_0}\left[\frac{M^2}{(N_0 g\mu_\text{B})^2} - \frac{M_0^2}{(N_0 g\mu_\text{B})^2}\right]\frac{M}{N_0 g\mu_\text{B}}$$

つまり，次の結果が得られる．

$$H = \frac{2T_A^2}{15cN_0^3(g\mu_B)^4 T_0}(-M_0^2 + M^2)M \equiv a(0)M + b(0)M^3,$$

$$b(0) = \frac{1}{N_0^3(g\mu_B)^4}\frac{2T_A^2}{15cT_0} = \frac{1}{N_0^3\mu_B^4}\frac{T_A^2}{120cT_0}, \quad a(0) = -\frac{1}{b(0)}M_0^2 \tag{4.10}$$

ただし，M_0 は基底状態の自発磁化であり，$b(0)$ についての最後の式では $g = 2$ を仮定した．自由エネルギーについても同様に，以下のように表される．

$$\begin{aligned}F_m(M) &= F_m(0) + \frac{1}{2}a(0)M^2 + \frac{1}{4}b(0)M^4 \\ &= F_m(0) + \frac{1}{2(g\mu_B)^2\chi}M^2 + \frac{F_1}{4(g\mu_B)^4 N_0^3}M^4, \quad F_1 = \frac{2T_A^2}{15cT_0}\end{aligned} \tag{4.11}$$

自由エネルギーの M^4 項の係数に現れる F_1 は，(4.7) の規格化した変数 y_1 を元の単位で表したことに対応する．この値の決定に，スピンゆらぎが影響していることがわかる．基底状態では，熱ゆらぎの振幅は存在しない．振幅保存則が成り立つことは，磁気モーメント M の発生と増大が，ゼロ点ゆらぎの振幅の抑制によって補われることを意味する．この抑制効果 (3.28) を表すパラメータ T_0 と T_A が，(4.11) の F_1 の式に現れている．また，磁化 M についての展開が 4 次の項までに限られるのは，ゼロ点ゆらぎの振幅の y 依存性を，y に比例するとした近似によるものである．この近似が成り立つ範囲では，より高次の項は現れない．一方，SW 理論や SCR 理論では，フェルミ準位近傍の電子状態を反映した状態密度曲線の形状が，展開係数の値を決めると考えている．そのため次式のように，より高次項が一般には含まれる．

$$F_m(M) = F_m(0) + \frac{1}{2}a(0)M^2 + \frac{1}{4}b(0)M^4 + \frac{1}{6}c(0)M^6 + \cdots$$

基底状態の磁化曲線について得られた上の結果，特に 4 次の展開係数 $b(0)$ についての (4.11) は，SW 理論や SCR 理論の考え方に抵触する．基底状態に関しては，バンド理論に基づく理解で十分であると，このどちらの理論も考えていた．どちらが正しいかについては，この式が実際に成り立つかどうかを実験を用いて確かめればよい．まず 4 次の係数 $b(0)$ は，Arrott プロットを用いた磁化曲線の解析によって求められる．つまり，磁化測定で得られた M^2 の値を，H/M の比に対してプロットし，得られる直線の勾配から $b(0)$ の逆数の値が求まる．これとは独立な他の測定手段によって 2 つのパラメータ T_0 と T_A が求まれば，それらの値を (4.11) に代入して F_1，つまり $b(0)$ の値が求まる．これら 2 つの値が一致するかどうかを比較し，(4.11) が成り

立つかどうかがわかる．実験で得られたデータを用いたより詳しい検証については次章で述べる．

逆に，もし (4.11) 式の正しいことが認められたとした場合，スピンゆらぎのパラメータ T_0, T_A の決定にこの関係が利用できる．低温極限での磁化測定により，比較的容易に自発磁化 σ_0 と F_1 の値を求めることができる．さらに臨界温度 T_C の値も求まれば，これら 3 個の値を用いて T_0 と T_A の値を決定できる．ここで挙げた 5 個のパラメータに対し，この節では 2 つの独立な関係式 (4.7) と (4.11) が成り立つことを示した．この関係式を利用し，任意の 2 個のパラメータを残りの 3 個のパラメータを用いて表すことができる．具体的には次の 2 つの式を導くことができる．

$$\begin{aligned}\left(\frac{T_C}{T_0}\right)^{5/6} &= \frac{\sigma_0^2}{5C_{4/3}}\left(\frac{15cF_1}{2T_C}\right)^{1/2}, \\ \left(\frac{T_C}{T_A}\right)^{5/3} &= \frac{\sigma_0^2}{5C_{4/3}}\left(\frac{2T_C}{15cF_1}\right)^{1/3}\end{aligned} \quad (4.12)$$

上の最初の式は，F_1 についての (4.11) を用いて T_A を F_1 と T_0 を用いて表し，その結果を (4.7) の第 2 式に代入し，T_A を消去すれば得られる．第 2 の式も同様に，まず T_0 を F_1 と T_A を用いて表し，その結果を代入した (4.7) から T_0 を消去して得られる．どちらも $c = 1/2$ を仮定した．熱力学的な磁化測定によって，σ_0 と T_C, F_1 の値が求まれば，これら 2 つの式を用いてスペクトル幅を表す T_0 と T_A の値を実験的に評価できる．中性子散乱を用いた微視的な分光実験などに頼らずに，比較的手軽にスペクトルパラメータを求めることができる有用な関係式である．

4.1.2　磁気秩序が発生しない場合

温度が低下しても磁気秩序が発生しない常磁性体の場合，(4.4) 式の代わりに (4.3) の次の式が低温極限で成り立つ．

$$c(2y + y_z) - \frac{T_A}{3T_0}\sigma^2 = 3cy_0 \quad (4.13)$$

常磁性であることから，弱磁場 H の作用で発生する磁化 M は H に比例し，ゼロ磁場極限で $M = 0$，つまり $\sigma = 0$ が成り立つ．そのため 2 つの逆磁化率についても，$y(0) = y_z(0) = y_0 > 0$ が成り立つ．したがって，磁化曲線としての次の解を仮定することができる．

$$y(\sigma) = y_0 + y_1\sigma^2 = y_1[\sigma^2 + (y_0/y_1)] = y_1(\sigma^2 + \sigma_p^2) \quad (4.14)$$

さらに (4.2) 式を用いて $y_z(\sigma)$ も求めることができる．これらを代入した (4.13) が成り立つための条件から，前節の場合と同様に係数 y_1 の値を決めることができる．その結果，同じ (4.7) の最初の式が得られる．

磁性が発生する場合の取り扱いと類似させるため，新たなパラメータ $\sigma_p^2 \equiv y_0/y_1$ を導入した．この値は，強磁性体の自発磁化の 2 乗に当たると考えられる．このパラメータを用いた (4.14) 式と，磁性が発生する場合の (4.5) は，符号の違いを除いて一致する．磁化曲線についても (4.9) と類似した形に表される．

$$h = 2T_A\sigma y = \frac{2T_A^2}{15cT_0}\sigma(\sigma^2 + \sigma_p^2) \tag{4.15}$$

この σ_p^2 の値を，基底状態の磁化率の値を用いて表すことができる．以下に示すように，σ_p^2 の定義に現れる y_1 を (4.7) の最初の式を用いて書き換え，(3.5) の定義を用いて y_0 を磁化率 $\chi(0)$ で表した結果である．

$$\sigma_p^2 = \frac{y_0}{y_1} = \frac{15cT_0}{T_A}y_0 = \frac{15cT_0}{T_A}\frac{N_0}{2T_A\chi(0)} = \frac{N_0}{\chi(0)F_1}, \quad y_0 \equiv \frac{N_0}{2T_A\chi(0)} \tag{4.16}$$

つまり，原子当たりの磁化率の値 $\chi(0)/N_0$ と，磁化曲線についての Arrott プロットの勾配から求まる F_1 を用い，この値を実験的に求めることができる．強磁性の場合に成り立つ (4.7) との類似から，キュリー温度 T_C に当たる温度 T_p も次の式を用いて定義できる．

$$A(0, t_p) = cy_1\sigma_p^2, \quad T_p \equiv t_pT_0 \tag{4.17}$$

したがって，すでに σ_p の値が知られている場合，その値に対応するパラメータ t_p を上の最初の式を用いて求めることができる．この値は，強磁性体の場合の t_c に対応する．さらに第 2 式を用いて T_p が求まる．ただし，ゆらぎのスペクトル分散を表すパラメータ T_0, T_A の値がすでに求められ，y_1 の値も知られていることが前提となる．(4.16) の σ_p^2 の定義より，$cy_0 = A(0, t_p)$ も成り立つことがわかる．この関係を代入した (4.13) は，強磁性が発生する場合の (4.4) 式と類似した形に表される．

$$-c(2y + y_z) + \frac{T_A}{3T_0}\sigma^2 = -3A(0, t_p) \tag{4.18}$$

右辺の符号が異なるだけの違いである．

この節で定義した σ_p や t_p は，強磁性が発生する場合のそれぞれ σ_0 と t_c に対応する．系が磁気不安定点にどの程度近接しているかの程度を，磁気モーメントの大きさや臨界温度に対応するパラメータを用いて表している．「常磁性体の」キュリー温度

と考えられる T_p は，もちろんこの温度で相転移が発生するわけではない．強磁性体の場合と同様に，種々の常磁性体をこれらのパラメータの値の違いによって分類できる．

4.2 常磁性相における性質

次に，(4.3) に示した常微分方程式の解という観点から，常磁性相の磁気的性質に及ぼすスピンゆらぎの影響について調べてみる．強磁性体と磁気的不安定点近傍の常磁性体の両方の場合について，常磁性相の磁化率の温度依存性と磁化曲線を取り上げる．有限温度の常磁性相の場合，基底状態の (4.4) と (4.18) に相当する方程式が以下のように表される．

$$2A(y,t) + A(y_z,t) - c(2y + y_z) + \frac{T_A}{3T_0}\sigma^2 = 3A(0,t_c),$$
$$2A(y,t) + A(y_z,t) - c(2y + y_z) + \frac{T_A}{3T_0}\sigma^2 = -3A(0,t_p) \quad (4.19)$$

熱ゆらぎの振幅が左辺に現れている点が基底状態の場合との違いである．最初の式が強磁性体の場合に適用され，下の式が常磁性体の場合に成り立つ．

4.2.1 磁化率の温度依存性

まず最初に，常磁性相の磁化率の温度依存性を取り上げるが，その前に (4.19) の微分方程式の初期条件について考えてみる．磁場 H を M についての関数として求める代わりに，H/M を M の関数として求めることを考える．

磁化率が常に正の値を示すこの場合，外部磁場 H と磁気モーメント M との間に次の関係が成り立つ．

$$H = a(T)M + b(T)M^3 + c(T)M^5 + \cdots \quad (4.20)$$

右辺には M に関する奇数次のべき乗項だけが現れる．強磁性が発生する場合，温度降下によって高温で正の $a(T)$ の値が減少し，臨界温度で $a(T_C) = 0$ が成り立つ．常磁性体の場合，常に $a(T) > 0$ が成り立つ．上の磁化曲線から磁化率の逆数を M^2 についてのべき展開として表すことができる．

$$\frac{H}{M} = a(T) + b(T)M^2 + \cdots \quad (4.21)$$

最初のゼロ次の係数 $a(T)$ の値は，$M = 0$ における H/M の初期値を表す．以下に示すように，H/M の M に関する微分係数 (y の σ に関する微分係数) の初期値に

ついても常にゼロであることがわかる.

$$\frac{\partial y}{\partial \sigma} \propto \frac{\partial (H/M)}{\partial M} = 2b(T)M \to 0 \quad (M \to 0)$$

つまり, 常磁性相の場合の (4.19) 式の初期条件は, $\sigma = 0$ の場合の $y(\sigma, t)$ の値, つまり $y(t) \equiv y(0, t)$ の値だけが求まればよい. この値を求めるには, $y_z(0, t) = y(0, t)$ が成り立つことから, (4.19) で $\sigma = 0$, $y_z(t) = y(t)$ と置いて得られる次の式を変数 $y(t)$ について解けばよい.

$$y(t) = \begin{cases} \dfrac{1}{c}[A(y, t) - A(0, t_c)] & \text{磁性が発生する場合} \\ \dfrac{1}{c}[A(y, t) + A(0, t_p)] & \text{磁性が発生しない場合} \end{cases} \quad (4.22)$$

変数 $y(t)$ は規格化された磁化率の逆数であり, この値を温度 t の関数として求めることは, 磁化率の温度依存性を求めることを意味する. 磁化曲線の初期条件の決定は, 磁化率の温度依存性を求めることに相当する.

比較のため, 第 2 章の SCR 理論によって導かれた磁化率の温度依存性を求める (2.60) 式を再度ここに示す.

$$\frac{1}{\chi(T)} = \frac{5}{3}b\left[\sum_{\mathbf{p}} \langle \mathbf{M}_{\mathbf{p}} \cdot \mathbf{M}_{-\mathbf{p}} \rangle (T) - \sum_{\mathbf{p}} \langle \mathbf{M}_{\mathbf{p}} \cdot \mathbf{M}_{-\mathbf{p}} \rangle (T_C)\right] \quad (4.23)$$

規格化した変数 $y = N_0/2T_A\chi(T)$ の定義と, 熱ゆらぎの振幅 $\langle \mathbf{S}_{\text{loc}}^2 \rangle_T (y, y_z, t) = 9T_0 A(y, t)/T_A$ を用いて書き換えた (4.22) の上の式は, (4.23) と全く同じ式のように見える. この書き換えにより, (4.11) の基底状態の自由エネルギーの展開係数 F_1 が (4.22) の右辺の係数に現れる. この値は, 上の (4.23) の係数 b に対応する. これら 2 つの式が全く同じに見えたとしても, その起源は全く異なる. 例えば (4.22) はスピン振幅保存則によって導かれ, 温度変化に伴う熱ゆらぎとゼロ点ゆらぎの振幅が, 常に互いに相殺しながら変化することを表す. そのため (4.22) の係数は, (4.20) の磁化曲線の係数とは無関係であり温度変化もない. 一方 SCR 理論による (4.23) では, 非線形の熱ゆらぎの振幅による影響が磁化率の温度依存性の原因である. 非線形項の係数 b がそのため右辺に現れ, したがって b には磁化曲線の展開係数の意味もある. もし, 磁化曲線の係数 b に温度変化があった場合, 2 つの取り扱いに違いが生ずる. 磁化測定によって得られた MnSi の Arrott プロットの勾配は, 温度によってかなり大きな変化を示すことが知られている. このような場合, 係数 b の温度変化が問題となる. 後で示すように, 一般にこの係数 b は温度によって変化する.

低温極限の温度依存性

常磁性体の磁化率の温度変化を求めるには，(4.22) の下の式を用いて逆磁化率 y を，温度の関数として求めればよい．低温極限で成り立つ (3.25) によれば，熱ゆらぎの振幅は t^2 に比例する温度変化を示して増大する．その式を代入し，低温極限における磁化率の温度依存性を求めるための式が得られる．

$$y = y_0 + \frac{1}{c}A(y,t) = y_0 + \frac{t^2}{24cy} + \cdots \simeq y_0 + \frac{t^2}{24cy_0}, \quad y_0 = \frac{1}{c}A(0,t_p)$$

右辺の t^2 の係数に現れる y を，基底状態における y_0 の値で近似した．(4.16) の関係を利用して y_0 の代わりに σ_p^2 を用い，この結果を磁化率の相対的な値の温度変化の形に表すこともできる．

$$\frac{\chi(0)}{\chi(T)} = \frac{y}{y_0} \simeq 1 + \frac{1}{24cy_0^2}\left(\frac{T}{T_0}\right)^2 = 1 + \frac{75c}{8\sigma_p^4}\left(\frac{T}{T_A}\right)^2 = 1 + \alpha_2 T^2 \qquad (4.24)$$

低温磁化率の温度依存性についての測定から，スピンゆらぎのパラメータ T_A の値を上の結果を利用して求めることができる．(4.24) の T^2 の温度係数 α_2 と (4.16) を用いて得られる σ_p の値を用い，T_A の値を次のように表すことができる．

$$T_A = \frac{1}{\sigma_p^2}\sqrt{\frac{75c}{8\alpha_2}} \qquad (4.25)$$

強磁性体の場合と同様に，常磁性体の場合も 5 個のパラメータ $\sigma_p, T_p, F_1, T_0, T_A$ の間に 2 つの独立な関係式が成り立つ．低温極限の Arrott プロットの勾配と磁化率の値を用い，この内の F_1, σ_p の値が求まる．さらに，T_p の値がわかれば，強磁性の場合と同様に T_0, T_A の値が求まる．この T_p の値が未知である場合でも，(4.24) を利用し，以下の手順によってこれらの値を求めることができる．

1. 低温極限での磁化測定により，まず磁化率の値 $\chi(0)$ と Arrott プロットの勾配 F_1 を求める．これらの値を (4.16) の右辺に代入し，σ_p^2 の値を求める．

2. 次に，この σ_p^2 と低温磁化率の温度係数 α_2 の値を (4.25) に代入し，T_A の値を求める．

3. 最後に次の式を用い，F_1 と上の 2. で求めた T_A の値から T_0 を求める．

$$T_0 = \frac{2T_A^2}{15cF_1}$$

臨界温度近傍の温度依存性

臨界温度近傍では熱ゆらぎの振幅の $\sqrt{y}$ 依存性 (3.23) を反映し，磁化率の温度依存性を求めるための (4.22) の上の式は，次式を用いて表される．

$$A(y,t) - cy(t) \simeq A(0,t) - \frac{\pi}{4}t\sqrt{y(t)} - cy(t) = A(0,t_c)$$

特に $y(t) \ll 1$ が成り立つ状況では，ゼロ点ゆらぎに由来する $y(t)$ に比例する項が無視できる．さらに温度についても $t \simeq t_c$ と近似し，$y(t)$ の温度依存性を次のように求めることができる．

$$\begin{aligned} \frac{\pi}{4}t_c\sqrt{y(t)} &= [A(0,t) - A(0,t_c)], \\ y(t) &= \left(\frac{4}{\pi t_c}\right)^2 [A(0,t) - A(0,t_c)]^2 \\ &= \left[\frac{4}{\pi}\left.\frac{\partial A(0,t)}{\partial t}\right|_{t=t_c}\right]^2 \left(\frac{t}{t_c} - 1\right)^2 \end{aligned} \quad (4.26)$$

つまり，この近傍での磁化率の逆数は，$(T - T_C)^2$ に比例する温度変化を示す．さらに $t_c \ll 1$ が成り立てば，熱ゆらぎの振幅についての (3.24) の近似が成り立つことから，$\partial A(0,t_c)/\partial t \simeq 4A(0,t_c)/3t_c$ が導かれる．これを代入し，上の式を次式のように書き換えることもできる．

$$y(t) \simeq \left[\frac{16A(0,t_c)}{3\pi t_c}\right]^2 \left(\frac{t}{t_c} - 1\right)^2 = \left(\frac{16}{45\pi}\right)^2 \left(\frac{T_A}{T_C}\right)^2 \sigma_0^4 \left(\frac{T}{T_C} - 1\right)^2 \quad (4.27)$$

ただし，(4.7) の $A(0,t_c) = cy_1\sigma_0^2$ の関係を用いた．この最後の結果は，原子当たりの磁化率の温度依存性の形に表すこともできる．

$$\frac{N_0}{\chi(T)} = 2\left(\frac{16}{45\pi}\right)^2 \frac{T_A^3 \sigma_0^4}{T_C^2} \left(\frac{T}{T_C} - 1\right)^2$$

4.2.2 磁化率のキュリー・ワイス則

遍歴電子磁性体の場合にも，磁化測定によって得られる磁化率が，広い温度範囲でキュリー・ワイス則に従う温度変化を示すことがよく知られている．一方，任意の温度における磁化率の温度変化を理論的に求めるには，(4.22) の解である $y(t)$ を数値的な方法を用いて求めることから逆磁化率が得られる．実際に，このようにして求められた $y(t)$ の値を温度 t に対してプロットすると，広い範囲で温度に比例するよう

な変化を示す．理論によるキュリー・ワイス則に従う磁化率の説明とは，このことを指す．数学的な意味で厳密に t に比例する温度変化が導かれるのではない．

この節では，磁化率の温度依存性を求めるための (4.22) 式から，キュリー・ワイス則についてのある興味深い性質が導かれることを示す．これを実験的に確認すれば，(4.22) が正しいことの検証になる．

Takahashi-Rhodes-Wohlfarth プロット

磁化率の計算に用いられる (4.22) は，温度 T_A を用いて規格化した原子当たりの無次元の逆磁化率 $y = N_0/2T_A\chi(T)$ を，同様に温度について規格化したパラメータ $t = T/T_0$ について求めるための式である．スケールされた 2 つの変数の間に成り立つこの式は，個々の磁性体の特徴にはよらず，ほぼ同じ形をしている．パラメータ c に対するスピンゆらぎのスペクトル分布の形状による影響は，あまり大きくないと思われる．方程式 (4.22) のこの性質から，磁化率のキュリー定数から求められる有効磁気モーメント p_{eff} と，臨界温度 T_C との間に成り立つ関係を導くことができる．

まず初めに，Rhodes-Wohlfarth プロット [21] について紹介する．絶縁体磁性の場合，磁化率のキュリー定数 $C = N\mu_B^2 p_{\text{eff}}^2/3k_B$ から求まる有効磁気モーメント p_{eff} と，基底状態の原子当たりの自発磁気モーメント p_s は，それぞれスピンの大きさ S と次の関係がある．

$$p_{\text{eff}}^2 = g^2 S(S+1), \quad p_s = gS$$

したがってこの場合，$p_{\text{eff}}^2 = p_C(p_C + 2)$ を満たす p_C と p_s との比 p_C/p_s は，常にほぼ 1 に近い値となる．金属磁性体の場合には，臨界温度 T_C が低い場合ほど，多くの場合に低温で発生する磁気モーメントの値が小さいことが経験的に知られていた．また，磁化率のキュリー定数から得られる p_C は，T_C の値とはあまり関係がなさそうに見える．そこで強磁性体の分類として，磁化測定で見積られた p_C/p_s の値を，臨界温度 T_C に対してプロットすることが Rhodes と Wohlfarth によって提案された．これが Rhodes-Wohlfarth プロットであるが，明確な理論的な根拠に基づくようには見えない．その後，上に述べたスケールされた磁化率を求める式の性質に基づき，これとは別なプロットの方法が Takahashi (1986) によって提案された [5]．

磁化率を $(g\mu_B)^2$ の単位で表したとき，キュリー・ワイス則は次のように表される．

$$\frac{\chi(T)}{N_0} = \frac{p_{\text{eff}}^2}{12(T - T_C)} \tag{4.28}$$

一方，(4.22) の解がキュリー・ワイス則に従う温度変化を示すとすれば，逆磁化率 $N_0/\chi(T)$ の温度変化を次のように表すことができる．

$$\frac{N_0}{\chi(T)} = 2T_A y(t) \sim 2T_A \frac{dy(t)}{dt}(t - t_c) = 2\frac{T_A}{T_0}\frac{dy(t)}{dt}(T - T_C) \tag{4.29}$$

この式では，y の温度 t に関する勾配 dy/dt の温度変化が小さいことが仮定されている．上の 2 式 (4.28) と (4.29) の比較から，まず次の関係が成り立つ．

$$\frac{12}{p_{\mathrm{eff}}^2} = 2\frac{T_A}{T_0}\frac{dy(t)}{dt} \tag{4.30}$$

(4.7) によれば，$p_{\mathrm{s}} = g\sigma_0$ と T_C/T_0 の比の間に次の関係も成り立つ．

$$\sigma_0^2 = \frac{p_{\mathrm{s}}^2}{g^2} = \frac{15T_0}{T_A}A(0,t_c) \simeq \frac{5T_0}{T_A}C_{4/3}\left(\frac{T_C}{T_0}\right)^{4/3}$$

この式と (4.30) を用いて比 T_0/T_A を消去し，最終的に次の関係式が得られる．

$$\left(\frac{p_{\mathrm{eff}}}{p_{\mathrm{s}}}\right)^2 = \frac{1}{10 dy/dt}\frac{1}{A(0,t_c)} \simeq \frac{3}{10C_{4/3}dy/dt}\left(\frac{T_C}{T_0}\right)^{-4/3} \tag{4.31}$$

ただし，この最後の関係が成り立つのは $t_c \ll 1$ が成り立つ場合に限られる．$t_c \simeq 1$ の場合は $A(0,t_c) \simeq t_c/2$ が成り立つため，上の依存性は $(T_C/T_0)^{-1}$ に比例する依存性に移行する．上の (4.31) によれば，金属強磁性体で観測される磁気モーメントの比 $p_{\mathrm{eff}}/p_{\mathrm{s}}$ と T_C/T_0 の間に密接な関係がある．この推論に基づいて，$p_{\mathrm{eff}}/p_{\mathrm{s}}$ の比を，むしろ T_C/T_0 の値に対してプロットすることが Takahashi によって提案された．このとき必要となる T_0 の値は，磁化測定で得られる T_C, σ_0, F_1 の値を用い，(4.11) を利用して求めることができる．多くの遍歴電子強磁性体について，磁化測定などによってこれらの比の値が求められ，この関係の成り立つことが確かめられている．詳しいことは次の章で紹介する．

磁気不安定点近傍にあり，磁化率がキュリー・ワイス則に従う変化を示す常磁性体の場合にも，強磁性の場合に対応する $p_{\mathrm{s}}^* = g\sigma_p$ と T_p が定義できる[22]．磁化率の温度依存性を求める式も類似するため，上で述べたことがそのままこの場合にも当てはまる．パラメータ T_0 の値がわかれば，$p_{\mathrm{eff}}/p_{\mathrm{s}}^*$ の値を $t_p = T_p/T_0$ に対してプロットできる．理論の関係式 (4.31) を利用し，磁化測定で得られた $p_{\mathrm{eff}}/p_{\mathrm{s}}^*$ の値から，逆に t_p の値を予想できる．

ハイゼンベルクモデルに従う磁性体の場合の臨界温度 T_C は，交換相互作用 J とほぼ同程度の大きさである．波数，周波数空間におけるゆらぎのスペクトル分散を温度に

換算したパラメータ T_0 と T_A も，ほぼ J と同程度である．この場合に観測される 1 程度の比，$p_{\text{eff}}/p_{\text{s}} = 1 + 1/2S$ を T_C/T_0 に対してプロットすれば，どちらの比の値も 1 に近い狭い限られた領域に集中して分布することが予想される．Rhodes-Wohlfarth プロットの場合，T_C の値の違いによって $p_C/p_s = 1$ の水平線上に広く分布する．

4.2.3 常磁性相における磁化曲線

常磁性相の場合に磁化曲線を求めることは，常に正である (4.19) の解 $y(\sigma,t)$ を，σ と 温度 t の関数として求めることを意味する．一般に任意の温度の解を求めるには，磁化率の計算で得られた $\sigma = 0$ の場合の初期条件 $y_0(t) = y(0,t)$ から出発し，微分方程式の解を数値的に求める必要がある．

弱磁場領域に限れば，磁化曲線を解析的に求めることができる．磁場によって発生する磁化 σ が微小であるとし，(4.21) と同様に y と y_z を σ^2 についてのべき級数の形に展開できるからである．

$$y(\sigma,t) = y_0(t) + y_1(t)\sigma^2 + \cdots, \quad y_z(\sigma,t) = y_0(t) + 3y_1(t)\sigma^2 + \cdots \quad (4.32)$$

この式を代入し，(4.19) も σ^2 についてのべき展開の形で表される．

$$3A(y_0,t) - 3cy_0(t) + 5[A'(y_0,t) - c]y_1(t)\sigma^2 + \frac{T_A}{3T_0}\sigma^2 + \cdots = 3A(0,t_c) \quad (4.33)$$

左辺の $A'(y,t)$ は，y に関する導関数 $\partial A(y,t)/\partial y$ を表す．この式が恒等的に成り立つための σ^2 についてのゼロ次の係数は，磁化率の温度依存性を求めるための (4.22) 式に一致する．次の σ^2 についての 1 次の係数の比較から，$y_1(t)$ の温度依存性が求まる．

$$y_1(t) = \frac{T_A}{15T_0}\frac{1}{c - A'(y_0,t)} = \frac{y_1(0)}{1 - A'(y_0,t)/c} \quad (4.34)$$

この結果が示すように，係数 $y_1(t)$ が温度変化することがわかる．特に臨界温度近傍での微小な $y_0(t)$ の値に対して，$A'(y_0,t) \simeq -\pi t/(8\sqrt{y_0})$ が成り立つため，その場合の $y_1(t)$ は次のように表される．

$$\frac{y_1(t)}{y_1(0)} \simeq \frac{8c}{\pi t_c}\sqrt{y_0(t)} \to 0 \quad (t \to t_c) \quad (4.35)$$

係数 $y_1(t)$ は，自由エネルギーの磁化 M に関する 4 次の展開項の係数に相当する．常磁性相で温度が低下し，臨界温度で磁化率が発散する ($y_0(t_c) = 0$) と，4 次の展開係数もこれと同時にゼロになることを意味する．

磁性が発生しない常磁性体の場合を次に考える．展開式 (4.32) を代入し，(4.19) の下の式が同様に次のように表される．

$$3A(y_0,t) - 3cy_0(0) + 5[A'(y_0,t) - c]y_1(t)\sigma^2 + \frac{T_A}{3T_0}\sigma^2 + \cdots = -3A(0,t_p) \tag{4.36}$$

この場合も σ^2 に比例する項の係数の比較から，(4.34) と同じ式が得られる．

第3章の (3.25) によれば，低温極限における熱ゆらぎの振幅は t^2 に比例する温度変化を示す．そのため，上の式の左辺の σ^2 の係数に現れる $A'(y_0,t)$ を，次のように近似できる．

$$A'(y_0,t) \sim -\frac{t^2}{24y_0^2(0)}$$

特に系が磁気不安定点近傍で $y_0(0) \ll 1$ が成り立つ場合，この t^2 の係数が大きな値になる．この近似を (4.34) に代入し，$y_1(t)$ の温度依存性が次のように求まる．

$$y_1(t) \simeq \frac{T_A}{15cT_0}\left(1 - \frac{t^2}{24cy_0^2(0)} + \cdots\right) \tag{4.37}$$

この結果は，弱磁場領域における磁化曲線の Arrott プロットの勾配に，t^2 に比例する温度依存性が現れることを意味する．また，(4.16) の関係を利用すれば，$y_0(0)$ の代わりに σ_p^2 を用いて表すこともできる．その場合，低温極限での温度依存性を次のように表すことができる．

$$\frac{y_1(t)}{y_1(0)} \simeq 1 - \frac{1}{24cy_0^2(0)}t^2 = 1 - \frac{cT_0^2}{24\sigma_p^4 T_A^2}t^2 = 1 - \frac{c}{24\sigma_p^4}\frac{T^2}{T_A^2} \tag{4.38}$$

以上の説明からわかるように，自由エネルギーの M^4 項の係数は，常磁性相の場合にも一般には無視できない温度変化を示す．特に臨界温度近傍や，磁気的不安定点近傍にある系の低温領域で，それぞれに応じた特徴的な変化を示す．次節で臨界点における磁化曲線について述べるが，その前駆現象がこれらの形になって現れたと考えられる．SCR 理論ではこの係数の温度依存性が無視されている．磁化率の温度依存性だけを主に問題にし，磁化曲線や磁場効果についての取り扱いが避けられていたためである．

4.3 臨界点における磁化曲線

SW 理論では，自由エネルギーが微小な磁化 M のべきについて展開できると考えている．磁性の発生を，磁化率の逆数に対応する2次の展開係数がゼロになるためで

あるとして，主にこの係数の温度依存性だけを用いて磁気相転移を理解しようと考える．したがって，2 次の係数だけがゼロとなる臨界点において，外部磁場 H と磁化 M との間に次の関係が成り立つ．

$$H = bM^3$$

熱ゆらぎの非線形項による影響を考慮に入れる SCR 理論でも，臨界温度における磁化曲線についての事情には変わりがない．この節では，磁化曲線に関するこのような仮定をせず，(4.19) の微分方程式の解として得られる磁化曲線について説明する．

臨界点で磁化率が発散するため，逆磁化率を表す $y(\sigma) \equiv y(\sigma, t_c) = 0$ 近傍のスピンゆらぎの振幅が問題になる．第 3 章の (3.23) 式によれば，この場合の熱ゆらぎの振幅の $y(\sigma)$ 依存性が次の式で表される．

$$A(y, t_c) = A(0, t_c) - \frac{\pi t_c}{4}\sqrt{y(\sigma)} + \cdots \tag{4.39}$$

これを代入し，(4.19) も次のように表される．

$$\frac{1}{4}\pi t_c[2\sqrt{y(\sigma)} + \sqrt{y_z(\sigma)}] + c[2y(\sigma) + y_z(\sigma)] = \frac{T_A}{3T_0}\sigma^2 \tag{4.40}$$

臨界点の弱磁場領域で $y(\sigma) \ll 1, y_z(\sigma) \ll 1$ が成り立つ場合，ゼロ点ゆらぎの影響を表す $y(\sigma)$ と $y_z(\sigma)$ に比例する左辺の第 2 項は無視できる．つまり臨界磁化曲線の挙動は，主に熱ゆらぎの振幅の磁場による抑制効果に支配される．

磁化率が発散する臨界温度では，逆磁化率 $y(\sigma)$ と $y_z(\sigma)$ のどちらの σ 依存性についても定数項は存在しない．また解として，$y(\sigma) = y_c\sigma^{\delta-1}$ の依存性を仮定すると，$y_z(\sigma) = \delta \cdot y_c\sigma^{\delta-1}$ も $y(\sigma)$ に比例する．これらを代入し，左辺の第 2 項を無視した (4.40) が次のように表される．

$$\sigma^2 = \frac{3\pi t_c T_0}{4T_A}\sqrt{y_c} \cdot (2+\sqrt{\delta})\sigma^{(\delta-1)/2}$$

この両辺の比較から，解に含まれる 2 個のパラメータ δ と y_c の値が決定できる．

$$\delta = 5, \quad y_c = \left[\frac{4T_A}{3\pi T_C(2+\sqrt{5})}\right]^2 \tag{4.41}$$

このようにして，臨界温度における y の σ 依存性の指数として，$\delta - 1 = 4$ の値が得られる．第 3 章の 3.4.2 節でも，臨界点での自発磁化の不連続の問題について触れた．そのときにも，(3.46) 式から同じ指数 4 の値が得られることについて述べた．ここでは同じ問題を，少し違った観点から取り上げたことになる．

臨界現象では，磁場 H とそれによって発生する磁化 M との間に比例関係 $M \propto H^{1/\delta}$ が成り立つとして，臨界指数 δ が定義されている．この節で用いた記号 δ はこの臨界指数を表し，その値として 5 が得られた．逆磁化率に対する $y(\sigma) = h/2T_A\sigma$ の関係から，外部磁場と磁化との間に次の関係が成り立つ．

$$h = 2T_A\sigma y(\sigma) = 2T_A y_c \sigma^5, \quad H = \frac{T_A^3}{2[3\pi T_C(2+\sqrt{5})]^2}\frac{M^5}{N_0^5 \mu_B^6} \tag{4.42}$$

最初の式を元の単位で表したのが，第 2 式である．磁化測定の結果の解析によって (4.42) の依存性が確認できれば，M^5 の係数についての実験と理論の比較から，パラメータ T_A の値を求めることができる．詳しいことについては次の章で説明する．

臨界磁化曲線についての上の結果は，H を M のべき展開で表す (4.20) の M^3 の係数について，$b(T_C) = 0$ が成り立つことを意味する．常磁性相の場合に求めたパラメータ $y_1(t)$ の温度変化についての (4.35) の結果とも矛盾しない．

4.4 磁気秩序相における磁性

自発的に秩序が発生する磁気秩序状態の場合，磁化曲線を求めるために用いられる方程式は，(4.19) の上の式，つまり

$$\begin{aligned}2A(y,t) + A(y_z,t) - c(2y+y_z) + \frac{T_A}{3T_0}\sigma^2 &= 3A(0,t_c),\\ y_z &= y + \sigma\frac{\partial y}{\partial \sigma}\end{aligned} \tag{4.43}$$

である．この式は，逆磁化率 $y(\sigma,t)$ を磁化 σ の関数として求めるための常微分方程式である．この解を求めるためには初期条件がいる．常磁性相の場合，この初期条件を求めることが磁化率の温度変化を求めることに相当した．磁気秩序相の場合，初期条件の決定が自発磁化の温度依存性を求めることに相当するが，常磁性相とは少し違った事情がある．決定すべきパラメータの数が増えるためである．この他にも，熱ゆらぎの振幅の解析性についての微妙な問題もある．この節では，これらについてまず説明し，実際に自発磁化の温度依存性を求めるための方法について次に述べる．方程式の解から導かれる種々の磁気的性質についても説明する．

4.4.1 磁気秩序相の初期値問題

まず初めに，基底状態と常磁性相の場合の磁化曲線，(4.5) と (4.32) を参考にすれば，秩序相の弱磁場領域における磁化曲線は一般に次のように表されると考えられる．

4.4 磁気秩序相における磁性

表 4.1 弱磁場極限における初期値の値

	σ	$y(\sigma,t)$	$y_z(\sigma,t)$
秩序相	$\sigma_0(t)$	0	$2y_1(t)\sigma_0^2(t)$
常磁性相	0	$y_0(t)$	$y_0(t)$

$$y(\sigma,t) = y_0(t) + y_1(t)\sigma^2 + \cdots = y_1(t)[\sigma^2 - \sigma_0^2(t)] + \cdots,$$
$$y_z(\sigma,t) = 2y_1(t)\sigma_0^2(t) + 3y_1(t)[\sigma^2 - \sigma_0^2(t)] = y_{z0}(t) + 3y(\sigma,t), \tag{4.44}$$
$$y(\sigma,t) = y_0(t) + y_1(t)\sigma^2 + \cdots, \quad y_z(\sigma,t) = y_0(t) + 3y_1(t)\sigma^2 + \cdots$$

これまでと同様に, $y(\sigma,t)$ と $y_z(\sigma,t)$ は規格化した H/M と $\partial H/\partial M$ を表す. 磁場がゼロ ($\sigma = \sigma_0(t)$) の場合の $y_z(\sigma_0,t)$ を, $y_{z0}(t) \equiv 2y_1(t)\sigma_0^2(t)$ と定義した. 秩序相では最初の式の右辺の定数項 $y_0(t)$ が負となり, 自発磁化 $\sigma_0^2(t) = -y_0(t)/y_1(t)$ が発生する. 低温極限 ($t \to 0$) の $\sigma_0(0)$ と $y_1(0)$ の値が, それぞれ基底状態の σ_0 と y_1 の値に一致する. 比較のため, 常磁性相の場合に成り立つ (4.28) 式を, 上の最後の行として示した. この場合は $y_0(t) > 0$ であるため自発磁化は発生しない. これらの右辺に現れるパラメータ $y_0(t), y_1(t), \sigma_0(t)$ は, すべて温度の関数である.

初期条件として外部磁場が存在しない $H = 0$ の場合を考えると, 強磁性相と常磁性相のそれぞれに対し, $\sigma = \sigma_0(t), \sigma = 0$ が成り立つ. これらの値を代入した $y(\sigma,t)$ と $y_z(\sigma,t)$ の初期値を表 4.1 に示す. 表に示したこれらの値を (4.43) に代入すれば, 初期条件における方程式に含まれる独立なパラメータの数を知ることができる. 常磁性相の場合は 1 個のパラメータ $y_0(t)$ だけが含まれる. したがって, 初期値を代入した方程式 (4.43) を用い, $y_0(t)$ の値を温度 t の関数として求めることができる. 一方で秩序相の場合, 初期値を代入した方程式に 2 つの独立なパラメータ, $\sigma_0(t)$ と $y_1(t)$ が含まれる. 方程式から得られるのは, 単に $\sigma_0(t)$ と $y_1(t)$ の間に成り立つ関係であり, これらの値を一意に決めることはできない. このような事情があることが, 秩序状態の場合の取り扱いを難しくしている.

一般にある変数 ξ についての関数 $\eta(\xi)$ の導関数 $\eta' = \mathrm{d}\eta/\mathrm{d}\xi$ が, ξ と η の関数として与えられたとき, これを 1 階の常微分方程式と呼ぶ.

$$\eta' = F(\xi,\eta)$$

この初期条件として, 変数のある初期値 $\xi = \xi_0$ に対する関数の値 $\eta = \eta_0$ を指定する. この条件から, 上の方程式を用いて初期条件における微係数 η' の値も求めることができる. 磁化曲線を決める微分方程式 (4.43) の場合, 磁気モーメント σ と 2 つの

逆磁化率 $y(\sigma, t)$, $y_z(\sigma, t)$ の間に次の陰関数の関係が成り立つ．

$$\Phi(\sigma^2, y, y_z, t) = 2A(y, t) + A(y_z, t) - c(2y + y_z) + \frac{T_A}{3T_0}\sigma^2 - 3A(0, t_c)$$
$$= 0 \tag{4.45}$$

このような場合には，外部磁場が存在しない場合の表 4.1 の初期値を代入しても，変数 σ と微分係数 $\partial y/\partial \sigma$ の初期値，つまり $\sigma_0(t)$ と $2y_1(t)\sigma_0(t)$ のどちらの値も一意に決めることができない．

　この問題の解決には，常磁性相の場合とは少し違った考え方が必要である．外部磁場 $H = 0$ の場合だけを考えるのではなく，弱磁場極限の磁場依存性まで考えることが解を求めるためのヒントになる．(4.44) によれば，この極限の関数 $y(\sigma, t)$ が，$y(\sigma, t) = y_1(t)[\sigma^2 - \sigma_0^2(t)]$ と近似できる．つまり，この値をゼロではない微小なパラメータと見なせる．残りの 2 つの変数 σ, $y_z(\sigma, t)$ は，この微小な $y(\sigma, t)$ を用いて次のように表される．

$$\sigma^2 = \sigma_0^2(t) + \frac{1}{y_1(t)}y(\sigma, t), \quad y_z(\sigma, t) = 2y_1(t)\sigma_0^2(t) + 3y(\sigma, t) \tag{4.46}$$

この結果を (4.45) に代入してさらに y について展開すれば，弱磁場極限で成り立つ次の式が得られる．

$$\Phi(\sigma_0^2 + y/y_1, y, 2y_1\sigma_0^2 + 3y, t) = \Phi(\sigma_0^2, 0, 2y_1\sigma_0^2, t)$$
$$+ y\left(\frac{1}{y_1}\frac{\partial}{\partial \sigma^2} + \frac{\partial}{\partial y} + 3\frac{\partial}{\partial y_z}\right)\Phi(\sigma^2, y, y_z, t)\bigg|_{\sigma=\sigma_0, y=0, y_z=2y_1\sigma_0^2} + \cdots = 0$$

つまり $y = 0$ の条件を考える代わりに，弱磁場極限で有限の微小な y が存在する場合にも成り立つ TAC の条件が利用できる．任意の y の値に対してこの式が成り立つことから，次の 2 つの独立な条件が得られる．

$$\Phi(\sigma_0^2, 0, 2y_1\sigma_0^2, t) = 0,$$
$$\left(\frac{1}{y_1}\frac{\partial}{\partial \sigma^2} + \frac{\partial}{\partial y} + 3\frac{\partial}{\partial y_z}\right)\Phi(\sigma^2, y, y_z, t)\bigg|_{\sigma=\sigma_0, y=0, y_z=2y_1\sigma_0^2} = 0 \tag{4.47}$$

これらの式を連立方程式と見なし，その解を求めることから 2 つのパラメータ $\sigma_0^2(t)$ と $y_1(t)$ を，同時に求めることができる．常磁性相の場合とは，初期条件の決め方が大きく異なっている．特に下の式は，外部磁場 H がゼロでない状況を考慮することから導かれた．つまり，大域的な整合性 (GC) の要請が，初期値の決定に重要な役割を果たした．

4.4.2 熱ゆらぎの振幅の解析性

磁気秩序相における初期条件の決定には，もう 1 つの別な問題も含まれている．(4.47) の第 2 の条件は，(4.45) の陰関数の条件 $\Phi(\sigma^2, y, y_z, t) = 0$ が，変数 y に関して原点 $y = 0$ の周りで展開できることを暗黙のうちに仮定する．方程式 (4.45) に含まれる熱ゆらぎの振幅の y 依存性が，これに関して問題となる可能性がある．(3.23) によれば，発生した磁化に対する垂直成分の熱ゆらぎの振幅に，$\sqrt{y}$ に比例する依存性が含まれている．このままでは (4.47) の第 2 式で仮定した y に関する展開は不可能である．

無理やり適当な解を仮定し，方程式を満たす解を求めてみた場合にどのような結果になるかをまず示す．例えば，次の解を仮定してみる．

$$y(\sigma, t) = \alpha[\sigma^2 - s^2(t)]^\beta \tag{4.48}$$

このとき，$y_z(\sigma, t)$ も以下のように表され，$y \ll 1$ が成り立つ弱磁場の極限で $y(\sigma, t)$ は $y_z(\sigma, t)$ に比べて無視できる．

$$\begin{aligned} y_z(\sigma, t) &= y(\sigma, t) + 2\alpha\beta\sigma^2 \left[\sigma^2 - s^2(t)\right]^{\beta-1} \\ &\simeq 2\alpha\beta s^2(t)[\sigma^2 - s^2(t)]^{\beta-1} \end{aligned} \tag{4.49}$$

振幅保存の条件 (4.45) は，同じ極限で次のように表される．

$$\frac{T_A}{3T_0}\sigma^2 - 3[A(0, t_c) - A(0, t)] - \frac{\pi t}{2}\sqrt{y} - \frac{\pi t}{4}\sqrt{y_z} + \cdots = 0 \tag{4.50}$$

この場合も $\sqrt{y}$ が $\sqrt{y_z}$ に比べて無視できる．上の (4.50) を用い，結局 $y_z(\sigma, t)$ が次のように求まる．

$$y_z(\sigma, t) \simeq \left(\frac{4T_A}{3\pi T_0 t}\right)^2 \left\{\sigma^2 - \frac{9T_0}{T_A}[A(0, t_c) - A(0, t)]\right\}^2$$

この結果と (4.49) を比較し，(4.48) で定義したパラメータを求めることができる．

$$\alpha = \frac{1}{6}\left[\frac{4T_A}{3\pi T_0 t s(t)}\right]^2, \quad \beta = 3, \quad s^2(t) = \frac{9T_0}{T_A}[A(0, t_c) - A(0, t)]$$

この解は，以下の 2 つの理由から不適切であることがわかる．

1. この解によれば，磁場がゼロの場合の自発磁化が $s(t)$ で与えられる．(4.7) によると，低温極限 $(t \to 0)$ の $s^2(0) = 9T_0 A(t_c)/T_A$ の値は $3\sigma_0^2/5$ に等しい．基底状態の σ_0^2 の値とは一致せず，つまりこの解は，基底状態の解と連続的に接続しない．

2. 磁場ゼロのときに $y_z = 0$ が成り立つ．これは，(4.28) で仮定した磁化曲線と矛盾する．微分磁化率の逆数である y_z が，磁気秩序相で有限にならない．

熱ゆらぎの振幅に関する (3.22) の非解析的な y 依存性は，本来は臨界点だけに限られるべき性質である．臨界点を除けば，解析性は当然成り立つべき性質であり，熱ゆらぎの振幅 $A(y,t)$ も，原点 $y = 0$ の周りで y について展開できるはずである．何らかの不都合で非解析性が生じた場合，解析性を取り戻す必要がある．その方法として，スピン波の影響を考慮に入れることが考えられる．

4.4.3 スピン波による影響

熱的なスピンゆらぎの振幅の非解析性は，発生する磁化に垂直なゆらぎの成分の振幅だけに特有な問題である．常磁性状態では逆磁化率を表す y は常に正であり，そのため熱ゆらぎの振幅の $y = 0$ 近傍の性質は問題にならない．秩序相における平行ゆらぎ成分の振幅も，臨界点を除けば $y_z > 0$ であるため問題は生じない．垂直成分の熱ゆらぎの振幅についてだけ，$y = 0$ の場合の取り扱いのために問題が生ずる．自発磁化の温度依存性の計算のため，熱ゆらぎの垂直成分による影響だけが初期の SCR 理論では考慮に入れられている．自発磁化の不連続な温度変化を避けるためである．この非解析性の問題が，その場合に顕在化しなかったのは，磁化曲線を求めようとしなかったからである．秩序相における温度依存性に対し，スピン波による影響があることの認識は以前からあった．ただし，発生する磁気モーメントが微弱な場合，スピン波の発生は，波数空間の原点近傍の極めて狭い領域 ($0 \leq q \leq q_{\mathrm{sw}} \ll q_{\mathrm{B}}$) に限られる．したがって，その影響は量的に無視できると考えられ，スピン波の影響を無視した熱ゆらぎの振幅がよく用いられた．ここで述べた熱ゆらぎの振幅の非解析性に関連するスピン波の重要性は，Takahashi (2001) の指摘[23]によるものである．スピン波の影響を考慮し，比較的容易に解析性を取り戻すための方法について次に述べる．

問題となる垂直成分の熱ゆらぎの振幅の非解析的な $\sqrt{y}$ 依存性は，波数積分 (3.21) の原点 ($x = 0$) 近傍の，長波長領域の寄与から生ずる．この原点近傍では秩序の発生によるスピン波が存在するため，垂直成分のゆらぎの振幅を以下のように 2 つの寄与の和として表してみる．

$$A_{\perp}(y,t) \equiv A_{\mathrm{sw}}(t) + A_c(y,t) \tag{4.51}$$

第 1 項は，スピン波による寄与を表し，第 2 項はそれ以外の波数領域におけるスピンゆらぎによる寄与である．これらのそれぞれについては定義を含め，以下でより詳し

スピンゆらぎの寄与

第 2 項のスピン波の寄与を除外した熱ゆらぎの振幅を，次の式を用いて定義する．

$$A_c(y,t) = \int_{x_c}^1 dx\, x^3 \left[\log u - \frac{1}{2u} - \psi(u)\right], \quad u = x(y+x^2)/t \tag{4.52}$$

原点近傍で発生するスピン波が，$0 \leq q \leq q_{\text{sw}}$ の波数領域に限られるとし，上の波数積分の下限を $x_c = q_{\text{sw}}/q_{\text{B}}$ によって定義した．波数積分に生じた下限による影響で，$x_c \ll 1$, $y \ll 1$ が成り立つ場合の y 依存性は，$y=0$ の近傍で次のように表される．

$$\begin{aligned}
A_c(y,t) - A_c(0,t) &\sim \frac{t}{2}\int_{x_c}^1 dx\, x^3 \left[\frac{1}{x(y+x^2)} - \frac{1}{x^3}\right] \\
&= -\frac{t}{2}\sqrt{y}\left[\tan^{-1}\left(\frac{1}{\sqrt{y}}\right) - \tan^{-1}\left(\frac{x_c}{\sqrt{y}}\right)\right] \\
&= -\frac{t}{2}\sqrt{y}\tan^{-1}\frac{\sqrt{y}(1-x_c)}{y+x_c} \\
&\sim -\frac{t}{2} \times \begin{cases} \dfrac{y}{x_c} & y \ll x_c \text{ のとき} \\ \dfrac{\pi}{2}\sqrt{y} & x_c \ll y \text{ のとき} \end{cases}
\end{aligned} \tag{4.53}$$

原点近傍の被積分関数を $x^3/2u$ と近似して計算した結果である．ゆらぎの振幅が切断波数の導入によって y に比例し，原点近傍での解析性が復活していることがわかる．

スピン波による寄与

強磁性が発生した場合，低周波，および原点近傍の限られた波数領域 $0 < q < q_{\text{sw}}$ の動的磁化率の虚数部分に，鋭い強度のピークが現れる．これは，長寿命の固有振動，すなわちスピン波が発生したことによるものであり，ピークの周波数と波数との間に分散関係，$\omega_q = g\mu_{\text{B}}H + Dq^2$ が成り立つ．波数積分の原点近傍から生ずる熱ゆらぎの振幅を，このスピン波による寄与を用いて近似する．(4.51) 式で定義したスピン波による寄与 $A_{\text{sw}}(t)$ は，動的磁化率の虚数部分に現れるスピン波に対応する強度を用いて表される．特に低温領域で減衰効果が無視できる場合には，動的磁化率に対するスピン波の影響を次のデルタ関数を用いて近似できる．

$$\text{Im}\chi_\perp(q,\omega) \propto \sigma\delta(\omega - \omega_q)$$

その場合，スピン波による熱ゆらぎの振幅は次のように表される．

$$A_{\mathrm{sw}}(\sigma, t) = \frac{T_A \sigma}{2T_0 \sigma_0} \int_0^{x_c} \frac{x^2}{e^{\omega_q/T} - 1} dx,$$
$$\omega_q = h + Dq_{\mathrm{B}}^2 x^2 = T_A(\sigma/\sigma_0)(2\sigma_0 y + x^2) \tag{4.54}$$

ここで，Dq_{B}^2 はスピン波の分散を特徴づけるパラメータであるが，その物理的な意味からこの値を T_A と置いた．(4.54) の積分の前に現れる係数は，以下のように考えて決定した．まず，スピンゆらぎの寄与を表す (4.52) 式の被積分関数は，$y \simeq 0$ が成り立つ場合の積分の下限近傍で次の値を持つ．

$$x^3[\ln u - 1/2u - \psi(u)] \simeq \frac{x^3}{2u} = \frac{Tx^3}{2T_0 x(y + x^2)} \to \frac{T}{2T_0} \quad (y \to 0)$$

上に定義したスピン波の寄与を表す被積分関数も，原点近傍で次のように表される．

$$\frac{T_A \sigma}{2T_0 \sigma_0} \frac{x^2}{e^{T_A \sigma x^2/\sigma_0 T} - 1} \simeq \frac{T}{2T_0}$$

つまり，2 つの被積分関数が境界で連続的に接続するように，(4.54) の係数が決められている．

磁場によるこの振幅への影響は，(4.54) の被積分関数に現れる因子 $e^{-h/T}$ によって生ずる．そのためこの項に対する影響は，(4.53) の依存性に比べて小さい．そこで，スピン波による寄与 A_{sw} の y 依存性を今後は無視し，次の式が成り立つと仮定する．

$$A'_{\mathrm{sw}} = \frac{\partial A_{\mathrm{sw}}}{\partial y} \simeq 0$$

以上をまとめると，弱磁場領域における熱ゆらぎの振幅の y 依存性が次のように表される．

$$A_\perp(y, t) = A_\perp(0, t) - \frac{t}{2x_c} y + \cdots,$$
$$A(y_z, t) = A(y_{z0}, t) - \frac{3\pi t}{8\sqrt{y_{z0}(t)}} y + \cdots \tag{4.55}$$

ただし，$y_z(\sigma, t)$ の $y(\sigma, t)$ 依存性について，(4.46) が用いられている．スピン波が発生する領域の上限波数 x_c は，低温では発生する磁気モーメント $\sigma_0(t)$ に比例する．$y_{z0}(t)$ が $\sigma_0^2(t)$ に比例することから，上のどちらの成分の振幅も，同じ $ty/\sigma_0(t)$ に比例する依存性を示す．一般にこの磁場による抑制効果がゆらぎの成分にあまりよらないと仮定し，(4.55) の右辺に現れる y の比例係数が，どちらも同じ程度の値になると考えることにする．そこで，次の比例関係を仮定する．

$$x_c = \frac{2}{\pi \xi} \sqrt{y_{z0}(t)} \tag{4.56}$$

4.4 磁気秩序相における磁性

パラメータ ξ の決定についての問題が残るが，臨界温度においてエントロピーが連続的に接続するための条件から，$\xi = 1$ が得られる．後の磁気比熱に関する章で詳しく説明する．

次に，低温極限における熱ゆらぎの振幅の温度依存性に，スピン波がどのように影響するかについて考えてみる．被積分関数に現れるボーズ分布関数のため，そもそもスピン波の寄与を表す積分の上限は，$T_A x^2 < T$ を満たす x の範囲，つまり $x < (T/T_A)^{1/2}$ の範囲に制限される．したがって，積分の上限 x_c と $(T/T_A)^{1/2}$ との大小関係により，(4.54) の積分値は次のように表される．

$$A_{\text{sw}}(t) \simeq \frac{T_A}{2T_0} \int_0^{x_c} \frac{x^2}{e^{T_A x^2/T} - 1} dx$$

$$\simeq \frac{T_A}{2T_0} \times \begin{cases} \dfrac{\sqrt{\pi}}{4} \zeta(3/2) \left(\dfrac{T}{T_A}\right)^{3/2} & (T/T_A)^{1/2} \lesssim x_c \\ \dfrac{T}{T_A} x_c & x_c \lesssim (T/T_A)^{1/2} \end{cases} \quad (4.57)$$

ただし，$(T/T_A)^{1/2} \lesssim x_c$ が成り立つ場合，積分の上限を無限大として近似した．低温極限ではスピン波に特徴的な $T^{3/2}$ に比例する温度依存性を示し，さらに温度の上昇によって T に比例する依存性に移行する．

(4.57) の $T^{3/2}$ の温度依存性が現れる条件に $t = 0$ の場合の (4.56) の値を代入し，これを次のように書き換えることができる．

$$\frac{T}{T_A} < x_c^2 = \left(\frac{2}{\pi \xi}\right)^2 y_{z0}(0)$$

基底状態の自発磁化について成り立つ (4.7)，つまり $c y_{z0}(0) = 2A(0, t_c)$ の関係が成り立つことから，上の条件をさらに書き換えることができる．

$$\frac{T}{T_C} < \frac{2T_A}{3cT_0} C_{4/3} \left(\frac{1}{\pi \xi}\right)^2 t_c^{1/3}$$

実際には $y_{z0}(t)$ の値が温度変化するため，条件はこれより厳しくなる．多くの弱い遍歴電子強磁性体で 10 程度の比 T_A/T_0 の値が得られていることを考えると，臨界温度以下の比較的広い温度範囲でこの条件が満たされているように思われる．ただし臨界温度において比較した場合，スピン波の振幅の熱ゆらぎの全振幅に占める割合は次のように表される．

$$\frac{A_{\text{sw}}(t_c)}{A(0, t_c)} \sim \frac{x_c t_c/2}{t_c^{4/3}/3} = \frac{3}{2} \frac{x_c}{t_c^{1/3}} \ll 1 \quad (x_c \ll 1)$$

スピン波の発生が微小な波数領域に限られる場合，量的にはその影響は十分無視できると思われる．

4.4.4 自発磁化の温度依存性

熱ゆらぎの振幅にスピン波の影響を考慮に入れ，解析性が成り立つようにできた．修正したこのゆらぎの振幅を用い，磁化曲線の初期条件を決定するための連立方程式を求めることができる．

$$2A_\perp(0,t) + A(y_{z0},t) - cy_{z0}(t) + 5cy_1(0)\sigma_0^2(t) - 3A(0,t_c) = 0$$
$$2A_\perp{}'(0,t) + 3A'(y_{z0},t) - 5c + 5c\frac{y_1(0)}{y_1(t)} = 0 \tag{4.58}$$

これらの式のそれぞれが，(4.47) の 2 つの式に対応する．特に断りがない限り，今後はスピン波による修正を施した秩序相における振幅 $A_\perp(y,t)$ を，常磁性の場合と同様に $A(y,t)$ を用いて表すことにする．式を簡略化するため，基底状態の値で規格化した $\sigma_0^2(t)$ と $y_{z0}(t)$ に当たる 2 つの変数 $U(t)$ と $V(t)$ を以下のように定義する．

$$U(t) = \frac{\sigma_0^2(t)}{\sigma_0^2(0)}, \quad V(t) = \frac{y_{z0}(t)}{y_{z0}(0)} = \frac{2y_1(t)\sigma_0^2(t)}{2y_1(0)\sigma_0^2(0)} = \frac{y_1(t)}{y_1(0)}U(t) \tag{4.59}$$

これらの定義を代入し，規格化した変数を用いた形に (4.58) を書き換えることができる．

$$U(t) - \frac{2}{5}V(t) - \frac{3}{5} + \frac{1}{5A(0,t_c)}[2A(0,t) + A(y_{z0},t)] = 0,$$
$$V(t)\left[1 - \frac{2}{5c}A'(0,t) - \frac{3}{5c}A'(y_{z0},t)\right] - U(t) = 0, \tag{4.60}$$
$$y_{z0}(t) = y_{z0}(0)V(t)$$

基底状態で成り立つ (4.7) の関係式 $A(0,t_c) = cy_1(0)\sigma_0^2(0)$ を上の式の導出に用い，また下の式については，$y_1(0)/y_1(t) = U(t)/V(t)$ の置き換えを行った．この非線形の連立方程式の解を求めることにより，$\sigma_0(t)$ と $y_1(t)\sigma_0^2(t)$ の値が求まる．

基底状態では熱ゆらぎの振幅 $A(y,t)$ がゼロになる．その場合，$U(0)$ と $V(0)$ は次の連立方程式を満たす．

$$U(0) - \frac{2}{5}V(0) - \frac{3}{5} = 0, \quad V(t) - U(t) = 0$$

この解として得られる $U(0) = V(0) = 1$ がこれらの変数の定義 (4.59) と一致し，矛盾がないことがわかる．任意の有限温度における解を一般に求めるには，数値的な方

4.4 磁気秩序相における磁性　111

法に頼らざるを得ない．低温極限と臨界温度近傍における解の温度依存性については
すぐ次に説明する．

低温極限における温度依存性

この極限での熱ゆらぎの T^2 に比例する温度依存性を反映し，磁気的性質にも同じ
温度変化が現れる．第3章の (3.25) によれば，熱ゆらぎの振幅の温度依存性を次のよ
うに表すことができる．

$$A(y,t) \simeq A_{\rm sw}(t) + \frac{t^2}{24(y+x_c^2)}, \quad A(y_z,t) \simeq \frac{t^2}{24y_z},$$
$$A'(y,t) \simeq -\frac{t^2}{24(y+x_c^2)^2}, \quad A'(y_z,t) \simeq -\frac{t^2}{24y_z^2} \tag{4.61}$$

ゆらぎの垂直成分について，波数積分に下限 x_c が生じた影響が考慮されている．こ
れらを (4.60) の第2式に代入し，まず $y_1(t)$ の温度変化を求めることができる．

$$\begin{aligned}\frac{y_1(t)}{y_1(0)} &= \frac{V(t)}{U(t)} = \left[1 - \frac{2}{5c}A'(0,t) - \frac{3}{5c}A'(y_{z0},t)\right]^{-1} \\ &= 1 - \frac{1}{5c}\frac{2(\pi\xi/2)^4 + 3}{24y_{z0}^2(0)}t^2 + \cdots \\ &= 1 - \frac{c[2(\pi/2)^4+3]}{480A^2(0,t_c)}\left(\frac{T}{T_0}\right)^2 + \cdots = 1 - \frac{b_0}{p_{\rm s}^4}\left(\frac{T}{T_A}\right)^2 + \cdots, \\ b_0 &= \frac{15c}{2}[2(\pi/2)^4 + 3] = 56.91\cdots\end{aligned} \tag{4.62}$$

この結果には，基底状態で成り立つ (4.7) 式の次の関係を用い，$c=1/2$ を仮定した．

$$cy_{z0}(0) = 2A(0,t_c) = \frac{2T_A}{60T_0}p_{\rm s}^2, \quad p_{\rm s} = 2\sigma_0(0) \tag{4.63}$$

低温の弱磁場領域における自由エネルギーの M^4 の係数に，T^2 に比例して減少する
変化が現れることを意味する．磁化曲線を Arrott プロット (M^2 vs H/M) を用いて
表したとき，その勾配が T^2 に比例して増大する変化が生ずる．

次に自発磁化の温度依存性を求めるため，まず (4.60) の第1式を以下の式に書き
換える．

$$U(t)\left[1 - \frac{2}{3}\left(\frac{V(t)}{U(t)} - 1\right)\right] = 1 - \frac{2A(0,t) + A(y_{z0},t)}{3A(0,t_c)}$$

この左辺と右辺に対してそれぞれ (4.62) の結果と熱ゆらぎの振幅についての (4.61)
を代入し，$U(t)$ の温度依存性についての次の結果が得られる．

$$U(t) = \frac{\sigma_0^2(t)}{\sigma_0^2(0)} = \frac{1 - \dfrac{1}{3A(0,t_c)}\left(2A_{\rm sw}(t) + \dfrac{c[2(\pi\xi/2)^2 + 1]}{48A(0,t_c)} t^2\right) + \cdots}{1 + \dfrac{2}{3}\dfrac{c[2(\pi\xi/2)^4 + 3]}{480A^2(0,t_c)} t^2 + \cdots}$$

$$= 1 - \frac{2A_{\rm sw}(t)}{3A(0,t_c)} - \frac{c[(\pi/2)^4 + 5(\pi/2)^2 + 4]}{360A^2(0,t_c)}\left(\frac{T}{T_0}\right)^2 + \cdots \quad (4.64)$$

$$= 1 - \frac{2A_{\rm sw}(t)}{3A(0,t_c)} - \frac{a_0}{p_{\rm s}^4}\left(\frac{T}{T_A}\right)^2 + \cdots,$$

$$a_0 = 10c[(\pi/2)^4 + 5(\pi/2)^2 + 4] = 112.1\cdots$$

スピン波の影響を無視すれば，自発磁化は T^2 に比例して減少し，その係数もスピンゆらぎのパラメータ T_A を用いて表すことができる．観測された温度変化の T^2 の係数から，(4.64) を用いて T_A の値を実験的に求めることができる．

臨界温度近傍の温度依存性

臨界温度近傍についても，変数 $U(t)$ と $V(t)$ の温度変化を解析的に求めることができる．まず，(4.55) の熱ゆらぎの振幅の y 依存性を (4.60) の第 2 式に代入し，弱磁場極限で成り立つ次の式が得られる．

$$\frac{U(t)}{V(t)} \simeq \left(1 + \frac{2}{5c}\cdot\frac{\xi\pi t}{4\sqrt{y_{z0}(t)}} + \frac{3}{5c}\cdot\frac{\pi t}{8\sqrt{y_{z0}(t)}}\right)$$

$$= 1 + \frac{(4\xi+3)\pi t}{40c}\frac{1}{\sqrt{y_{z0}(t)}} \quad (4.65)$$

$$\simeq \frac{7\pi t_c}{40c}\left[\frac{c}{2A(0,t_c)V(t)}\right]^{1/2} \quad (\xi=1)$$

この最後の式では，$y_{z0}(t)$ に対して $V(t)$ の定義 (4.59) を用い，さらに (4.63) の関係，$y_{z0}(0) = 2A(0,t_c)/c$ が成り立つことを用いた．つまり，臨界点近傍で次の式が成り立つ．

$$U(t) = \frac{7\pi t_c}{40c}\left[\frac{c}{2A(0,t_c)V(t)}\right]^{1/2} V(t) = \frac{7\pi t_c}{40c}\left[\frac{cV(t)}{2A(0,t_c)}\right]^{1/2} \quad (4.66)$$

$V(t) \propto U^2(t)$ が成り立つことから，$U(t) \ll 1$ が成り立つ今の場合，$V(t)$ が $U(t)$ に対して無視できる．したがって，臨界点近傍の (4.60) の上の式を以下のように書き換えることができる．

$$U(t) - \frac{1}{5A(0,t_c)} \cdot \frac{\pi t_c}{4}\sqrt{y_{z0}(t)} \simeq U(t) - \frac{\pi t_c}{10c}\sqrt{\frac{cV(t)}{2A(0,t_c)}}$$
$$= \left(1 - \frac{4}{7}\right)U(t) \qquad (4.67)$$
$$= \frac{3}{5}\left[1 - \frac{A(0,t)}{A(0,t_c)}\right]$$

まずこれで，自発磁化の温度依存性が得られた．

次に，(4.66) を用いて (4.65) の右辺に現れる $\sqrt{V(t)}$ を $U(t)$ を用いて表し，さらにこの $U(t)$ に上の (4.67) の結果を代入すれば，$V(t)/U(t)$ の温度依存性が得られる．

$$\begin{aligned}\frac{V(t)}{U(t)} &\simeq \frac{40c}{7\pi t_c}\left[\frac{2A(0,t_c)}{c}\right]^{1/2}\sqrt{V(t)} \\ &= \left[\frac{40c}{7\pi t_c}\right]^2\frac{2A(0,t_c)}{c}U(t) \\ &= \frac{640cA(0,t_c)}{7(\pi t_c)^2}\left[1 - \frac{A(0,t)}{A(0,t_c)}\right]\end{aligned} \qquad (4.68)$$

ここで得られた (4.67) と (4.68) は，$t_c \ll 1$ が成り立つ場合に温度の関数として次のように表される．

$$\begin{aligned}U(t) &= \frac{\sigma_0^2(t)}{\sigma_0^2(0)} \simeq a_c[1-(T/T_\mathrm{C})^{4/3}], \\ \frac{V(t)}{U(t)} &= \frac{y_1(t)}{y_1(0)} \simeq b_c[1-(T/T_\mathrm{C})^{4/3}]\end{aligned} \qquad (4.69)$$

ただし，熱ゆらぎの振幅について，$A(0,t) \propto t^{4/3}$ が成り立つことを用い，係数 a_c と b_c を以下のように定義した．

$$a_c = \frac{7}{5}, \quad b_c = \frac{640cA(0,t_c)}{7(\pi t_c)^2} \simeq \frac{640cC_{4/3}}{21\pi^2 t_c^{2/3}} \quad (t_c \ll 1) \qquad (4.70)$$

臨界点近傍で，$\sigma_0^2(t)$ と $y_1(t)$ のどちらも $(T-T_\mathrm{C})$ に比例する温度変化を示し，後者の場合のその傾きは，t_c の値が小さくなるほど，より急になる．したがって，自由エネルギーの M^4 項の係数の温度変化も，臨界点近傍のより狭い範囲だけに限られる．常磁性相の場合と同様である．

自発磁化の温度依存性についての計算結果

連立方程式 (4.60) の解として，数値的な方法を用いて得られた温度依存性の例を図 4.1 に示す．この図では基底状態の値に対し，自発磁化の 2 乗 $\sigma_0^2(t)$ と磁化曲線

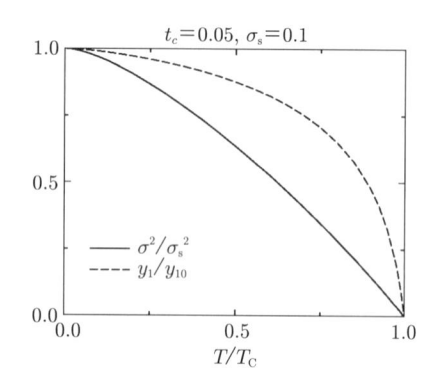

図4.1 初期条件を数値的に求めた解の例．実線と破線は，それぞれ $\sigma_0^2(t)/\sigma_0^2(0)$ と $y_1(t)/y_1(0)$ の温度依存性を表し，用いたパラメータの値は，$t_c = T_C/T_0 = 0.05$，$\sigma_s = \sigma_0(0) = 0.1$ である

の温度係数 $y_1(t)$ のそれぞれの相対的な温度変化が T/T_C の値に対してプロットされている．どちらの値も臨界温度近傍で $(T_C - T)$ に比例する温度変化を示す．特に $y_1(t)$ の示すこの近傍での急な勾配は，計算で用いた微小なパラメータ t_c によるものであることが (4.70) からわかる．臨界点でこれら2つの値が同時に消失することも明瞭に示されている．

4.4.5 磁化曲線

初期条件の決定後，微分方程式の解としての磁化曲線を求めることが次に必要となる．任意の温度における磁化曲線を求めるには，数値的な方法に頼らざるを得ない．この節では，解析的な取り扱いが可能である低温，弱磁場領域の解についてまず説明し，その後で数値計算の結果を紹介する．

低温，弱磁場領域の温度変化

すでに前節の (4.64) で，低温極限での自発磁化の T^2 に比例する温度変化について説明した．この節では，さらにこの温度変化に対する外部磁場の影響について考える．

まず，秩序が発生する場合の保存則を表す方程式 (4.3) の左辺に弱磁場領域で成り立つ (4.44) の関係，$y_z(\sigma, t) = 2y_1(t)\sigma^2 + y(\sigma, t)$ を代入し，さらに両辺を $3A(0, t_c)$ で割って得られる次の式を考える．

4.4 磁気秩序相における磁性

$$\frac{1}{3A(0,t_c)}[2A(y,t) + A(y_z,t)] + \frac{c}{3A(0,t_c)}[5cy_1(0) - 2y_1(t)]\sigma^2 - \frac{c}{A(0,t_c)}y$$
$$= 1$$

この左辺で σ^2 に比例する項だけを残し，それ以外を右辺に移行してさらに整理したのが次の式である．

$$\left[1 - \frac{2}{3}\left(\frac{y_1(t)}{y_1(0)} - 1\right)\right]\frac{\sigma^2}{\sigma_0^2(0)} = 1 + \frac{2y}{y_{z0}(0)} - \frac{2}{3cy_{z0}(0)}[2A(y,t) + A(y_z,t)]$$
$$= \left(1 + \frac{2y}{y_{z0}(0)}\right)\left(1 - \frac{4}{3c}\frac{2A(y,t) + A(y_z,t)}{y_{z0}(0) + 2y}\right)$$

ただし (4.7) により，$A(0,t_c) = cy_1(0)\sigma_0^2(0) = cy_{z0}(0)/2$ が成り立つことが用いられている．この結果に対し，低温極限における熱ゆらぎの振幅と $y_1(t)$ についての温度依存性，(4.61) と (4.62) を代入すると，t^2 までの範囲で成り立つ次の式が得られる．

$$\begin{aligned}
&\left(1 + \frac{2y}{y_{z0}(0)}\right)^{-1}\frac{\sigma^2}{\sigma_0^2(0)} \\
&= \left[1 - \frac{2}{3}\left(\frac{y_1(t)}{y_1(0)} - 1\right)\right]^{-1}\left(1 - \frac{4}{3c}\frac{2A(y,t) + A(y_z,t)}{y_{z0}(0) + 2y}\right) \\
&= 1 - \frac{2}{15c}\frac{2(\pi\xi/2)^4 + 3}{24y_{z0}^2(0)}t^2 - \frac{1}{36c[y_{z0}(0)+2y]}\left(\frac{2}{x_c^2 + y} + \frac{1}{y_{z0} + 3y}\right)t^2 \\
&= 1 - \frac{ct^2}{720A^2(0,t_c)}\left\{2(\pi\xi/2)^4 + 3\right. \\
&\qquad\qquad\left. - \frac{5}{1 + 2y/y_{z0}(0)}\left[\frac{2(\pi\xi/2)^2}{1 + y/x_c^2} + \frac{1}{1 + 3y/y_{z0}}\right]\right\} \\
&= 1 - \frac{a_0(H)}{p_s^4}\left(\frac{T}{T_A}\right)^2
\end{aligned} \quad (4.71)$$

つまり，磁場がない場合の (4.64) を，磁場効果を考慮に入れて拡張した式が得られた．次式で定義する係数 $a_0(H)$ も，磁場がゼロの場合の式の温度係数と $a_0 = a_0(0)$ の関係がある．

$$a_0(H) = 5c\left\{2(\pi/2)^4 + 3 - \frac{5}{1 + 2y/y_{z0}(0)}\left[\frac{2(\pi/2)^2}{1 + y/x_c^2} + \frac{1}{1 + 3y/y_{z0}}\right]\right\} \quad (4.72)$$

この係数に対する磁場による影響は，右辺に含まれる $y(\sigma,t)$ の値が磁場によって変化することから生ずる．変数 y の磁場依存性は，まず基底状態の磁化曲線 (4.9) を用い

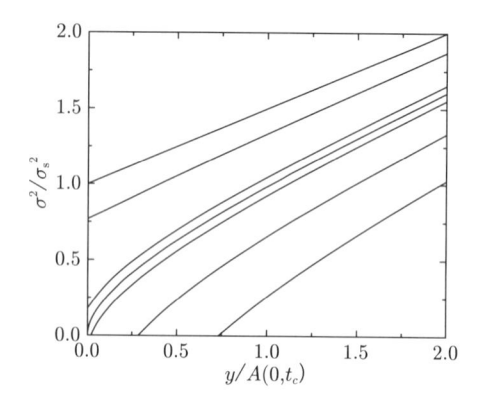

図 4.2 数値的の求めた磁化曲線の Arrott プロット

て磁場 h の値から σ を求め，これを用いて比 $h/(2T_A\sigma)$ の値を求めればよい．外部磁場の影響で係数 $a_0(H)$ の値が抑制されるこの効果は，Ni-Pt 合金については Beille (1975) による磁化測定によって[24]，また Ni_3Al については Semwal, Kaul (1999) によって[25] 実際に観測されている．

磁化曲線についての計算結果

数値的な方法を用いて磁化曲線を求めるための微分方程式を解き，得られた結果を Arrott プロットしたのが図 4.2 である．まず低温極限において，変数の間によい直線性が成り立つことがわかる．温度上昇に伴って，低磁場領域の初期勾配が少しずつ増加し，臨界点に近づくにつれて急になる傾向も図に示されている．磁化曲線のこのふるまいは，自由エネルギーの M^4 項の係数の温度変化に対応する．臨界点の近傍では直線性が成り立たず，$y \propto \sigma^4$ 的な関係が成り立つことも明らかである．この非線形性が特に顕著に現れる臨界領域は，パラメータ t_c が微小なほど狭まる傾向がある．したがって，その場合の非線形な磁化曲線の実験的な確認は難しくなる．

4.5 臨界指数のスケーリング則

磁性体の場合，秩序パラメータに当たる磁化 $M(r,t)$ の空間的，時間的な相関が，温度が臨界温度に近づくにつれて発散する傾向を示す．以下に示す例のように，この極限で種々の磁気的性質が臨界現象と呼ばれる特異な温度，磁場依存性を示す．

4.5 臨界指数のスケーリング則

表 4.2 臨界指数の値とスケーリング則の検証

	γ	β	δ	$\beta(\delta-1)$
SW 理論	1	1/2	3	1
SCR 理論	2	1/2	3	1
TAC-GC 理論	2	1/2	5	2

- 磁化率の温度依存性: $\chi^{-1}(T) \propto (T-T_C)^\gamma$

- 自発磁化の温度依存性: $M_0(T) \propto (T-T_C)^\beta$

- 臨界磁化過程: $M \propto H^{1/\delta}$

これらの温度や磁場依存性に現れる指数 γ, β, δ のことを臨界指数と呼ぶ．臨界指数の間には，スケーリング則による関係式が成り立ち，上に挙げた指数については，$\gamma = \beta(\delta-1)$ が成り立つ．金属磁性の磁気的性質に関し，理論の違いによってどのような温度や磁場依存性が導かれるかについてこれまで説明した．この節では，相転移現象の立場からそれらの間に互いに矛盾がないかどうかを確認する．

それぞれの理論によって導かれた，温度や磁場依存性についての臨界指数の値をまとめて表 4.2 に示す．これらの指数の値が得られる理由についても簡単に述べる．

- SW 理論

    磁化率と自発磁化の温度依存性について，$\chi^{-1} \propto (T^2-T_C^2) \propto (T-T_C)$, $M_0^2 \propto (T_C^2-T^2) \propto (T_C-T)$ が成り立つことから，それぞれ $\gamma=1, \beta=1/2$ が得られる．磁化曲線 $H = aM + bM^3 + \cdots$ について，臨界温度で初項の係数についてだけ $a=0$ が成り立つことから，$H \propto M^3$，つまり $\delta=3$ が得られる．

- SCR 理論

    磁化率と自発磁化についてそれぞれ，$\chi^{-1} \propto (T-T_C)^2$, $M_0^2 \propto (T_C^{4/3}-T^{4/3})$ が成り立つことから，$\gamma=2, \beta=1/2$ が得られる．臨界磁化曲線については，SW 理論と同様に，$b>0$ であるため $\delta=3$ が得られる．

- TAC-GC 理論

    磁化率と自発磁化については，SCR 理論と同じ温度依存性が成り立つ．臨界温度で $b=0$ が成り立つことから，$H \propto M^5$，したがって $\delta=5$ が得られる．

表 4.2 の最後の列に，表の 2 つの指数 β と δ を用いて求めた $\beta(\delta-1)$ の値を載せてある．γ の値とこの最後の列の値が一致すれば，スケーリング則の関係が成り立つことを意味する．すぐわかるように，SCR 理論についてだけこの関係が成り立たない．SW 理論で成り立つ理由は，ゆらぎの影響を全く無視する点で首尾一貫しているためである．SCR 理論の場合，スピンゆらぎの影響を温度依存性については考慮する．その一方で，磁化曲線への影響については全く無視する．磁化率の温度依存性の指数について $\beta = 2$ が成り立つことは，磁場効果についても $H \propto M^5$ が成り立つ必要がある．不都合は，磁化曲線の係数 $a(T)$ の温度依存性だけを問題にしたことによって生じ，臨界温度において自発磁化が不連続に変化する原因でもある．

4.6　第 4 章のまとめ

　この章では第 3 章で説明したスピンゆらぎ理論を用い，磁気秩序相から常磁性相までの広い温度範囲における数多くの磁気的性質を導くことができることを示した．スピンゆらぎの影響を考慮に入れた場合，温度依存性だけを問題にしたのでは不都合が生ずる．常磁性相の場合ではうまくいくように見えながら，特に磁場効果や磁気秩序相の取り扱いにおいてはこの影響が大きい．温度効果と磁場効果に関する臨界指数について，スケーリング則の関係式が成り立たないこともその例である．

　この章で説明した内容は，すべて磁化曲線という関数を求めることに関係がある．温度依存性だけを問題にする場合でも，単に磁場がゼロの場合だけを考えるのではない．有限の磁場がある場合をまず考え，その磁場をゼロにした極限を考えようとする．従来は，特に発生する磁気モーメントが微弱な遍歴強磁性体について，磁化曲線の Arrott プロットが常によい直線性を示すという認識があった．この章で導かれた遍歴磁性体の磁化曲線は，これとは異なりはるかに多彩なふるまいを示し，実験的にも確かめられている．温度と磁場の両方の効果を考慮に入れ，現象を広い自由度の中で捉えることが，遍歴磁性の統一的な理解を可能とする．この章で導かれた種々の性質の実験的な検証については次の章で紹介する．

第5章
観測される磁気的性質

　磁気秩序相と常磁性相のどちらも含む温度領域において，実際に観測される磁性体の性質の，温度変化や磁場による影響をこの章で説明する．スピンゆらぎ理論で導かれる結果とこれらとの比較により，我々の金属磁性に関する理解の現状を知ってもらうことがこの章の目的である．

　SW 理論によれば，種々の磁気的性質に T^2 に比例する温度依存性が現れる．特に磁気秩序相で観測されるこの温度依存性が，理論を支持するものと考えられていた．ただし，常磁性相のキュリー・ワイス則に従う磁化率の温度変化の説明に難点があった．一方，磁化率のキュリー・ワイス則の温度変化は説明できても，臨界温度で自発磁化が不連続な変化を示すという困難が SCR 理論にはあった．つまり，磁気秩序相や磁場効果についての取り扱いには問題が残されていた．その後の理論の発展により，現在では統一的な観点からのより包括的な理解が可能となっている．

5.1　スピンゆらぎのスペクトル分布の観測

　スピンゆらぎ理論には，個々の磁性体に固有である磁気的励起エネルギーの分布幅を表すパラメータ T_0 と T_A が含まれている．理論の結果と測定結果との比較には，これらのパラメータの値を何らかの方法を用いて予め知っておくことが前提となる．微視的な測定手段を用いてこれらの値を直接的に求めるには，中性子散乱の実験や NMR の緩和時間の測定が用いられる．MnSi と Ni$_3$Al に対し，中性子散乱実験の解析によって得られたパラメータの値を表 5.1 に示す．

　測定で得られたこれらの 2 つのパラメータを用いて第 4 章の (4.7)，つまり次の関係が成り立つことをまず確かめることができる[31]．

$$p_s^2 = \frac{20T_0}{T_A} C_{4/3} \left(\frac{T_C}{T_0}\right)^{4/3}, \quad C_{4/3} = 1.006089 \cdots \tag{5.1}$$

MnSi について，Ishikawa et al. (1985) によって得られた表 5.1 のパラメータと，観

第 5 章 観測される磁気的性質

表 5.1 直接的な観測手段で得られたスペクトルパラメータ
下線のついた T_A は，(5.1) を用いて T_0 の値から求めた

化合物	T_0(K)	T_A(K)	$4T_A^2/15T_0$(K)	F_1(K)	測定方法，文献
MnSi	231	2.08×10^3	5.0×10^3	9.7×10^3	中性子散乱[14]
	171	$\underline{2.11\times 10^3}$	6.94×10^3	–	NMR[26]
Ni$_3$Al	3590	3.09×10^4	0.71×10^5	–	中性子散乱[8]
Ni$_{74.7}$Al$_{25.3}$	2860	$\underline{4.05\times 10^4}$	1.53×10^5	1.0×10^5	NMR[27]
Sc$_3$In	565	$\underline{2.00\times 10^5}$	0.66×10^5	2.0×10^5	NMR[28]
ZrZn$_2$	321	$\underline{8.83\times 10^3}$	1.05×10^4	1.3×10^4	NMR[29]
Y(Co$_{1-x}$Al$_x$)$_2$					NMR[30]
$x=0.13$	2290	$\underline{1.16\times 10^4}$	1.57×10^4	2.1×10^4	
$x=0.15$	2119	$\underline{6.34\times 10^3}$	0.51×10^4	1.0×10^4	
$x=0.17$	2093	$\underline{7.03\times 10^3}$	0.63×10^4	1.6×10^4	

測で得られた $T_\mathrm{C}=30$ K を上の式の右辺に代入し，$p_\mathrm{s}=0.38$ の値が得られる．この値は Bloch et al. (1975) による磁気測定によって得られた $p_\mathrm{s}=0.4$ の値とよく一致する．Ni$_3$Al の場合も同様に，Bernhoeft et al. (1983) によって得られた表の値と，磁気測定で得られた $T_\mathrm{C}=41$ K を用いて得られる $p_\mathrm{s}=0.078$ は，de Boer et al. (1969) によって観測された $p_\mathrm{s}=0.075$ の値[32]にほぼ等しい．測定例は少ないものの，上の関係式がよく成り立つことが実験的に確認されたと考えられる．特に発生する磁気モーメントが微弱である遍歴磁性体の場合，中性子の磁気散乱強度が微弱なために精度よい測定を行うことがなかなか難しい．そのため，これ以降に中性子散乱を用いた類似の実験が行われることはほとんどなかった．

中性子散乱を用いた実験と比較した場合，比較的容易に実行できるミクロな測定手段である核磁気共鳴 (NMR) の実験によってもスピンゆらぎのスペクトルに関する情報を得ることができる．つまり，核磁気緩和のスピン・格子緩和時間 T_1 の温度変化の解析からスペクトル幅 T_0 の値を求めることができる．一般に緩和時間は動的磁化率の虚数部分と次の関係がある[33]．

$$\frac{1}{T_1 T} = (\gamma_n A_{hf})^2 \frac{1}{N_0^2} \sum_{\mathbf{q}} \frac{\mathrm{Im}\chi^{+-}(\mathbf{q},\omega_0)}{\omega_0} \tag{5.2}$$

ここで $\chi^{+-}(\mathbf{q},\omega)$ は，磁場に垂直なスピン成分 $S_q^\pm = S_q^x \pm i S_q^y$ に対して定義される動的磁化率を表し，γ_n と ω_0 はそれぞれ核スピンに固有の磁気回転比 (gyromagnetic ratio) と NMR に用いられる周波数, A_{hf} は超微細結合定数である. Moriya, Ueda (1974) によれば, スピンゆらぎの影響による T_1 の温度変化は次の式で表される[34].

$$\frac{1}{T_1 T} = (\gamma_n A_{hf})^2 \frac{3}{2\pi T_A T_0} R(y)$$
$$R(y) = \frac{2\pi T_A T_0}{3N_0^2} \sum_{\mathbf{q}} \frac{\mathrm{Im}\chi^{+-}(q,\omega_0)}{\omega_0} \tag{5.3}$$
$$= \int_0^1 \mathrm{d}x\, x^2 \frac{1}{x(y+x^2)^2} = \frac{1}{2y(1+y)} \simeq \frac{1}{2y}$$

ただし, (3.4) の 2 重ローレンツ型のスペクトル分布を用い, $\omega_0 \to 0$ の極限で評価した結果である. 逆磁化率の温度依存性についての (4.29) と (4.30) を用い, 上の結果はさらに以下のように書き換えることができる.

$$\frac{1}{T_1} = (\gamma_n A_{hf})^2 \frac{3T}{4\pi T_A T_0 y(t)}$$
$$\simeq (\gamma_n A_{hf})^2 \frac{p_{\mathrm{eff}}^2}{8\pi T_0} \frac{T}{T-T_C} \to (\gamma_n A_{hf})^2 \frac{p_{\mathrm{eff}}^2}{8\pi T_0} \quad (T_C \ll T) \tag{5.4}$$

核磁気共鳴線のナイトシフト K (Knight shift) の温度変化を磁化率 χ に対してプロットした, K-χ プロットの勾配から結合定数 A_{hf} の値も求めることができる. したがって, 緩和率の測定で得られる $1/T_1$ の値と磁化率の温度依存性から得られる p_{eff} の値を用い, T_0 の値を評価することができる.

図 5.1 に遍歴電子磁性体に対して測定された核磁気緩和のスピン・格子緩和時間 T_1 についての結果を示す[35]. この図では, Y(Co$_{1-x}$Al$_x$)$_2$ [30], Lu(Co$_{1-x}$Al$_x$)$_2$ [36], Y(Mn$_{1-x}$Al$_x$)$_2$, ならびに Mn ホイスラー合金 Pd$_2$MnAl について観測された $1/T_1$ が, 温度に対してプロットされている. Y(Co$_{1-x}$Al$_x$)$_2$ 系は, 発生する磁気モーメントが微弱な弱い遍歴電子強磁性体と見なされている. 一方, Y(Mn$_{1-x}$Al$_x$)$_2$ 系と Mn ホイスラー合金系は, 金属であるにもかかわらず Mn の磁気モーメントが大きく, 局在性の強い系であると考えられている. Lu(Co$_{1-x}$Al$_x$)$_2$ 系は, これら両者の中間に位置する系と考えられている. 測定にはすべて ^{27}Al 核が用いられている. これらの系の核磁気共鳴の超微細結合定数 A_{hf} は, どれもほぼ同様の値であることも知られている. 図 5.1 によれば, 局在性の強い系であるか遍歴性の強い系であるかに関わらず, 常磁性核磁気緩和率 $1/T_1$ は, いずれの場合も高温で温度によらない一定値に近づく. 常磁性相で観測されるこの温度に依存しない $1/T_1$ は, 元々は局在モーメント系の特徴として知られていた. スピンゆらぎ理論によって得られる (5.3) からわかるように, 弱

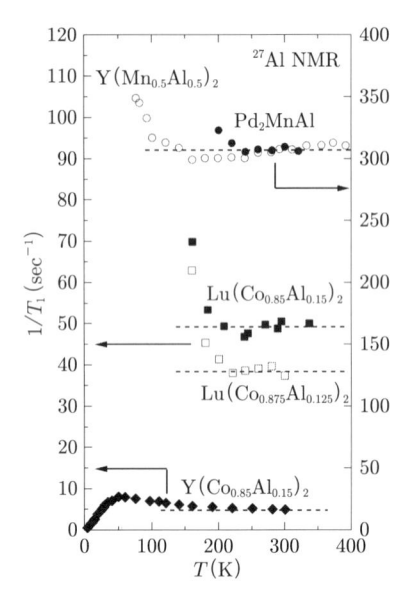

図 5.1 遍歴磁性体で観測された $1/T_1$ の温度変化の例

い遍歴電子強磁性体の場合の $1/T_1T$ が $1/y$ に，つまり静的な磁化率 $\chi(\mathbf{0},0)$ ($\mathbf{q}=\mathbf{0}$ の強磁性成分に対応する) に比例する．したがって (5.4) によれば，T_C より高温で磁化率がキュリー・ワイス則に従う温度領域での $1/T_1$ は，この場合も一定値に近づく．この傾向が図 5.1 の $\mathrm{Y(Co_{0.85}Al_{0.15})_2}$ についての $1/T_1$ の温度変化にも現れている．

強磁性の場合，$1/T_1$ が高温の常磁性相において温度によらない一定の値となることは，局在か遍歴かに関わらず一般的に成り立つと考えられる．したがって，T_1 の定性的な温度変化だけを用い，磁性体のスピンゆらぎについての局在性，非局在性を判断することは難しい．絶対値に関しては，(5.4) からわかるように $T_1 \propto T_0$ が遍歴性の強い場合に成り立つ．つまり，この値はスピンゆらぎのスペクトル幅と関係がある．この結果を利用すれば，観測で得られた T_1 の値と p_eff の値から T_0 の値を求めることができる．局在性が強い場合，一定となる T_1 の値について次の式が成り立つことが知られている[33]．

$$\frac{1}{T_1} = \frac{\sqrt{2\pi}A_{hf}^2 S(S+1)}{3\omega_{ex}}, \quad \omega_{ex}^2 = \frac{2}{3}J^2 z S(S+1)$$

ただし，各磁性原子のスピンが，交換相互作用 J で z 個の近接原子のスピンと交換

相互作用すると考えている．つまりこの場合には，$T_1 \propto J$ が成り立つ．どちらについても T_1 は，磁気的励起のスペクトル幅を表すパラメータに比例する．この図 5.1 によれば，局在性が強いほど T_1 の値は小さく，遍歴性が強いほどこの値が大きい傾向があるように見えるが，個々の磁性体に特有のエネルギースケールの違いによるものであると考えられる．

$Y(Co_{1-x}Al_x)_2$ 系で弱い強磁性が発現することは，Takahashi (1986) の理論[5]が発表されるのと同じ頃に，YCo_2 の Co を Al によって置換することから Yoshimura, Nakamura (1985) によって新たに見出された[37]．この系の登場により，実験結果との系統的な比較により，スピンゆらぎ理論の検証が可能となる．この系の $x=0$ に対応する YCo_2 は，強磁性発現の条件に極めて近い，すなわち Stoner 条件 (1.76) を満たす寸前にあるパウリ常磁性体 (nearly itinerant ferromagnet) と考えられていた[38]．この物質の磁性に関与する Co サイトを非磁性の Al で置換することにより，強磁性の発現に成功したという点が常識に反するようで面白い．そもそもは，より大きな原子サイズの Al によって，より小さなサイズの Co を置換し，相対的に Co の原子容が膨張する負の圧力効果によって，強磁性が発現すると考えたことが動機であった．このような磁気体積効果に加え，Co の 3d バンドと Al の 3p バンドとの間に混成が生ずる効果も，強磁性の発現機構に大きく寄与することがその後の研究でわかっている．この研究により，Al の組成の範囲 $0.10 < x < 0.2$ で強磁性が発生し，$x=0.10$ でゼロの T_C の値が x の値とともに増大し，$x=0.15$ で最高値 26 K を示す．その後は再びゼロに向かって減少する．この系の組成の異なる試料についての NMR の測定を Yoshimura et al. (1987, 1988) は行い，スピンゆらぎのスペクトルパラメータ T_0 の組成依存性を，緩和率の温度依存性についての解析によって求めた[30,39,40]．彼らによって得られた実験結果を次に示す．

図 5.2 に，$x=0.11$ の試料 ($T_C=0$ に相当する) について観測された ^{59}Co と ^{27}Al についての NMR の $1/T_1T$ を，磁化率に対してプロットした図を示す．この場合の磁化率は，電子相関の影響で強く増強され，したがってほぼ 3d スピン磁化率の値に等しいと見なせる．この図からわかるように，$1/T_1T$ とスピン磁化率 χ との間によい比例関係が成り立つ．磁化率 χ をゼロに外挿したとき，図の直線が縦軸と交わる点の $1/T_1T$ は，どちらも有限の値である．この値は，観測される $1/T_1T$ に含まれる 3d 電子の軌道角運動量と伝導電子による寄与によって生ずる．これらのどちらも Korringa の関係が成り立ち，したがってどちらの寄与も温度変化を示さない．実験値からこれらの Korringa 項を引き去ることにより，3d スピンのみによる $1/T_1T$ の成分を見積

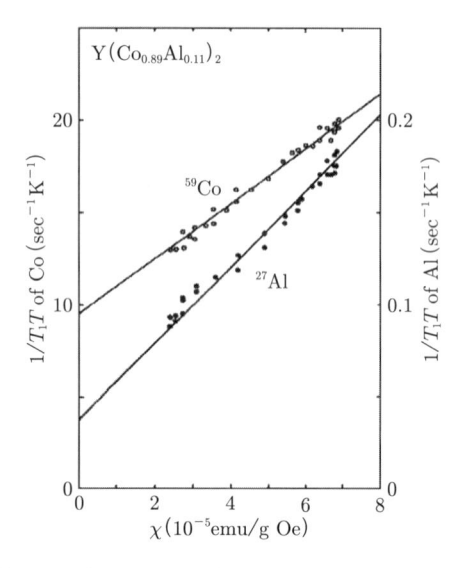

図 5.2 $Y(Co_{0.89}Al_{0.11})_2$ についての $1/T_1T$ vs χ

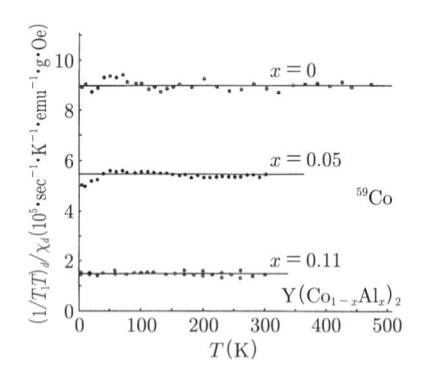

図 5.3 ^{59}Co の NMR で得られた常磁性試料における $(1/T_1T)_d/\chi_d$ の温度変化

もることができる．このようにして求めた 3d スピンによる寄与 $(1/T_1T)_d$ と，磁化率のスピン成分 χ_d との比を温度 T に対してプロットしたのが図 5.3 である．この図では YCo_2 も含む $Y(Co_{1-x}Al_x)_2$ のパウリ常磁性を示す組成域 ($x = 0$, 0.05, 0.11) の試料についての ^{59}Co NMR の $(1/T_1T)_d/\chi_d$ の値を示している．強磁性が発生する寸前にあり，スピンゆらぎの影響が強く現れるこれらの常磁性の試料では，低温極

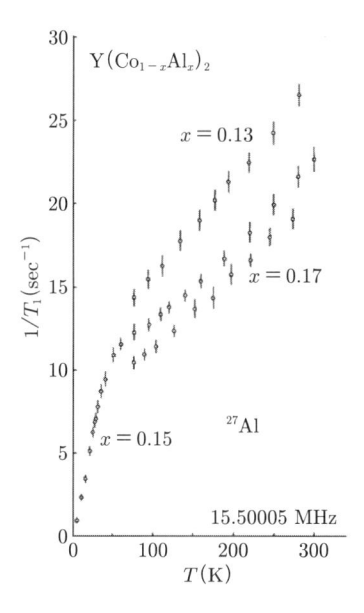

5.1 スピンゆらぎのスペクトル分布の観測 125

図 5.4 $Y(Co_{1-x}Al_x)_2$ ($x = 0.13, 0.15, 0.17$) の $1/T_1$ の温度変化

限から測定可能な高温までの広い温度範囲において $(1/T_1T)_d/\chi_d$ の値はほぼ一定であり，定性的に (5.3) が成り立つことを支持する．

次に強磁性が発生する組成域に含まれる，$x = 0.13, 0.15, 0.17$ の試料についての ^{27}Al 核の $1/T_1$ の温度依存性を図 5.4 に示す．特に $x = 0.15$ の場合については，転移温度以下の低温秩序相の基底状態近くまでの温度変化が測定されている．この図に示された温度依存性と同様に，温度 T が絶対零度に近づくにつれ，$1/T_1$ はどんな場合にも必ずゼロに向かって減少する．最も高いキュリー温度 $T_C = 26$ K を持つ $x = 0.15$ の組成の試料については，図 5.5 に交換増強された常磁性試料と同様に $1/T_1T$ を温度についてプロットした結果を示す．この場合の $1/T_1T$ が $T_C = 26$ K で最大値を示すのは，外部からの磁場による影響 ($H \sim 15$ kOe) のため，T_C での発散的なふるまいが抑えられた結果である．同じ化合物の系について，組成の違いによるスペクトルの分布幅の変化を系統的に調べたこのような研究は，これが最初の例である．

表 5.1 に示した NMR 測定による T_0 の値は，上に示した $1/T_1T$ の温度依存性についての解析から得られたものである．磁気測定によって得られた T_C, p_s, p_{eff} の値は後で出てくる表 5.2 に示されている．さらに (5.1) が成り立つことを仮定し，すで

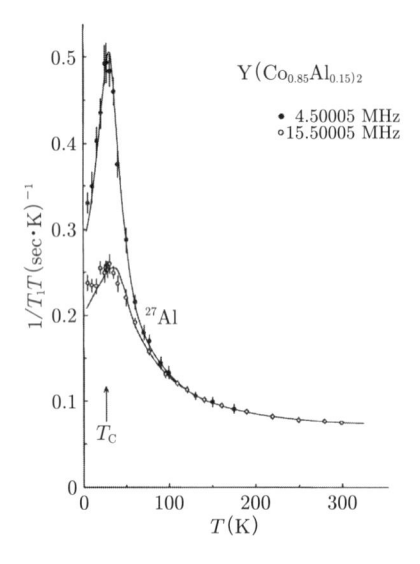

図 5.5　$Y(Co_{0.85}Al_{0.15})_2$ の $1/T_1T$ の温度依存性

に得られた p_s, T_C, T_0 の値を用いて T_A の値を求めることができる．このようにして得られた T_A の値も表 5.1 に示されている．微視的なこれらの直接的な観測手段によって得られる値を理論のパラメータに代入し，個々の磁性体の磁気的性質の温度依存性や磁場依存性を予測することができる．これらを実際に観測される結果と比較すれば，理論が成り立つかどうかについての定量的な検証となる．通常の磁気測定と比較すると，中性子や NMR の測定手段を用いることはなかなか容易ではない場合も多い．そのような場合，第 4 章の (4.12) の関係を用い，基底状態の磁化曲線についての理論の結果を利用し，パラメータの値を比較的容易に求めることもできる．

5.2　基底状態における磁化曲線

基底状態では，発生する磁気モーメントの値 p_s と磁化曲線，つまり外部磁場 H と磁化 M との関係が磁気測定によって求められる．第 4 章での説明によれば，自由エネルギーを磁化 M で展開したときの M^4 の係数に当たる F_1 に対し，(4.11) の関係式，つまり次の結果が成り立つ．

$$F_1 = \frac{2T_A^2}{15cT_0} \tag{5.5}$$

中性子散乱や NMR の測定を用いて得られた表 5.1 のパラメータ T_0 と T_A の値を用い，上の (5.5) に従って F_1 の値を求めることができる．その結果が，同じ表 5.1 の第 4 列目に示されている．第 5 列目にも，Arrott プロットを用いた磁化曲線の解析，つまり M^2 の値を H/M に対してプロットし，得られる直線の勾配の逆数から求めた値が示されている．MnSi と Ni$_3$Al の場合，測定方法の違いによって T_0 と T_A の値に違いがあり，そのため理論によって得られる値を 2 つ示した．第 4 列目と 5 列目の 2 つの値は，2 倍程度の範囲でよい一致を示していることがわかる．したがって，実験的にも (5.5) が成り立つことが支持されたと見なすことができる．バンド理論を用いて係数 F_1 の値を求めることも可能であるが，実際にその値を計算し，その結果を測定結果と比較した例はほとんど見当たらない．もし計算したとしても，エネルギー尺度の違いからかなり大きな値が得られることが予想される．スピンゆらぎ以外の自由度による影響で，この結果が成り立つことを説明するのは難しいと思われる．

表 5.1 の示した実験結果と理論との比較に基づき，今後は (5.5) が成り立つことを仮定する．その場合，磁気測定で得られる T_C と p_s，および F_1 の値を用い，第 4 章の (4.12) を利用してパラメータ T_0 と T_A の値を求めることができる．この方法によって求められたパラメータの値を表 5.2 に示す．この表の F_1 の値は低温極限の Arrott プロットの勾配から求めた値である．磁化 M と磁場 H をそれぞれ emu/g と kOe の単位で表した場合，次の式の係数 B の値を用いて F_1 (K) を求めることができる．

$$M^2 = A + B \cdot (H/M), \quad F_1 = 1.872 \times 10^{11} \frac{1}{w_A^3 B}$$

w_A は，磁性原子当たりの分子量を表す．

5.3 常磁性相で観測される性質

常磁性相で観測される代表的な磁気的性質として，磁化率の温度変化を挙げることができる．金属磁性の場合にも，キュリー・ワイス則に従う温度依存性が，一般的によく観測されることが知られている．この節では，磁気測定で得られる磁化率の温度依存性を，理論によって導かれる結果と比較する．

5.3.1 磁化率の温度依存性について

当初の SCR 理論では，電子ガスモデルの動的磁化率が用いられていたため，実験結果の定量的な説明という点で問題があるという指摘があった．そのため，Takahashi,

第5章 観測される磁気的性質

表 5.2 磁化測定によって求められたパラメータ T_0, T_A

化合物	T_C(K)	p_s	p_{eff}	F_1(K)	T_0(K)	T_A (K)	T_C/T_0	p_{eff}/p_s	引用文献
MnSi	30	0.4	2.25	9.71×10^3	155	2180	0.194	5.6	[41]
Ni$_3$Al	41.5	0.075	1.3	1.30×10^5	2760	3.67×10^4	0.015	16.9	[32]
Sc$_{0.7575}$In$_{0.2425}$	5.5	0.045	0.7	2.00×10^5	286	1.46×10^4	0.019	15.6	[42]
ZrZn$_2$	21.3	0.12	1.44	1.05×10^4	1390	7.4×10^3	0.015	12.0	[43]
Zr$_{0.92}$Ti$_{0.08}$Zn$_2$	40	0.233	1.33	1.49×10^4	628	5.92×10^3	0.064	5.7	[44]
Zr$_{0.8}$Hf$_{0.2}$Zn$_2$	49.4	0.278	1.38	1.68×10^4	536	5.81×10^3	0.092	4.96	[44]
Zr$_{0.9}$Hf$_{0.1}$Zn$_2$	10.2	0.078	1.27	1.20×10^4	1110	7.07×10^3	0.0092	16.3	[44]
Y(Co$_{1-x}$Al$_x$)$_2$									[30]
$x=0.13$	7	0.042	2.50	2.10×10^4	1920	1.23×10^4	0.0036	59.5	
$x=0.14$	15	0.094	2.24	1.10×10^4	1440	0.772×10^4	0.010	23.8	
$x=0.15$	26	0.138	2.15	1.00×10^4	1410	0.726×10^4	0.018	15.6	
$x=0.16$	22	0.130	2.14	0.95×10^4	1280	0.676×10^4	0.017	16.5	
$x=0.17$	16	0.095	2.13	1.56×10^4	1270	0.846×10^4	0.013	22.4	
$x=0.18$	9	0.063	2.08	2.77×10^4	984	1.01×10^4	0.0091	33.0	
$x=0.19$	7	0.040	2.04	4.11×10^4	1280	1.40×10^4	0.0055	51.0	
Fe$_x$Co$_{1-x}$Si									[45]
$x=0.36$	23	0.11	1.12	5.79×10^4	640	11.79×10^3	0.0359	10.2	
$x=0.48$	48	0.19	1.32	3.16×10^4	841	9.98×10^3	0.0571	6.9	
$x=0.67$	55	0.22	1.39	3.82×10^4	680	9.87×10^3	0.0809	6.3	
$x=0.77$	40	0.18	1.13	9.76×10^4	399	12.09×10^3	0.100	6.3	
$x=0.88$	28	0.13	0.94	18.03×10^4	340	15.18×10^3	0.0824	7.2	
$x=0.91$	14	0.07	0.58	57.6×10^4	239	22.73×10^3	0.0586	8.3	
Pt$_{1-x}$Ni$_x$									[46]
$x=0.429$	23	0.051	1.59	5.84×10^4	4370	3.07×10^4	0.0053	31.2	
$x=0.452$	54.2	0.104	1.59	4.45×10^4	3670	2.46×10^4	0.0148	15.3	
$x=0.476$	75	0.143	1.59	3.74×10^4	3120	2.08×10^4	0.0240	11.1	
$x=0.502$	100	0.179	1.59	3.90×10^4	2870	2.04×10^4	0.0348	8.88	

Moriya (1985) は,スピンゆらぎのスペクトルとして (3.4) の 2 重ローレンツ型の分布関数を用い,またその分布幅を表すパラメータ T_A と T_0 を仮定して実験結果との定量的な比較を試みた.SCR 理論では,磁化率の温度変化を求めるための方程式に 3 個の独立なパラメータ T_0, T_A, および F_1 の値が含まれている.表 5.1 に示したこれら 3 個のパラメータを用い,それぞれの磁性体に対応する磁化率の温度変化を数値的に計算することができる.当時の典型的な弱い遍歴磁性体である Sc$_3$In, ZrZn$_2$, Ni$_3$Al, MnSi に対し,微視的な測定手段によってこれら 3 個のパラメータが求められていた.そこで彼らはこれらの値を用い,磁化率の逆数の温度依存性を数値的に求めた.得られた結果の温度勾配から評価した有効磁気モーメント p_{eff} の値が,観測される値とほぼ定量的に一致することが示されている[31].ただし,MnSi に関しては磁化曲線の Arrott プロットについての線形性が成り立たず,また その勾配 F_1 の値が温度によっても変化するため,どのような値を用いるべきかについての曖昧さがあった.

結局用いられたのは，表 5.2 の値の 1/3 程度である $T = 50$ K のときの値である．

現在では，F_1 の値は低温極限の Arrott プロットの勾配から求めるべきであることがわかっている．また，第 4 章の理論による (5.5) が成り立つとすれば，F_1 を独立なパラメータであると見なすことはできない．つまり磁化率の温度変化に必要な独立なパラメータは 2 個だけで十分である．独立なパラメータが少ない理論で得られる結果と，実験結果とを以下で比較してみる．独立なパラメータが減るためにより厳しい条件の下での比較になるが，そのために新たな規則性が導かれる．

Rhodes-Wohlfarth プロットとその改良

まず最初に，Rhodes-Wohlfarth プロットの例を図 5.6 に示す．磁化率のキュリー定数から得られる有効磁気モーメント p_eff から $p_\text{eff}^2 = p_\text{C}(p_\text{C}+2)$ の関係を満たす p_C を求め，p_C/p_s の比をキュリー温度 T_C に対してプロットした図である．この図の $p_\text{C}/p_\text{s} = 1$ の水平線上に分布する磁性体は，局在スピンモデルでよく記述されると考えられている．一方，$p_\text{C}/p_\text{s} > 1$ を満たす多くの金属磁性体が，図に示された曲線の近くに分布しているように見える．ただし，この曲線には何か根拠があるわけではない．

Nakabayashi et al. (1992) は，磁気測定によって得られた Y-Ni 化合物についての磁気モーメントの比と臨界温度の 2 つの値を，図 5.7 に示す 2 通りの方法でプロットした[47]．彼らによって用いられたデータは表 5.3 に示されている．左図が Rhodes-Wohlfarth プロットを表し，右図が Takahashi の提案したプロットである．図 5.6 では狭い範囲に分布するように見えても，臨界温度に関する横軸の低温領域が拡大され

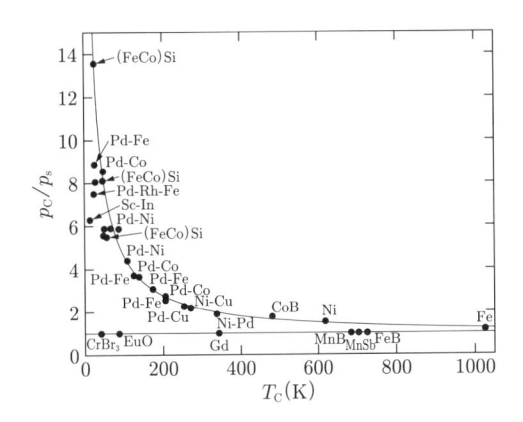

図 5.6　Rhodes-Wohlfarth プロットの例

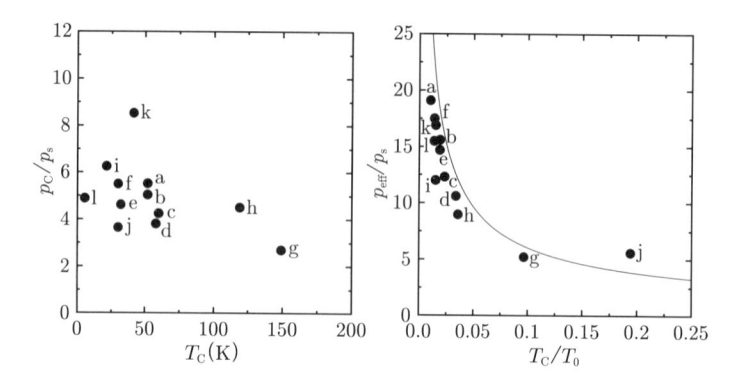

図 5.7 Y_xNi_y についての Rhodes-Wohlfarth プロット (左) と，Takahashi によるプロット (右) [47]．a) Y_2Ni_7, b) $Y_2Ni_{6.9}$, c) $Y_2Ni_{6.8}$, d) $Y_2Ni_{6.7}$, e) $YNi_{2.9}$, f) YNi_3, g) YNi_{17}, h) YNi_{15}, i) $ZrZn_2$, j) $MnSi$, k) Ni_3Al, l) Sc_3In

た図 5.7 の左図が示すように，実際にはその分布はかなり広く分散する．図中の黒丸は，表 5.3 の異なる組成 x, y の Y_xNi_y 化合物を表す．Gignoux et al. (1980) によって得られた f) YNi_3 [48], g) YNi_{17}, h) YNi_{15} [49] についてのデータも用い，さらにこれら以外に典型的な遍歴磁性体として，$ZrZn_2$, $MnSi$, Ni_3Al, Sc_3In も合わせてプロットされている．右図のプロットでは，第 4 章の (4.31) に対応する次の理論の曲線の近傍の狭い範囲に分布する傾向が現れている．

$$\frac{p_{\text{eff}}}{p_s} \simeq 1.4 \left(\frac{T_0}{T_C}\right)^{2/3} \tag{5.6}$$

2 つの図の比較から，磁化率の温度依存性が 2 つの独立なパラメータにのみ依存して決まり，係数 F_1 についての (5.5) の関係式が成り立つことがよくわかる．

表 5.2 以外に，Fujita et al. (1995) によって得られた $La(Ni,Al)_{13}$ 系 [50] などについての磁気モーメントの比とパラメータ T_0 と T_A の値を表 5.3 に示した．この表の正方晶の構造を持つ $LaCo_2P_2$ は，c 軸に垂直な面内を容易軸方向とする磁気異方性を有する．表の最後の Ising 的な磁気異方性を示す U 化合物については，Deguchi (2011) から提供を受けた未公開 (private commun.) の値が示されている．このような異方性が存在する場合，等方的な場合とは T_0 や T_A を求めるための式の係数が少し異なることがわかっている．ただし，(5.6) の右辺の係数 1.4 の値も異なるので，ここではすべて等方的な場合の式を用いて得られた値を示した．2 つの表 5.2 と 5.3 の化

表 5.3 磁気測定によって得られた p_{eff}/p_s と T_C/T_0 の値

化合物	p_s	p_{eff}	$T_C(\text{K})$	$T_0(\text{K})$	$T_A(\text{K})$	T_C/T_0	p_{eff}/p_s
Y_2Ni_x							
$x=7.0$	0.033	0.631	52	5172	2.1×10^5	0.0101	19.1
$x=6.9$	0.047	0.728	52	3799	1.16×10^5	0.0137	15.5
$x=6.8$	0.064	0.786	60	2580	8.39×10^4	0.0233	12.3
$x=6.7$	0.078	0.826	58	1723	6.24×10^4	0.0337	10.6
$YNi_{2.9}$	0.047	0.693	32	1706	7.91×10^4	0.0188	14.7
YNi_3	0.04	0.70	30	2178	9.23×10^4	0.0138	17.5
Y_2Ni_{17}	0.27	1.41	149	1544	1.89×10^4	0.0965	5.22
Y_2Ni_{15}	0.15	1.35	119	3329	3.51×10^4	0.0357	8.97
$La(Ni_xAl_{1-x})_{13}$							
$x=0.90$	0.024	0.55	13	3350	6.00×10^4	0.004	23
$x=0.925$	0.14	1.36	87	2060	4.59×10^4	0.042	9.7
$x=0.95$	0.25	1.43	169	1540	2.47×10^4	0.11	5.7
$x=0.975$	0.31	1.55	218	1820	2.28×10^4	0.12	5.0
$LaCo_2P$	0.391	1.34	103	589	1.91×10^3	0.175	3.4
$UCoGe$	0.039	1.93	2.4	362	5.92×10^3	0.0065	49.5
$URhGe$	0.32	1.74	9.6	111	8.56×10^2	0.0865	5.44
UGe_2	1.44	2.58	53.5	61.5	4.93×10^2	0.870	1.79

合物について，磁気モーメント比の対数 $\log(p_{\text{eff}}/p_s)$ を $\log(T_C/T_0)$ の値に対してプロット (Deguchi-Takahashi Plot) した結果を図 5.8 に示した．図中の点線は (5.6) を表す．この図を見ればわかるように，理論の結果を表す直線の近くの狭い範囲にいろいろな磁性体を表す印が分布していることがよくわかる．磁気モーメントの比と T_C/T_0 の比の間に成り立つこの関係が，多くの磁性体についての実験結果によって支持されていることがわかる．したがって逆にこのプロットを利用して，スピンのゆらぎの周波数に関するスペクトルの分布幅を表すパラメータ T_0 を，間接的に評価することもできる．実験的に得られた p_{eff}/p_s の値に対応する T_C/T_0 の値を図から求め，この比と T_C の値を用いておおよその T_0 の値を評価できる．

局在スピンモデルで記述される磁性体と遍歴磁性体の関係について，図 5.6 の Rhodes-Wohlfarth プロットと，Takahashi による方法でプロットした場合に受ける我々の印象は異なる．Rhodes-Wohlfarth プロットから受ける印象は，これらが全く異なる種

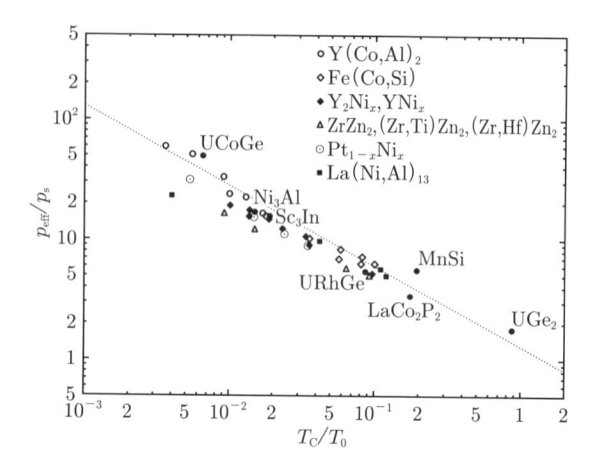

図 5.8 Deguchi-Takahashi プロット

類に属するように見える．一方，これらを図 5.7 の右図にプロットした場合，局在モデルの磁性体は $T_C/T_0 \simeq 1$, $p_{eff}/p_s \simeq 1$ が成り立つ狭い範囲に集中して分布する．両者の違いが質的なものではなく，単に T_C/T_0 の値が違うだけにすぎないように見える．

5.3.2 スピンゆらぎスペクトルの周波数分布幅の温度依存性

無次元の規格化した逆磁化率 y の，規格化した温度 $t = T/T_0$ についての依存性が，磁性体にはよらずほぼ同じになることが，スピンゆらぎの減衰定数 Γ_q の温度変化にも反映する．

低周波領域の磁気励起スペクトルは，ブリルアンゾーンの原点や反強磁性モーメントの空間変調の波数 $\mathbf{Q}$ の近傍で，ローレンツ型の分布を示す．特に発生する磁気モーメントが微弱な弱い遍歴強磁性体の場合，その分布幅に当たる減衰定数の波数依存性が次の式で与えられることを第 3 章で述べた．

$$
\begin{aligned}
\Gamma_{\mathbf{q}} &= \Gamma_0 q(\kappa^2 + q^2) = 2\pi T_0 x(y + x^2), \\
\Gamma_{\mathbf{Q+q}} &= \Gamma_{\mathbf{Q}}(\kappa^2 + q^2) = 2\pi T_0(y_Q + x^2)
\end{aligned} \tag{5.7}
$$

反強磁性体の場合，上の 2 番目の式が成り立つ．温度変化によって磁気的な相関距離が変化し，したがって減衰定数に含まれる y_Q が変化する．強磁性の場合の定義と同様にこの変数 y_Q には，規格化した反強磁性磁化率の逆数の意味がある．上の (5.7) によれば，常磁性相のスペクトル幅 $\Gamma_{\mathbf{Q+q}}$ は，温度に比例する逆磁化率と同じ温度変

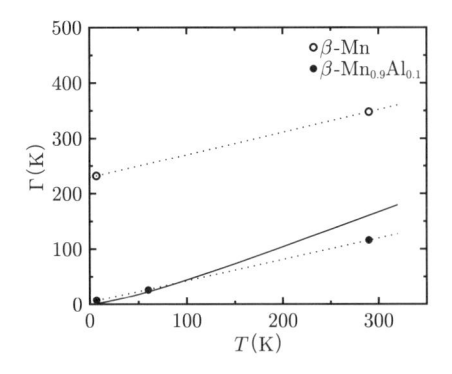

5.3 常磁性相で観測される性質 133

図 5.9 β-Mn における Γ の温度依存性

化を示す．反強磁性の場合のその温度勾配は，(5.7) の温度微分から次のように表される．

$$\frac{\partial \Gamma_{\mathbf{Q+q}}}{\partial T} = 2\pi \frac{\mathrm{d}y_Q}{\mathrm{d}t} \tag{5.8}$$

反強磁性の場合の温度勾配 $\mathrm{d}y_Q/\mathrm{d}t$ も，磁性体にあまりよらない定数である．つまり上の結果によれば，$\Gamma_\mathbf{Q}$ を温度 T でプロットして得られる曲線の傾きは，磁性体によらないほぼ同じ値になる．

　上で述べたことに関連する実験を次に紹介する．Shiga et al. (1994) により，反強磁性的な強い磁気相関が存在すると考えられている β-Mn と β-Mn$_{0.9}$Al$_{0.1}$ について，中性子散乱の実験が行われた．反強磁性の波数 $\mathbf{Q}$ の近傍で，彼らが観測した減衰定数の温度依存性の測定結果[51]を図 5.9 に示す．図中の白丸と黒丸は，それぞれこれらの物質について得られた結果を表す．反強磁性の場合についての説明が本書では省かれているが，ここでは強磁性の場合と同様な計算によって求めた y_Q の温度変化の結果を図中の実線で示した．観測される値に合わせるために $T_0 = 400$ (K) と置き，減衰定数の温度変化の形に表した．計算結果のグラフの曲線の勾配は，この T_0 の値にはほとんどよらない．臨界温度としては，$t_N = T_N/T_0 = 0$ を仮定した．データの数が少ないが，この実験結果から予想される傾きと計算結果はよく一致しているように思われる．(5.8) の右辺が単なる定数であるため，実験結果に合わせるべきパラメータは何もない．前の節と同様に，この実験も (4.22) が成り立つことを支持する．

5.3.3 FeSi, FeSb$_2$ の非線形磁化過程

MnSi と同じ結晶構造を持つ化合物 FeSi は半導体的な電気伝導性を示すことが知られているが，通常の半導体とは少し異なる磁化率の温度依存性を示すことから関心をもたれ，多くのいろいろな測定がこれまでに行われてきた．低温では半導体的な性質を反映した小さな値の磁化率は，温度の上昇とともに急に増大し，約 500 K 程度の温度で幅の広いピークを示した後，さらに温度を上げるとゆるやかに減少する．磁化率のピーク時の値が通常の半導体に比べかなり大きいことや，上に述べたその特徴ある温度変化のために，この物質はこれまで多くの関心をもたれてきた．

第 1 章の SW 理論によれば，一般に自由エネルギーが磁化 M のべき展開として次の式で表される．

$$F(M) = F_0 + \frac{1}{2\chi}M^2 + \frac{1}{4}bM^4 + \cdots$$

上の M^4 項の係数 b は，第 1 章の (1.75) によればフェルミ準位 ε_F における状態密度の値と，その ε に関する微分係数 ρ', ρ'' を用いた次の式で表される．

$$b = \frac{1}{\rho^3}\left[\left(\frac{\rho'}{\rho}\right)^2 - \frac{\rho''}{3\rho}\right]$$

半導体的なギャップの存在する凹型の形状をした状態密度 $\rho(\varepsilon)$ を考えると，そのギャップの谷底にフェルミ準位が存在する場合には，$\rho' \simeq 0$, $\rho'' > 0$ が成り立つ．したがって，上の式から b が負になることがわかる．一方，SCR 理論を用いて通常の遍歴磁性体の磁化率のキュリー・ワイス則を説明する場合，b は正であると仮定されている．

通常の場合とは異なる負の値の b を仮定し，FeSi で観測される磁化率の温度変化を説明しようとするスピンゆらぎの理論が，Takahashi, Moriya (1979) によって提案された[52]．SCR 理論の考え方によれば，温度上昇による熱的なゆらぎの振幅の増大が，b が負の場合には磁化率の値の増大に寄与する．また磁化率の増大が，ゆらぎの振幅のより一層の増大をもたらす．このような効果によって生ずるゆらぎの振幅の急速な増大が，この物質の示す磁化率の温度変化の原因であると考えられた．

この理論のメカニズムの妥当性を実験的に確かめるには，b の値とその符号を磁気測定によって直接的に求めればよい．この理論が出た後に行われた測定で，b が負であることが確かめられた[53]．ただしその後しばらくし，改めて K. Koyama et al. (2000) によって純良な試料と SQUID を用いたより精度を上げた測定により，b が正であることが明らかになった[54]．その値は図 5.10 に示すように，急激な温度変化を

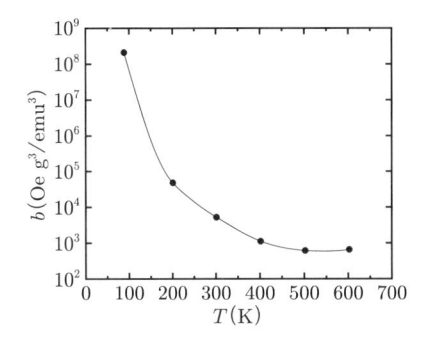

図 5.10　FeSi の M^4 項の係数 b の温度変化[54]

示して減少する．この追実験によって明らかにされた正の符号の係数 b の存在は，極めて重要な意味を持つ．磁化曲線の磁化 M についての高次項の係数 b は，長い間バンド理論による計算でその値を求めることができると考えられていた．この考えとは定性的にも異なる結果がこの磁化測定の実験によって得られたためである．つまり，通常の磁場領域で観測される磁化曲線の理解には，バンド理論に基づく考え方が無力であることを意味する．

多少の修正を必要とするが，第 4 章のスピンゆらぎの考え方に基づいて，この物質の磁化率と，正の係数 b の温度変化を理解することができる．半導体の場合でも，熱的な励起によって発生するキャリア数に比例するスピンゆらぎの 2 乗振幅が発生する．この状況における外部からの磁場による影響により，スピンゆらぎのスペクトル分布の形状が振幅一定の条件を満たすように変化する．この考えに基づく Takahashi (1998) による数値的な計算により，磁化率と図 5.10 の係数 b の温度変化が定性的に理解できることが示されている[55]．

この FeSi について，Fixed Spin Method と呼ばれる手法を用いたバンド計算によって，数 100 T (1 T = 10 kOe) 程度のある磁場を境に，磁気モーメントが不連続に増大するメタ磁性転移が起こることが Yamada et al. (1999) によって報告されている[56]．彼らの論文では，超強磁場を用いた実験で，$H \sim 350$ T の辺りで実際にメタ磁性転移が発生したとする Kudasov et al. (1999) の論文[57]が引用されている．これに対し，K. Koyama et al. の行った測定は，これに比べてかなり低い数 T 程度の磁場が用いられている．バンド理論による計算では，磁場によって生ずる半導体的なエネルギーバンドのスピン分極を問題とし，通常の磁場領域とは異なるエネルギー尺度の現象に

対応すると考えられる.

半導体的な伝導性を示す $FeSb_2$ も，FeSi と類似した磁化率の温度変化を示す．T. Koyama et al. (2010) によって，この物質についての磁化測定の解析から求めた係数 b の温度変化が求められている．その結果によれば，係数 b はこの場合も正であり，FeSi の場合と類似した温度変化を示すことが報告[58]されている．

5.4 メタ磁性転移

外部から磁性体に磁場を印加したとき，発生する磁化がある磁場で不連続に増大することが見出される．これをメタ磁性転移と呼び，また遍歴磁性体で観測されるこの現象のことを遍歴電子メタ磁性転移と呼ぶ．YCo_2 については，バンド理論によってメタ磁性転移が発現することが予言されていたにも関わらず，実際に転移が見出されるまでには長い時間がかかった．Yoshimura, Nakamura (1985) による $Y(Co_{1-x}Al_x)_2$ 系において発生する強磁性の発見は，この系において実際にメタ磁性転移が起きることが明らかになるという副産物をもたらした．Sakakibara et al. (1987) が観測したメタ磁性転移を表す磁化曲線を，図 5.11[59]に示す．

遍歴電子磁性体においてメタ磁性転移が発生することは，すでに Adachi et al. (1969)[60], (1970)[61], (1979)[62,63] によって $Co(S_{1-x}Se_x)_2$ 系のパイライト型化合物で観測されていた．この系のメタ磁性転移は，遍歴電子強磁性体である CoS_2 の

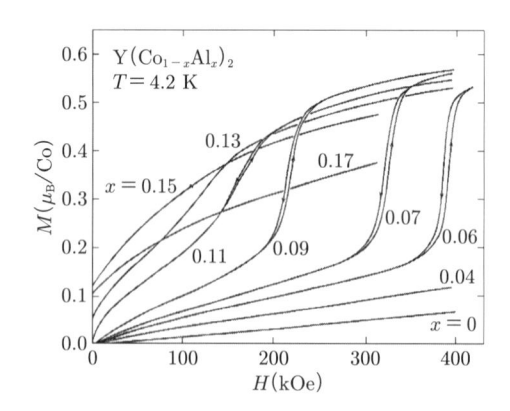

図 5.11　$Y(Co,Al)_2$ 系で発現するメタ磁性転移[59]

S を Se で置換していったとき，強磁性が消失するぎりぎりの組成領域で転移の起きることが見出された．YCo_2 において見出されるメタ磁性転移は，これとは少し事情が異なるように見える．図 5.11 に示す $Y(Co_{1-x}Al_x)_2$ 系の場合，強磁性がまだ存在する組成の $x = 0.13$ 辺りからすでに転移が現れ始め，x の減少による強磁性の消滅に伴い徐々に転移が明瞭となる傾向を示す．それと同時に転移磁場における磁化の飛びの大きさも増大し，その値は YCo_2 で最大となる．そもそも YCo_2 のメタ磁性転移磁場は，理論的に 100 T 程度と予想されていたために，実験的には実現不可能であると思われていた．$Y(Co_{1-x}Al_x)_2$ 系では，強磁性の存在する $x = 0.13$ の場合の転移磁場はより低い 10 T 程度であり，通常の非破壊型のパルス磁場の実験で観測可能であった．転移磁場は $x = 0.06$ の場合でも 40 T 以下であり，十分観測可能であった (Sakakibara et al. (1986) [64], Sakakibara et al. (1987) [59])．ついにはこれらの研究の延長が，100 T まで磁場の出せる破壊型の一巻コイル法を用いた Sakakibara et al. (1990) による YCo_2 のメタ磁性転移 (転移磁場は約 70 T) の発見[65] に至る．Al の組成 x が 0.11 から 0.13 辺りまで，メタ磁性転移と強磁性の共存が見られることも興味深い．

この発見を機に SW 理論に基づく理論的な研究も再び活性化し，メタ磁性転移の出現条件等に関する活発な議論が行われたが，スピンゆらぎによる補正がここでもやはり必要となることが次第に明らかになる[66]．これらの理論は，磁化曲線についての次の式が成り立つことを仮定する．

$$H = a(T)M + b(T)M^3 + c(T)M^5 + \cdots \tag{5.9}$$

磁化 M に関する展開の 5 次の項まで考慮に入れる必要があるとされ，さらに第 2 項の M^3 項の係数が負，つまり $b(0) < 0$ が成り立つことが仮定される．この負の係数の存在は，電子状態計算で得られる状態密度のフェルミ準位近傍の形状を考慮した結果であり，その状況はすぐ前の 5.3.3 節の半導体的な FeSi や $FeSb_2$ の場合と定性的によく類似する．ただしそれらの場合，負ではなく正の符号の b が観測される．したがって，ゼロ点ゆらぎによる影響を無視し，状態密度の形状だけを根拠にして磁化曲線の形状を都合に合わせて決めてしまうことには問題があるように思える．ついでに Goto, Bartashevich (1998) による $x = 0.09$ の場合の磁化曲線[67]を Arrott プロットした結果も図 5.12 に示す．範囲が少し狭いことはあるが，転移後の磁化曲線のプロットが正の傾きを持つ直線によくフィットするように見える．Michor et al. (2004) による $LaCo_9Si_4$ の磁化曲線の Arrott プロットは，転移後により広い範囲で

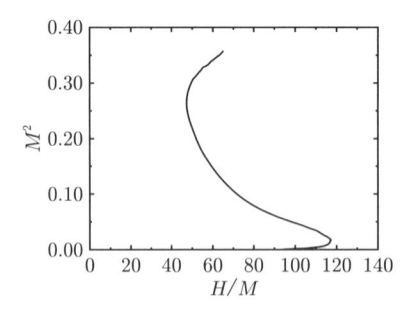

図 5.12 Y(Co$_{0.91}$Al$_{0.09}$)$_2$ の磁化曲線[67]のデータの Arrott プロット

直線性が成り立つことが示されている[68]．つまり，転移後の磁化曲線を (5.9) に従って展開すると，正の b が得られることをこれらは意味する．このように，定性的には (5.9) の展開に基づいてメタ磁性転移が理解できるように見えても，依然として問題が残されているように思える．このメタ磁性転移に関し，ここではこれ以上のことについて触れることは差し控えたい．関心のある読者はぜひ原著論文を参照してほしい．Y(Co$_{1-x}$Al$_x$)$_2$ 系におけるメタ磁性の発見後，Fukamichi のグループによって同様の遍歴電子強磁性とメタ磁性転移の発現が Lu(Co$_{1-x}$Al$_x$)$_2$ 系[69]や Lu(Co$_{1-x}$Ga$_x$)$_2$ 系[70]でも見出されている．このように，ラーベス相化合物における遍歴電子磁性の研究はその後もさらなる発展を見せている．また最近では η-カーバイド型化合物の遍歴磁性体 Co$_3$Mo$_3$C で，比較的低磁場の 37 T でメタ磁性転移が生ずることが Waki et al. (2010) によって報告され[71]，大きな関心を持たれている．

5.5 臨界温度における磁化曲線

磁化曲線を次の式で表したとき，

$$H = a(T)M + b(T)M^3 + \cdots \tag{5.10}$$

臨界温度では磁化率が発散し，$a(T_\mathrm{C}) = 0$ が成り立つ．ただしこのとき，$H \propto M^3$ の関係が成り立つのではなく，$H \propto M^5$ が成り立つ．以前は長い間，係数 $b(T)$ の値は有限であり，M^2 の値を H/M の値に対してプロット (Arrott プロット) すると，常によい直線性を示すと考えられていた．Bloch et al. (1975) によって測定された図 5.13 の下図の，MnSi についての磁化過程の Arrott プロット[41]だけは例外であ

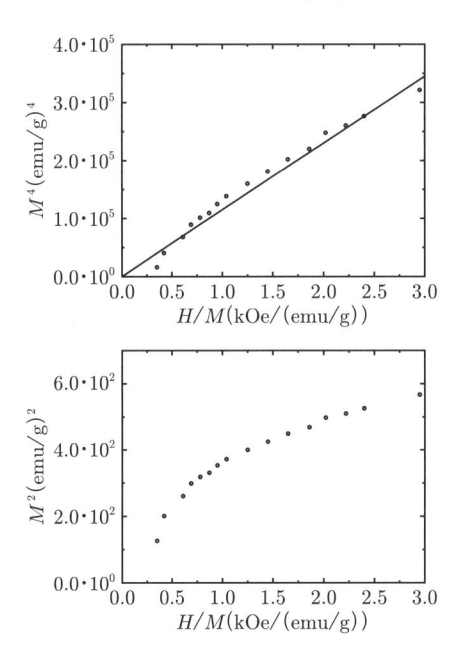

図 5.13 MnSi の $T = 29$ K における M^4 - H/M プロット (上図) と Arrott プロット (下図)

り，低温領域を除けばあまりよい直線性を示さないことが知られていた．現在ではむしろ MnSi の方が正常であり，そうでない場合はそれなりの理由があると考えられている．例えば弱い遍歴強磁性体の場合，基底状態で発生する自発磁化 σ_0 が微小であり，$t_c = T_C/T_0$ の比の値も小さい．このような場合に $M^4 \propto H/M$ が成り立つ臨界領域が狭くなることが理論的にも知られ[23]，実験的にこの依存性を確かめ難くしている．MnSi は，30 K 以下の温度で長周期のヘリカル構造を示す磁気モーメントが発生することが知られている．比較的弱い磁場でモーメントが強磁性的に揃うこともわかっている．そこで臨界温度の場合について，磁場によってモーメントが強磁性的に整列した領域での測定データを用い，M^4 の値を H/M の値に対してプロットし直してみると，図 5.13 の上図に示すようによい直線性を示すことがわかった．その後，同じ結晶構造を有する FeSi と CoSi の混晶系化合物 $Fe_xCo_{1-x}Si$ について行われた Shimizu et al. (1990) による測定でも，臨界温度で M^4 と H/M の間によい比例関係の成り立つことが示された[45]．

磁気測定で得られた臨界磁化曲線の結果を，定量的に理論の結果と比較することもできる．第 4 章の 4.3 節で，臨界点において規格化した変数の間に $y = y_c\sigma^4$ の依存性が得られ，y_c の値が (4.41) で与えられる．これを H と M の関係として表したのが (4.42) である．基底状態の自発磁化の値 $M_s = N_0\mu_B p_s$ を用い，さらに次のように書き換えることができる．

$$\left(\frac{M}{M_s}\right)^4 = 2[3\pi(2+\sqrt{5})]^2 N_0\mu_B^2 \frac{T_C^2}{T_A^3 p_s^3} \frac{H}{M} \tag{5.11}$$

比較を容易にするために，外部磁場 H の単位を kOe 単位で表し，磁化の単位として emu/mol または emu/g を用いたときの磁化の値を M, M_g としたときの磁化曲線はそれぞれ次の式で表される．

$$\begin{aligned}\left(\frac{M}{M_s}\right)^4 &= 1.20\times 10^6 \frac{T_C^2}{T_A^3 p_s^4}\frac{H}{M} \\ \left(\frac{M}{M_s}\right)^4 &= 1.20\times 10^6 \frac{T_C^2}{w_A T_A^3 p_s^4}\frac{H}{M_g}\end{aligned} \tag{5.12}$$

ただし，温度 T_C, T_0, T_A は K の単位で表すものとし，w_A は磁性原子当たりの分子量である．臨界磁化曲線の勾配から求めた T_A の値を，基底状態の磁化曲線を用いて求めた値と比較して表 5.4 に示す．MnSi の場合，このような解析により，$(M/M_s)^4 = 0.234 H/M_g$ (H を kOe, M_g を emu/g で表したとき) の比例関係が得られる[5]．すでに得られた他の測定値，$p_s = 0.4$ [μ_B], $M_s = 26.9$ [emu/g], $T_C = 30$ K, $w_A = 83.024$ を用い，(5.12) より $T_A = 1.29\times 10^3$ [K] が得られる．この値は，中

表 5.4 異なる方法で得られたパラメータ T_A の値の比較．第 2 列が基底状態の磁化曲線，第 3 列が臨界磁化曲線を用いて得られた値を表す

化合物	T_A (10^4 K)	$T_A^{(c)}$ (10^4 K)
MnSi	0.218	0.129
$Fe_xCo_{1-x}Si$		
$x = 0.36$	1.179	0.727
$x = 0.48$	0.998	0.727
$x = 0.67$	0.987	0.725
$x = 0.77$	1.209	0.824
$x = 0.88$	1.518	0.917
$x = 0.91$	2.273	1.268

5.5 臨界温度における磁化曲線

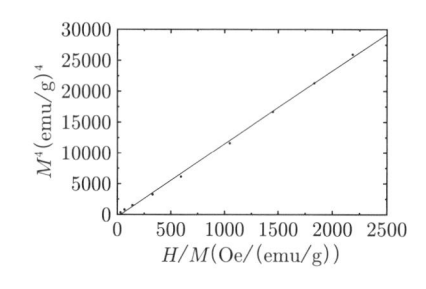

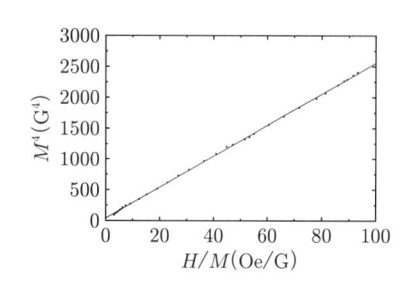

図 5.14 Ni (左, $T=623.2$ K) [72] と Fe (右, $T=1366$ K) [73] の M^4 vs H/M プロット

性子散乱の実験から得られている値 2.1×10^3 K や，基底状態の磁化曲線から求めた表 5.4 の値とほぼ一致する．したがって MnSi と (Fe,Co)Si の系では，定量的な観点からも理論の予想にほぼ一致する，臨界磁化曲線が観測されていると考えられる．

最近では，発生する磁気モーメントが比較的大きく，臨界領域が広いと考えられる磁性体の臨界点における磁化曲線が調べられている．Nishihara et al. (2007) により，Ni と Ni_2MnGa についての高温での磁化曲線の測定が最近行われた [72]．Ni の原子当たりの磁気モーメントは $0.6\mu_B$ であり，MnSi よりもさらに大きな値を持つ．臨界温度における磁気測定で得られた M^4 を H/M に対してプロットした図 5.14 は，両者の間によい直線性が成り立つことを示している．比例関係 $H \propto M^\delta$ が成り立つことを仮定し，最適な臨界指数の値を求めると，$\delta = 4.78$ が得られる．本書のスピンゆらぎ理論で得られる $\delta = 5$ の値に近い値である．この図の勾配の値を (5.12) の係数と比較してパラメータの値を求めると，$T_A = 1.76 \times 10^4$ K が得られる．Ni については中性子散乱によるスピン波の測定結果があり，その分散関係を利用してスペクトル幅を見積もると $T_A = 1.26 \times 10^4$ K が得られ，これら 2 つの値はよい一致を示している．より大きな磁気モーメントが発生する Fe についても，臨界温度を越える高温までの磁化過程の測定が Hatta, Chikazumi (1977) によって行われていた [73]．磁化曲線を Arrott プロットした (文献 [73] の Fig. 3) 彼らによる図中の，臨界温度 ($T = 1033$ K) に対応するグラフから読み取ったデータを用い，改めて M^4 を H/M に対してプロットし直した結果が図 5.14 の右図である．よい直線性がこの場合にも成り立つことがわかる．Fe の場合の臨界指数の最適値としては，$\delta = 4.6$ が得られている．Nishihara et al. によって引き続き行われた強磁性ホイスラー合金 Co_2VGa [74], Co_2CrGa [75] についての測定からも臨界指数の値が求められている．これらの指数の値を表 5.5 に

表 5.5　磁化曲線に関する臨界指数

	T_C (K)	p_s (μ_B)	p_{eff} (μ_B)	δ	T_A (K)
Ni	623	0.6	1.6	4.73	1.76×10^4
Fe	1366	2.2	3.2	4.6	
Ni$_2$MnGa	363	4.5/f.u.	3.4	4.77	
Co$_2$CrGa	488	3.01/f.u.		4.93	1.0×10^4
Co$_2$VGa	351–358	2.1/f.u.		4.15	

まとめて示す.

これまで多くの場合,臨界温度の決定に Arrott プロットが用いられてきた.このプロットの直線的に見える部分を弱磁場の極限に外挿し,原点を通るグラフに対応する温度によって臨界温度が決定された.この解析の前提として暗黙のうちに仮定した直線性が,臨界温度で成り立たないことになる.より正確な臨界温度を求めるには,解析方法の見直しが必要である.

5.6　磁気秩序相における磁気的性質

実験による磁気秩序状態についての研究を振り返ると,研究の対象となる性質や解析のしかたが,理論の主張にかなり左右されるものであることを感じさせてくれる.この節では,1970 年代に SW 理論による影響を受けて行われた磁気秩序状態についての実験と,その結果についての理論による理解の現状について述べる.

すでに述べたように,SW 理論では第 1 章の (1.69) の自由エネルギーを用いて秩序状態の磁気的性質を説明しようとする.この自由エネルギーの M についての微分から等温磁化曲線を表す次の関係が得られる[76].

$$\frac{H}{M(H,T)} = -\frac{1}{2\chi_0}\left(1 - \alpha^{-1}A_1 T^2 - \alpha^{-1}A_2 T^4 - \cdots\right) \\ + \frac{1}{2\chi_0}\frac{M^2(H,T)}{M^2(0,0)}(1 + B_1 T^2 + B_2 T^4 + \cdots) \quad (5.13)$$

上の式で $H = 0$ と置けば,外部磁場が存在しない場合の自発磁化の温度依存性についての次の結果が得られる.

$$\frac{M^2}{M^2(0,0)} = 1 - (\alpha^{-1}A_1 + B_1)T^2 - (\alpha^{-1}A_2 - \alpha^{-1}A_1 B_1 + B_2 - B_1^2)T^4 - \cdots \quad (5.14)$$

この論文では等温磁化曲線の Arrott プロットの傾きとして次の値も導入している.

$$F(T) = \frac{\partial M^2(H,T)}{\partial [H/M(H,T)]} = \frac{2\chi_0 M^2(0,0)}{1 + B_1 T^2 + B_2 T^4 + \cdots} \tag{5.15}$$

勾配 $F(T)$ は，(5.9) の磁化曲線の係数 $b(T)$ の逆数に対応し，上の結果によれば一般に低温で T^2 に比例した温度依存性が現れると予想される．

磁気秩序相において T^2 依存性を観測することが，SW 理論の検証となると考えられた．その主な対象となったのが $F(T)$ と自発磁化の温度変化である．磁気的な性質に大きな影響を及ぼすスピンゆらぎの効果について，その重要性が広く認識されるまでにはずいぶん長い時間を要した．その大きな理由の 1 つは磁気秩序状態において，実際に T^2 の依存性が観測されたことにある．

5.6.1 自由エネルギーの 4 次の展開係数

SCR 理論が現れる少し前に，Wohlfarth と de Chatel (1970) によって，磁化曲線の Arrott プロットの勾配の温度依存性が調べられている[76]．彼らによって解析された Knapp et al. (1970) による $ZrZn_{1.9}$ [77]についての測定と，Ogawa (1968) による $Zr_{0.92}Ti_{0.08}Zn_2$ [44]についての測定結果の Arrott プロットの弱磁場領域の勾配から求めた $F(T)$ の値を T^2 の関数としてプロットすると，低温で正の傾きの直線上によく載る結果が得られている．この論文に示された解析結果を図 5.15 に示す．Ni-Pt 合金について測定した Beille et al. (1974) による結果[46]を図 5.16 に示す．これらの図からわかるように，低温でこの係数に T^2 に比例する温度依存性の存在することがわかる．ただし温度が上昇すると，この直線性から外れる傾向があることもわかっていた．この依存性は，負の係数 B_1 を持つ (5.15) の分母の T^2 項の存在に対応する．SW 理論では，フェルミ分布関数の温度依存性からこの T^2 依存性が生ずると考

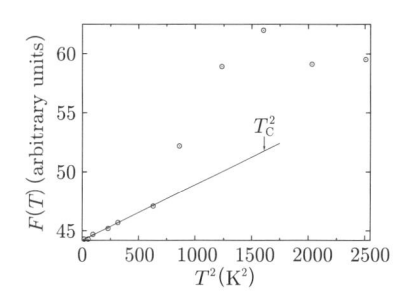

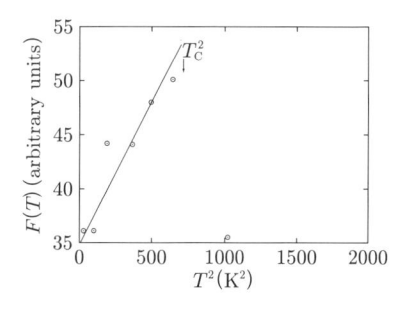

図 **5.15** $Zr_{0.92}Ti_{0.08}Zn_2$ (左), $ZrZn_{1.9}$ (右) の 4 次の展開係数の温度変化[76]

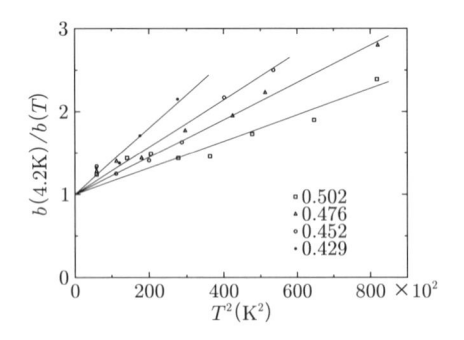

図 5.16　Ni-Pt 合金の 4 次の展開係数の温度変化[46]

えている．自発磁化の場合に関しては，臨界温度の近くまで T^2 の依存性までを考慮すれば十分であるとし，その一方で，この場合には温度が上昇すると，さらにより高次の寄与が必要となる．SW 理論によってこの係数の温度変化を説明するのは難しい．

その後現れた SCR 理論では，この勾配の温度依存性が無視されることになる．スピンゆらぎの非線形効果の考え方によってこの温度依存性を説明しようとすると，より高次である，例えば 6 次の非線形項の影響まで考慮に入れる必要がある．ただし高次項の追加は，観測される磁化曲線の Arrott プロットの直線性と矛盾することになり兼ねない．第 4 章で説明したスピンゆらぎ理論でも，低温で Arrott プロットの勾配の逆数に当たる (5.9) の磁化曲線の係数 $b(T)$ に，(4.62) に示す T^2 に比例する次の依存性が現れる．

$$\frac{b(T)}{b(0)} = \frac{y_1(t)}{y_1(0)} = 1 - \frac{b_0}{p_s^4}\left(\frac{T}{T_A}\right)^2 = 1 - \beta_0 T^2, \quad b_0 = 56.91\cdots \tag{5.16}$$

この係数 $b(T)$ は，臨界温度で最終的にゼロとなる温度変化を示す．つまりこの立場によれば，T^2 依存性からの外れが温度の上昇によって生ずることは当然のこととして理解される．Wohlfarth と de Chatel による解析では，Arrott プロットの弱磁場領域における初期勾配の温度依存性が用いられたことにも注意する必要がある．彼らは暗黙のうちに勾配の値が一定でなく，磁場によって発生するモーメントの値の増大によってその値が変化することを認めているように思われる．広い磁場領域での磁化曲線の Arrott プロットを数値的に求めた結果は，第 4 章の図 4.2 に示されている．

図 5.15 と 図 5.16 に示されている傾きから，(5.16) の T^2 の係数 β_0 の値を求めた結果を表 5.6 に示す．同じ (5.16) を利用し，スピンゆらぎのスペクトル幅を表すパ

5.6 磁気秩序相における磁気的性質

表 5.6 Arrott プロットの勾配の温度依存性から求めた
スピンゆらぎのパラメータ T_A

化合物	β_0 (K^{-2})	p_s (μ_B)	T_A (K)	$T_A^{(0)}$ (K)
ZrZn$_{1.9}$	7.4 ×10^{-4}	0.16	1.4×10^4	5.85×10^3
Zr$_{0.92}$Ti$_{0.08}$Zn$_2$	1.13×10^{-4}	0.233	1.6×10^4	5.92×10^3
Pt$_{1-x}$Ni$_x$				
$x = 0.429$	3.1 ×10^{-5}	0.051	4.5×10^5	3.07×10^4
$x = 0.452$	2.9 ×10^{-5}	0.104	1.3×10^5	2.46×10^4
$x = 0.476$	2.3 ×10^{-5}	0.143	7.7×10^4	2.08×10^4
$x = 0.502$	1.6 ×10^{-5}	0.179	5.8×10^4	2.04×10^4

ラメータ T_A を次の式から見積もることができ，その結果も表 5.6 に示す．

$$T_A = \frac{1}{p_s^2}\sqrt{\frac{b_0}{\beta_0}} \tag{5.17}$$

得られた結果の定量的な比較のために，基底状態の磁化曲線の解析を用いて得られた表 5.2 の T_A の値を表の最後の列に示した．2 つの方法で見積もられた T_A の値はおおよその一致を示すが，どの場合にも系統的に 2 から 3 倍の違いがある．この理由としては，特に低磁場の磁化曲線のデータを解析に用いる必要があることから，測定結果が微量な不純物や試料のわずかな欠陥などの影響を受けやすいなどの原因が考えられる．どの磁場範囲の測定データを用いて解析するかによって，得られる勾配の値も違ってくる．このような解析の例はこれ以外にはほとんど見当たらない．今後さらに詳しい解析が行われることを期待する．

Wohlfarth と de Chatel がこの問題を取り上げた後，磁化測定の解析に関してこの問題が取り上げられることがほとんどなくなってしまった．その理由は，SCR スピンゆらぎ理論がこの値の温度変化を無視したことや，実際に観測される磁化曲線の Arrott プロットが，よい直線性を示すように見えたためである．この係数がほとんど温度変化しないという理論の仮定が思い込みになり，長い間引き継がれた．再びスピンゆらぎ理論の立場から取り上げられるまでには約 30 年近くを要した．

5.6.2 自発磁化の温度依存性

この節では，観測される自発磁化の温度変化を，理論による結果と定量的に比較する．多くの弱い遍歴強磁性体の秩序相に関しては，自発磁化の温度変化や磁化曲線が，

SW 理論による (5.13) 式とよく一致すると思われていた．例えば，測定によって得られる自発磁化の2乗の値を T^2 に対してプロットすると，これらの値がこの式によく載っているように思われたためである．ただしそれは見かけ上のことであり，実験データをより詳細に観察すると，温度変化の様子はそれほど単純ではない．第4章のスピンゆらぎ理論によれば，実際に T^2 に比例する依存性が成り立つのは狭い低温領域だけに限られる．低温領域で T^2 依存性が現れることは SCR 理論によっても指摘されているが，この理論による磁気秩序相についての定量的な取り扱いはなされていない．

2つの理論，SW 理論と第4章の理論による自発磁化の温度依存性についての結果を比較すると，これらは次の2つの点で大きな違いがある．

- T^2 依存性の観測される温度範囲

  SW 理論では広い範囲で T^2 依存性が観測されると考えるのに対し，スピンゆらぎ理論では，それが成り立つのは低温領域だけに限られる．

- $\sigma_0^2(t)/\sigma_0^2(0)$ を T^2/T_C^2 に対してプロットしたときの勾配の $t_c = T_C/T_0$ についての依存性

  SW 理論では勾配はほぼ一定と考えられるのに対し，スピンゆらぎ理論では $t_c^{-2/3}$ 依存性を示す．つまり，t_c の値が小さいほど勾配が急になる．

実験で得られた自発磁化の2乗の値を T^2 の関数としてプロットすると，低温の狭い領域で負の大きな傾きで直線的に減少する傾向が見られる．これは (4.64) の次の温度依存性によるものである．

$$U(t) = \frac{\sigma_0^2(t)}{\sigma_0^2(0)} = 1 - \frac{a_0}{p_s^4}\frac{T^2}{T_A^2} + \cdots = 1 - \alpha_0 T^2 + \cdots, \quad a_0 = 112.1 \cdots \quad (5.18)$$

この式が成り立つことは，測定によって得られる自発磁化の温度依存性を，上の理論の結果と定量的に比較することによって確かめられる．

低温で観測される自発磁化の T^2 に比例する温度変化の係数を用い，次の式からスピンゆらぎのスペクトル幅 T_A の値を見積もることができる．

$$T_A = \frac{1}{p_s^2}\sqrt{\frac{a_0}{\alpha_0}} \quad (5.19)$$

自発磁化の温度依存性の測定が，いくつかの弱い遍歴電子磁性体についてこれまでに行われてきた．Ni$_3$Al について，de Boer et al. (1969) [32] や Sasakura et al. (1984) [78]

5.6 磁気秩序相における磁気的性質

表 5.7 低温自発磁化の温度依存性から求めた T_A の値. 比較のため, 基底状態の磁化曲線を用いて求めた値 $T_A^{(0)}$ も示す

	p_s	α_0 (K^{-2})	T_A (K)	$T_A^{(0)}$ (K)	引用文献
Ni$_{100-x}$Al$_x$					[78]
$x=25.3$	0.0474	2.77 ×10^{-3}	6.00×10^4	3.85×10^4	
$x=25$	0.077	0.874×10^{-3}	4.08×10^4		
$x=24.8$	0.0917	0.589×10^{-3}	3.48×10^4		
$x=24.5$	0.110	0.386×10^{-3}	2.99×10^4		
Ni$_3$Al	0.075	0.784×10^{-3}	4.51×10^4	3.09×10^4	[32]
Ni$_{75.5}$Al$_{24.5}$	0.104	0.372×10^{-3}	3.40×10^4		[32]
Ni$_{76}$Al$_{24}$	0.125	0.246×10^{-3}	2.90×10^4		[32]
ZrZn$_2$	0.12	2.69 ×10^{-3}	9.51×10^3	7.40×10^3	[79]
Fe$_{1-x}$Si$_x$					[45]
$x=0.33$	0.22	0.400×10^{-3}	7.33×10^3	9.87×10^3	
$x=0.23$	0.18	0.833×10^{-3}	7.59×10^3	12.09×10^3	
$x=0.17$	0.13	1.49 ×10^{-3}	10.9×10^3	15.18×10^3	
$x=0.09$	0.07	5.13 ×10^{-3}	20.2×10^3	22.73×10^3	
Pt$_{0.53}$Ni$_{0.47}$	0.121	1.30 ×10^{-4}	4.25×10^4		[24]
Y$_2$Ni$_{15}$	0.15	8.54 ×10^{-5}	3.41×10^4	3.51×10^4	[49]
YNi$_3$	0.04	1.20 ×10^{-3}	1.28×10^5	9.23×10^4	[48]
Ni$_{0.45}$Pt$_{0.55}$	0.182		1.0 ×10^4	0.69×10^4	[80]

によってその結果が報告されている. ZrZn$_2$ については Ogawa (1972) による報告[79]がある. この他, Shimizu et al. (1990) による (Fe,Co)Si 合金系についての報告[45]や, Pt-Ni 合金についての Beille et al. (1975) による報告[24], Y$_2$Ni$_5$, YNi$_3$ についての Gignoux et al. (1980) による報告[48,49] などがある. これらの文献では M^2 の値を T^2 に対してプロットした図が示されている. これらの温度変化のグラフの低温極限における初期勾配の値から, α_0 の値を求めることができる. このようにして得られた値と, これを用いて求めた T_A の値を表 5.7 に示す. 最近でも, K. Koyama et al. (2003) によって Ni-Pt 合金の自発磁化の温度依存性の測定が行われ, 理論との同様な比較がなされている[80]. 図 5.17 に, 自発モーメントの 2 乗を T^2 に対してプロットした結果を示す (文献[80]の Fig. 4). 低温極限で T^2 の依存性の成り立つことがわかる. この勾配の値を用いて (5.18) によって求めた T_A の値も表 5.7 に示し

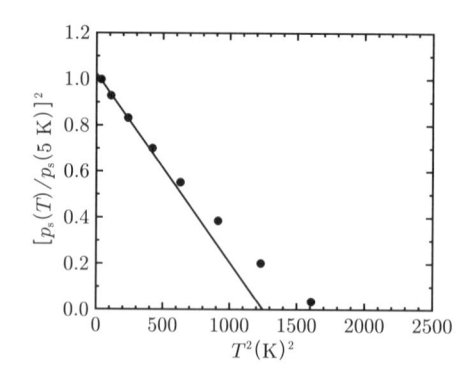

図 5.17 Ni-Pt 合金の自発磁化の温度依存性[80]

た．これらの値も，基底状態の磁化曲線を用いて得られた $T_A^{(0)}$ の値とよい一致を示している．磁性体によっては，広い温度範囲で T^2 に比例する温度依存性があたかも成り立つように見える場合もある．しかしよく見ると，低温極限の限られた温度範囲で，それとは異なる勾配で T^2 に比例する領域が見つかる場合が多い．低温領域の T^2 依存性については，これが成り立つ温度領域があり，実験データの解析には注意が必要である．表 5.7 の比較から明らかな T_A と $T_A^{(0)}$ の値の一致は，(5.18) が成り立つことを支持している．

5.6.3 磁化曲線の磁場による影響

Ni-Pt 合金に関しては，秩序相で発生する磁化の温度依存性 (5.18) に現れる T^2 の係数 α_0 について，この値の外部磁場による影響についても調べられている．ここで紹介する例は，たまたま手元にあった Beille (1975) による学位論文[24]に載っていたデータであり，公表はされていないようである．外部から印加した磁場 H の値に対する T^2 の係数 α_0 の値を表 5.8 に示す．この表の値を H に対してプロットしたのが図 5.18 である．同じ図に第 4 章の (4.72) に従って理論的に求めた計算結果も実線で示されている．データの数が少ないために詳しい磁場依存性を比較することはできないが，磁場によるこの係数の抑制効果の大きさの程度は，理論の結果とほぼ定量的に一致する．

表 5.8 自発磁化の T^2 依存性の係数の磁場による抑制

H (kOe)	$\alpha_0(H)$ (K^{-2})	$\alpha_0(H)/\alpha_0(0)$
0.0	6.5 ± 1	1.0
25.0	4.8 ± 1	0.74
50.0	4.1 ± 0.5	0.63
75.0	3 ± 0.3	0.46
100.0	2.8 ± 0.3	0.43

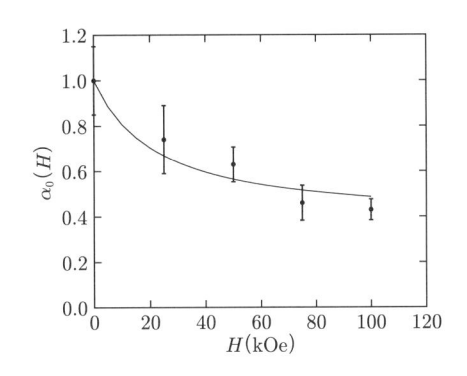

図 5.18 Pt-Ni 合金の自発磁化の T^2 依存性の係数の磁場依存性

5.7 第5章のまとめ

　この章で取り上げた磁気的性質は，第 4 章で説明した Takahashi によるスピンゆらぎ理論が現れる以前ではほとんど取り上げられることがないか，または以前には問題になり，その後は関心が薄れてしまったものがほとんどである．前者に関係するものとして，基底状態の磁化曲線に関する (5.5) の関係や，Deguchi-Takahashi プロット，臨界磁化曲線が挙げられる．後者に当たるのは，磁気秩序相において現れる T^2 に比例する温度依存性に関係がある性質である．これらすべての性質を，2 個のパラメータだけを含む第 4 章のスピンゆらぎ理論によってほぼ定量的に説明できることを示した．これらすべてが磁化曲線に関係し，その磁化曲線については，Arrott プロットの直線性が一般的に成り立たないことが理論によって導かれ，実験結果もこれを支持している．

　実際の磁気測定の結果には，試料に含まれる欠陥や不純物などの影響が含まれるため，理論の結果がそのまま適用できるわけではない．例えば，自発磁化の値の温度依

存性を求める場合，本質的ではない外的な影響を取り除くために，少し磁場の強い領域における Arrott プロットを，ゼロ磁場に外挿して得られる値がよく用いられる．第 4 章の理論と，この章で取り上げた観測結果によれば，弱磁場領域における Arrott プロットの初期勾配の温度変化には本質的な理由がある．外的と本質的な影響との区別が難しくなるが，実験と理論の定量的な解析・比較がますます重要となり，ここで述べた磁化曲線についての一般的なふるまいを理解しておくことが，測定結果の解析に役立つことを期待したい．

第6章
磁気比熱の温度，磁場依存性

スピンゆらぎによる自由エネルギーへの寄与について，常磁性相の場合についてはすでに第3章の3.1.2節で説明した．第4章ではその自由エネルギーはあまり気にせず，スピン振幅が保存することだけを利用して多くの磁気的性質が導かれることを示した．この点に第3章のスピンゆらぎ理論の大きな特徴がある．しかしながら，自由エネルギーを避けて通るわけにはいかない問題もある．その重要な例として，エントロピーや比熱を挙げることができる．この章では，これらの温度，磁場依存性へのスピンゆらぎの影響について説明する．

特に磁性が発生する場合の磁気比熱には，些細と思われる取り扱い上の問題が，長い間残されたままになっていた．この章の理論では，常磁性相と秩序相のどちらの取り扱いも可能であり，熱力学的な整合性の点でも問題がない．

6.1 磁気比熱の理論についての問題

磁化率の温度依存性を求めるために用いられた自由エネルギーを用い，比熱の温度依存性へのスピンゆらぎの影響を明らかにするための研究が Makoshi, Moriya (1975) によって行われた[81]．この理論では，磁化率の温度依存性を導くために用いられた次の自由エネルギーが，比熱にも用いられた．

$$F(M,T) = F_{\text{SW}}(M,T) + \Delta F(M,T,\chi^{-1}(T)) \tag{6.1}$$

第1項が SW 理論による自由エネルギーを表し，第2項が熱的なスピンゆらぎの影響によって現れる寄与である．基底状態ではこの第2項はゼロになる．スピンゆらぎによる寄与には磁化率 $\chi(T)$ が含まれるため，温度や磁場によって変化する磁化率が自由エネルギーに影響する．この自由エネルギーの磁化 M についての2次の微分係数から磁化率の温度依存性が得られ，比熱は温度 T に関する2次の微分係数から求められる．このようにして得られた比熱の温度依存性に，少し不都合が生ずることが

知られていた.

パラマグノン理論と対比させた場合のこの理論の特徴は, 比熱の温度変化を, 磁気相転移を含む広い温度範囲について求めることができる点にある. 数値計算によって得られた比熱の温度依存性についての結果を, 図 6.1 に示す. 代表的な弱い遍歴強磁

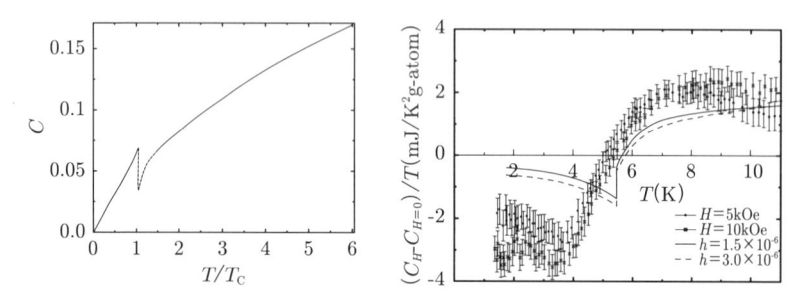

図 6.1 SCR 理論による比熱の温度依存性 (左) [81]と, Sc_3In の磁場中比熱の温度依存性 (右) [42]

性体として知られる Sc_3In について, 外部磁場が存在する状況での比熱の温度依存性の測定が, Takeuchi, Masuda (1979) によって行われた[42]. その結果も図 6.1(右)に示す. 図中の実線と破線は, 彼らによる SCR 理論を用いた計算結果を表す.

これらの比熱の温度依存性や磁場依存性を求めるための理論について, 以下の問題点がその当時から知られていた.

1. 臨界点近傍の常磁性比熱の示す異常な温度変化

図 6.1(左) に示されているように, 常磁性相の比熱の値が臨界点に向かって急な減少を示す. このため臨界温度で負のピークが現れ, 比熱に大きな不連続が生ずる. このような比熱の変化は実験結果と矛盾する. 温度上昇による磁気秩序の消滅により, 臨界点の近傍でエントロピーが急に増加する. エントロピーの温度に関する変化率を表す比熱に, 臨界温度で正のピークが現れると一般的に考えられる. 臨界点近傍の図 6.1(左) の温度変化は, これに反する奇妙なふるまいである. Makoshi-Moriya の理論では, 比熱が複数の寄与を表す項の和として表され, 異常な変化の原因となる項は特定されていた. その項を無視すればもちろん異常は消滅するが, 無視する理由がわからなかったと言い換えることもできる. 図 6.1(右)の磁場中比熱についての Takeuchi と Masuda による比熱の計算では, 最初からこの異常を示す項が除外されている.

2. 系の対称性が無視されていること

スピン空間における球対称性を有する系の自由エネルギーの計算で，発生した磁化に垂直成分のゆらぎの影響だけを考慮に入れた取り扱いになっていた．第 3 章で述べたように，平行成分のゆらぎも考慮に入れると，自発磁化に不連続な温度変化が生ずることがその理由である．

後になって振り返ると，この他に以下に示す問題点も指摘できる．

1. ゼロ点スピンゆらぎの寄与が無視されていること

比熱に限ったことではないが，ゼロ点ゆらぎの自由エネルギーへの寄与が実際には存在する．最初からこの寄与を無視した自由エネルギーを用いるべきではない．

2. 熱力学的な整合性について

熱力学の Maxwell の関係式が成り立つことから，比熱の磁場依存性は他の磁気的な性質と密接な関係がある．特に比熱の磁場依存性を考えようとするとき，熱力学的な整合性が保たれる取り扱いが重要である．

理論の発展が一段落した 1980 年以降になっても，磁気比熱についてのこれらの問題は依然として残されていた．理論の改良や発展によって解決されることはなく，新たに磁場依存性が取り上げられることもなかった．この章ではこれとは異なる第 3 章のスピンゆらぎ理論の立場から，磁気比熱の温度や磁場依存性を取り上げて説明する．

6.2 スピンゆらぎの自由エネルギー

エントロピーや比熱についての理論的な取り扱いも，第 4 章の磁気的な性質と全く同等であることが望ましい．そのためには第 3 章の (3.6) を，秩序が発生する場合に拡張した自由エネルギーが必要となる．この章で用いる自由エネルギーは，以下の要請を満足するように考えられた．

- スピン振幅保存則の条件と矛盾しないこと

  このためには，量子スピンゆらぎの寄与も考慮に入れる必要がある．

- スピン空間における系の対称性を考慮に入れること

154　第6章　磁気比熱の温度，磁場依存性

発生した磁気モーメントの方向に対する平行，垂直の両成分のスピンゆらぎの寄与を考慮に入れることを意味する．外部から系に磁場を印加した場合，スピンゆらぎの振幅が異方的となる影響を考慮に入れる必要がある．特に秩序相や磁場依存性について，この影響を考慮に入れることが不可欠である．

- 熱力学の関係式が成り立つこと

  熱力学の Maxwell の関係式が成り立つことが保証され，熱力学な整合性が満たされる必要がある．この関係式が成り立つことは，他の磁気的性質の取り扱いとの間に相互矛盾がないことが保証される．

6.2.1　秩序が発生する場合の自由エネルギー

磁場効果や磁気秩序状態の取り扱いのため，(3.6) を拡張した次の自由エネルギーを用いることにする．

$$\begin{aligned}F(y,\sigma,t) &= F_0(y,\sigma,t) + \Delta F(\sigma,t) \\ F_0(y,\sigma,t) &= F_{\text{sw}} + \frac{2}{\pi}\left[\sum_{\mathbf{q}}\int_0^{\nu_c}d\nu\,\frac{\nu}{2}\frac{\Gamma_q}{\Gamma_q^2+\nu^2}\right.\\ &\qquad\left.+\sum_{q_{\text{sw}}<q}\int_0^\infty d\nu\,T\ln(1-e^{-\nu/T})\frac{\Gamma_q}{\Gamma_q^2+\nu^2}\right] \\ &\quad+\frac{1}{\pi}\sum_{\mathbf{q}}\int_0^{\nu_c}d\nu\left[\frac{\nu}{2}+T\ln(1-e^{-\nu/T})\right]\frac{\Gamma_q^z}{(\Gamma_q^z)^2+\nu^2}+N_0 T_A y\sigma^2 \\ \Delta F(\sigma,t) &= -\frac{1}{3}N_0 T_A\langle \mathbf{S}_{\text{loc}}^2\rangle_{\text{tot}}[2y+y_z]+\Delta F_1(\sigma,t)\end{aligned} \qquad (6.2)$$

ここでは (3.6) と同じ意味で記号が用いられている．ただし，次の章の磁気体積効果の説明に配慮して，周波数を表す記号として ω の代わりに ν を用いた．第1式の右辺の最初の項 F_0 は，SCR 理論で用いる自由エネルギーに対応するが，ゼロ点ゆらぎのエネルギーが含まれる点において違いがある．発生した磁化に対する垂直と平行成分の，両方のゆらぎの寄与が含まれている．この F_0 についての最初の3項はすべて垂直成分のゆらぎの寄与によるものであり，その第1項 F_{sw} は，波数空間の原点近傍で発生する熱的なスピン波による寄与を表す．磁気秩序相における垂直成分のゆらぎの振幅が，変数 y の原点の周りで解析的であるために，スピン波を考慮に入れる必要がある．スピン波以外の寄与を表す第3項の波数についての和についての下限 q_{sw}

は，スピン波の領域を除くためである．高周波数領域まで Lorentz 型のスペクトル分布が成り立つとしたとき，ゼロ点ゆらぎに関する被積分関数がその領域で $1/\nu$ に比例する．高周波数領域の積分の対数発散を避けるため，上限周波数 ν_c を導入した．最後の 2 項は，磁場に対する平行成分のゆらぎによる寄与と，磁場によるゼーマン項を表す．

2 つの寄与からなる補正項 ΔF の導入に，この取り扱いの大きな特徴がある．それぞれ，スピン振幅保存の条件を満たすためと，熱力学的な関係式を満たすために必要な項である．詳しいことについてはすぐ次の節で説明する．

6.2.2 自由エネルギーの極値の条件

自由エネルギー (6.2) の独立変数として，磁気モーメント σ と，それぞれ規格化した逆磁化率 y と温度 t を用いることにする．y_z については，y の σ 依存性から求まるため，必ずしも独立とは言えない．ただし，秩序が生じた場合に y との間に生ずる差，$\Delta y_z(\sigma,t) = y_z(\sigma,t) - y(\sigma,t)$ を，変数 σ と t についての関数であると考えることにした．2 つの変数 y と σ について，それぞれ自由エネルギーが次の条件を満たすと考えることにする．

1. 変数 y に関する極値の条件

    変数 y について，$\partial F(y,\sigma,t)/\partial y = 0$ が成り立つものとする．第 3 章の 3.1.2 節によれば，減衰定数 Γ_q と Γ_q^z に含まれる y 依存性を用い，この条件が次のスピン振幅一定の条件に一致する．

$$N_0 T_A \left[\langle \delta \mathbf{S}_{\mathrm{loc}}^2 \rangle_Z (y, y_z) + \langle \delta \mathbf{S}_{\mathrm{loc}}^2 \rangle_T (y, y_z, t) + \sigma^2 - \langle \mathbf{S}_{\mathrm{loc}}^2 \rangle_{\mathrm{tot}} \right] = 0 \quad (6.3)$$

    この式に含まれるゆらぎの振幅は，以下のように定義した．

$$\begin{aligned}
\langle \mathbf{S}_{\mathrm{loc}}^2 \rangle_T (y, y_z, t) &= \frac{3 T_0}{T_A} \Big[2 A(y, t) + A(y_z, t) \Big], \\
\langle \mathbf{S}_{\mathrm{loc}}^2 \rangle_Z (y, y_z) &= \langle \mathbf{S}_{\mathrm{loc}}^2 \rangle_Z (0, 0) - c \frac{3 T_A}{T_0} (2y + y_z)
\end{aligned} \quad (6.4)$$

2. 熱力学的な関係式が成り立つこと

    変数 σ に関する偏微分から，熱力学的の関係式 $\partial F/\partial M = H$ が導かれる必要がある．変数 y が自由エネルギーの極値となる条件が成り立つ下で，σ に関する偏微分を次のように求めることができる．

$$\frac{\partial F}{\partial \sigma} = 2N_0 T_A y\sigma$$
$$+ N_0 T_A \left[\langle (S_{\text{loc}}^z)^2 \rangle (y_z, t) - \frac{1}{3}\langle \mathbf{S}_{\text{loc}}^2 \rangle_{\text{tot}}\right] \frac{\partial \Delta y_z}{\partial \sigma} + \frac{\partial \Delta F_1}{\partial \sigma} \quad (6.5)$$

上の最初の項は (6.2) の F_0 の最後の項から得られ，y の定義によれば外部磁場 $N_0 h$ に等しい．次の項は，発生した磁化に対する平行成分のゆらぎによる自由エネルギーへの寄与と，ΔF に含まれる y_z 依存性によるものである．(6.3) が成り立つことを利用して，この項についてさらに次の書き換えができる．

$$\langle (S_{\text{loc}}^z)^2 \rangle (y_z, t) - \frac{1}{3}\langle \mathbf{S}_{\text{loc}}^2 \rangle_{\text{tot}} = \frac{1}{3}\left[2\langle (S_{\text{loc}}^z)^2 \rangle (y_z, t) - \langle (S_{\text{loc}}^\perp)^2 \rangle (y, t) - \sigma^2\right]$$
$$= \frac{2T_0}{T_A}\left[A(y_z, t) - A(y, t) - c\Delta y_z\right] - \frac{1}{3}\sigma^2$$

磁気モーメントが発生せず $\sigma = 0$ が成り立てば，この値は恒等的にゼロになる．その場合，わざわざ ΔF_1 を導入する必要はない ($\Delta F_1 = 0$)．一方で $\sigma \neq 0$ の場合はこの値が有限に残る．したがって，(6.5) の右辺の第 2 項を打ち消すために補正項 ΔF_1 が必要となる．つまり，次の式を満たす条件から ΔF_1 を定義する．

$$\frac{1}{N_0 T_A}\frac{\partial \Delta F_1}{\partial \sigma} + \lambda(\sigma, t)\frac{\partial \Delta y_z}{\partial \sigma} = 0 \quad (6.6)$$

ただし，σ と t についての関数 $\lambda(\sigma, t)$ を次のように定義する．

$$\lambda(\sigma, t) = \frac{2T_0}{T_A}\left[A(y_z, t) - A(y, t) - c\Delta y_z\right] - \frac{1}{3}\sigma^2 \quad (6.7)$$

6.2.3 自由エネルギーの補正項

前節で定義した自由エネルギーの補正項 ΔF_1 は，式 (6.6) と (6.7) の定義に従って求めることができる．この節では弱磁場領域における磁化曲線を用い，その変数 σ に関する依存性を具体的に求める方法について説明する．

常磁性相の場合

第 4 章の常磁性相の場合の逆磁化率 $y(\sigma, t)$ と $y_z(\sigma, t)$ についての σ 依存性 (4.32) によれば，$\Delta y_z(\sigma, t)$ が次のように表される．

$$\Delta y_z(\sigma, t) = 2y_1(t)\sigma^2 + \cdots$$

これを (6.7) に代入し，まず $\lambda(\sigma, t)$ の σ 依存性を求めることができる．

6.2 スピンゆらぎの自由エネルギー

$$\begin{aligned}\lambda(\sigma, t) &= \frac{2T_0}{T_A}\Big[A(y+\Delta y_z, t) - A(y,t) - c\Delta y_z\Big] - \frac{1}{3}\sigma^2 \\ &= -\frac{4}{15}\left[1 - \frac{1}{c}A'(y,t)\right]\frac{y_1(t)}{y_1(0)}\sigma^2 - \frac{1}{3}\sigma^2 + \cdots = -\frac{3}{5}\sigma^2 + \cdots\end{aligned} \quad (6.8)$$

ゆらぎのスペクトルパラメータの比について成り立つ (4.7) の関係，$T_A/T_0 = 15cy_1(0)$ と自由エネルギーの磁化 σ に関する 4 次の展開係数 $y_1(t)$ の温度依存性についての (4.34)，つまり $y_1(t) = y_1(0)/[1 - A'(y,t)/c]$ をここで用いた．上の (6.8) を (6.6) に代入し，常磁性相の ΔF_1 が次のように求まる．

$$\frac{1}{N_0 T_A}\Delta F_1(\sigma, t) = -4y_1(t)\int \sigma\lambda(\sigma, t)\mathrm{d}\sigma = \frac{3}{5}y_1(t)\sigma^4 + \cdots$$

ただし，$\partial \Delta y_z/\partial \sigma \simeq 4y_1(t)\sigma$ の近似を用いた．磁場によって磁気モーメントが誘起された場合，σ^4 に比例する補正項が必要となる．

秩序相の場合

秩序が発生する場合も同様に，$y(\sigma, t)$ と $y_z(\sigma, t)$ についての (4.44) の依存性を用いて $\Delta y_z(\sigma, t)$ を次のように表すことができる．

$$\Delta y_z(\sigma, t) = 2y_1(t)\sigma^2 = 2y_1(t)\sigma_0^2(t) + 2y(\sigma, t)$$

これを (6.7) の $\lambda(\sigma, t)$ の定義に代入した結果を以下に示す．

$$\begin{aligned}\lambda(\sigma, t) &= \lambda(\sigma_0, t) + \delta\lambda(\sigma, t) \\ \lambda(\sigma_0, t) &= -\left[\frac{1}{3} + \frac{4y_1(t)}{15y_1(0)}\right]\sigma_0^2(t) + \frac{2}{15cy_1(0)}\Big[A(2y_1\sigma_0^2, t) - A(0,t)\Big] \\ \delta\lambda(\sigma, t) &= -\left\{\frac{1}{3} + \frac{4y_1(t)}{15y_1(0)}\left[1 - \frac{3}{2c}A'(2y_1\sigma_0^2, t) + \frac{1}{2c}A'(0,t)\right]\right\} \\ &\quad \times [\sigma^2 - \sigma_0^2(t)] + \cdots\end{aligned} \quad (6.9)$$

最初の項 $\lambda(\sigma_0, t)$ が外部磁場の存在しない場合の寄与を表し，磁場による影響が第 2 項の $\delta\lambda(\sigma, t)$ である．温度がゼロの極限 ($t \to 0$) で熱ゆらぎの振幅を無視すれば，基底状態の場合に成り立つ次の結果が得られる．

$$\lambda(\sigma_0, 0) = -\frac{3}{5}\sigma_0^2(0), \quad \delta\lambda(\sigma, 0) = -\frac{3}{5}[\sigma^2 - \sigma_0^2(0)]$$

上の (6.9) の結果を (6.6) に代入した結果について，さらに次のように σ についての積分を実行して補正項 ΔF_1 を求めることができる．

$$\frac{1}{N_0 T_A}\Delta F_1 = -\int \left[\lambda(\sigma_0, t) + \delta\lambda(\sigma, t)\right]\frac{\partial \Delta y_z}{\partial \sigma}\mathrm{d}\sigma$$
$$= -\lambda(\sigma_0, t)\int \mathrm{d}\Delta y_z - 4y_1(t)\int \delta\lambda(\sigma, t)\sigma \mathrm{d}\sigma$$

常磁性相の場合と同様に，$\partial \Delta y_z/\partial \sigma \simeq 4y_1(t)\sigma$ の近似を用いた．つまり，ΔF_1 が次のように求まる．

$$\frac{1}{N_0 T_A}\Delta F_1(\sigma, t) = -\lambda(\sigma_0, t)\Delta y_z(\sigma, t)$$
$$+ y_1(t)\left\{\frac{1}{3} + \frac{4y_1(t)}{15 y_1(0)}\left[1 - \frac{3}{2c}A'(2y_1\sigma_0^2, t) + \frac{1}{2c}A'(0, t)\right]\right\}[\sigma^2 - \sigma_0^2(t)]^2$$
(6.10)

秩序が発生する場合には，外部磁場が存在しない場合にも無視できない補正項が存在する．秩序が発生しない $\sigma_0 = 0$ の極限で，上の式は常磁性相の結果と一致する．

臨界温度の場合

この場合も同様に，熱ゆらぎの振幅の臨界挙動を表す $\sqrt{y}$ 依存性を (6.8) に代入し，まず $\lambda(\sigma, t_c)$ についての次の関係が得られる．

$$\lambda(\sigma, t_c) \simeq -\frac{2T_0}{T_A}\frac{\pi t_c}{4}(\sqrt{y_z} - \sqrt{y}) - \frac{1}{3}\sigma^2$$
$$= -\left[\frac{\pi T_C}{2T_A}\sqrt{y_c}(\sqrt{5} - 1) + \frac{1}{3}\right]\sigma^2 \qquad (6.11)$$
$$= -\frac{\sqrt{5}}{\sqrt{5} + 2}\sigma^2$$

ただし，臨界磁化過程を表す $y(\sigma, t_c) = y_c\sigma^4$ と $y_z(\sigma, t_c) = 5y_c\sigma^4$ の依存性を用いた．係数 y_c は (4.41) で定義されている．さらに，この結果と，$\partial \Delta y_z/\partial \sigma = 16 y_c \sigma^3$ を (6.6) に代入し，補正項 $\Delta F_1(\sigma, t)$ が求まる．

$$\Delta F_1(\sigma, t_c) \simeq -16 N_0 T_A y_c \int \sigma^3 \lambda(\sigma, t_c)\mathrm{d}\sigma = N_0 T_A \frac{8\sqrt{5} y_c}{3(2 + \sqrt{5})}\sigma^6 \qquad (6.12)$$

臨界温度では自由エネルギーの展開の σ^4 項の係数 $y_1(t)$ がゼロになるため，常磁性相や秩序相の 4 次の補正項がゼロになる．そのため，最低次の補正項が σ^6 に比例する．

以上，スピン振幅保存 (TAC) の条件と矛盾しない自由エネルギーが定義できることを示した．ただし，秩序が発生する場合にも熱力学の関係式が成り立つためには補

正項 ΔF_1 を考慮に入れる必要がある．補正項を考慮に入れた自由エネルギーのパラメータ y に関する変分条件が，スピン振幅についての TAC 条件に一致する．この節のスピンゆらぎの自由エネルギーから導かれるエントロピーや比熱について，次節以降で詳しく説明する．

6.3 エントロピーと比熱の温度依存性

熱力学によれば，自由エネルギーの温度についての微分からエントロピーと比熱が求まる．この節では (6.2) の自由エネルギーの温度微分からまずエントロピーを求め，さらにエントロピーの温度微分から比熱を求める．得られた結果によって導かれるそれぞれの温度依存性について説明する．

6.3.1 常磁性エントロピーの温度依存性

(6.2) の自由エネルギーについて，常磁性相の場合はまずスピン波の影響を無視し，さらに逆磁化率の y と y_z の違いや補正項 ΔF_1 が無視ができる．つまり，第 3 章の (3.6) の自由エネルギー $F(y,t)$ が用いられる．変数 y についての極値の条件が成り立つとした関数 $F(y,t)$ の温度微分から，常磁性エントロピーの温度変化が求まる．

$$\begin{aligned}
S_\mathrm{m} &= -\frac{\partial F(y,t)}{\partial T} \\
&= \frac{3}{\pi}\sum_{\mathbf{q}}\left[-\int_0^\infty d\nu \log(1-e^{-\nu/T})\frac{\Gamma_q}{\nu^2+\Gamma_q^2} + \frac{1}{T}\int_0^\infty d\nu \frac{1}{e^{\nu/T}-1}\frac{\Gamma_q \nu}{\nu^2+\Gamma_q^2}\right] \\
&= 6\sum_{\mathbf{q}}\left[-\int_0^\infty ds \log(1-e^{-2\pi s})\frac{u}{s^2+u^2} + u\int_0^\infty ds \frac{s}{e^{2\pi s}-1}\frac{1}{s^2+u^2}\right]
\end{aligned}$$

ただし，新たな変数 $s=\nu/2\pi T$ と $u(q)=\Gamma_q/2\pi T$ を導入した．波数に関する和を規格化した波数 $x=q/q_\mathrm{B}$ についての積分として表し，原子当たりのエントロピーが次のように表される．

$$\begin{aligned}
\frac{1}{N_0}S_\mathrm{m}(y,t) &= -\frac{1}{N_0 T_0}\frac{\partial F(y,t)}{\partial t} \\
&= -9\int_0^1 dx\, x^2[\Phi(u)-u\Phi'(u)], \quad u=x(y+x^2)/t
\end{aligned} \tag{6.13}$$

外部磁場が存在しない常磁性相を考えるので，ここでは逆磁化率 $y(\sigma,t)$ を温度についての 1 変数の関数 $y(t)\equiv y(0,t)$ と見なす．参考まで，上の被積分関数に現れる関数 $\Phi(z)$ についての簡単な説明を以下に示す．

関数 $\log \Gamma(z)$ の積分表示　gamma 関数の対数 $\log \Gamma(z)$ の積分表示に関係がある関数 $\Phi(z)$ を，次の積分を用いて定義することができる．

$$\begin{aligned}\Phi(z) &= \ln\sqrt{2\pi} - z + \left(z - \frac{1}{2}\right)\ln z - \ln\Gamma(z) \\ &= \frac{1}{\pi}\int_0^\infty ds\, \log\left(1 - e^{-2\pi s}\right)\frac{z}{s^2 + z^2}\end{aligned} \quad (6.14)$$

この関数の z に関する導関数は，digamma 関数 $\psi(z) = d\ln\Gamma(z)/dz$ の積分表示に等しいことがわかる．

$$\begin{aligned}\Phi'(z) &= \frac{1}{\pi}\int_0^\infty dt\, \log\left(1 - e^{-2\pi t}\right)\frac{\partial}{\partial z}\left(\frac{z}{t^2+z^2}\right) \\ &= -\frac{1}{\pi}\int_0^\infty dt\, \log\left(1 - e^{-2\pi t}\right)\frac{\partial}{\partial t}\left(\frac{t}{t^2+z^2}\right) \\ &= \int_0^\infty dt\, \frac{2}{e^{2\pi t}-1}\frac{t}{t^2+z^2} = \log z - \frac{1}{2z} - \psi(z)\end{aligned}$$

エントロピーの温度変化についての (6.13) を用いて導かれる結果を次に示す．

- Makoshi-Moriya の比熱理論と比較すると，上の (6.13) には次の項が含まれない．

$$-\frac{T_A}{T_0}\langle \mathbf{S}_{\text{loc}}^2\rangle_T(t)\frac{dy}{dt} \quad (6.15)$$

(3.6) の自由エネルギーの変数 y についての極値の条件から，この寄与が消失したことがその理由である．SCR 理論の自由エネルギーにはゼロ点ゆらぎの寄与が含まれず，また振幅保存則を満たすための補正項 ΔF も存在しない．そのため，自由エネルギーの y に関する導関数から上の熱ゆらぎの振幅に比例する寄与が得られる．

- 臨界温度近傍の常磁性比熱に現れる異常な温度依存性は，d^2y/dt^2 に比例する項が原因である．この項は，上の (6.15) をさらに温度で微分することから得られる．

熱ゆらぎの振幅に比例する (6.15) の寄与がエントロピーに含まれないことは，この章の最初に述べた磁気比熱の温度依存性に関する問題が，(6.13) では解消されたことを意味する．変数 y に関する変分条件から，ゼロ点ゆらぎの寄与も (6.13) には現れない．あたかも最初から熱ゆらぎの寄与だけを考慮に入れて導いたような式が最後に残った．

6.3.2 比熱の温度依存性

エントロピーについての (6.13) をさらに温度について微分し，常磁性比熱の温度依存性を求めることができる．

$$\frac{1}{N_0 t} C_\mathrm{m}(y,t) = \frac{1}{N_0 T_0} \frac{\partial S(y,t)}{\partial t} = 9 \int_0^1 \mathrm{d}x\, x^2 \left(-\frac{u}{t} + \frac{x}{t}\frac{\mathrm{d}y}{\mathrm{d}t}\right) u \Phi''(u) \\
= -\frac{9}{t} \int_0^1 \mathrm{d}x\, x^2 u^2 \Phi''(u) - 9 \frac{\partial A(y,t)}{\partial t} \frac{\mathrm{d}y}{\mathrm{d}t} \tag{6.16}$$

最初の行の最後に現れる $\mathrm{d}y/\mathrm{d}t$ に比例する係数として現れる積分が，$\partial A(y,t)/\partial t$ を用いて表されることを次に示す．

まず関数 Φ の定義 (6.14) から，熱ゆらぎの振幅が次のように表される．

$$A(y,t) = \int_0^1 \mathrm{d}x\, x^3 \Phi'(u) \tag{6.17}$$

変数 y が一定であるとした条件下で，この式を温度に関して偏微分することから次の式が成り立つ．

$$\frac{\partial A(y,t)}{\partial t} = \frac{\partial}{\partial t} \int_0^1 \mathrm{d}x\, x^3 \Phi'(u) = -\frac{1}{t} \int_0^1 \mathrm{d}x\, x^3 u \Phi''(u)$$

ただし，$\partial u/\partial t = -u/t$ が成り立つことを用いた．つまりこの結果は，(6.16) に現れる積分に一致する．したがって任意の温度における比熱の値を求めるには，予め求めた逆磁化率 $y(t)$ の値を用い，(6.16) 式に従って計算すればよい．まず最初に，常磁性相の低温極限と臨界温度近傍の比熱の温度依存性について説明する．

低温極限の比熱の温度依存性

この温度領域では，磁化率の逆数 $y(t)$ と熱ゆらぎの振幅 $A(y,t)$ のどちらも t^2 に比例する温度依存性を示す．これらの温度微分はどちらも t に比例することから，(6.16) の第 2 項は t^2 に比例する．したがって第 1 項に対してこの項は無視できる．比熱の温度係数への主な寄与は，第 1 項の次の積分から生ずる．

$$I(y,t) = -\frac{1}{t} \int_0^1 x^2 u^2 \Phi''(u) \mathrm{d}x, \quad \Phi''(u) = \left[\frac{1}{u} + \frac{1}{2u^2} - \psi'(u)\right] \tag{6.18}$$

digamma 関数の性質から，$u(x) = x(y + x^2)/t$ の値に応じて上の被積分関数は次のように近似できる．

$$-\frac{1}{t}x^2 u^2 \Phi''(u) \sim \begin{cases} \dfrac{1}{2t}x^2 & u \ll 1 \text{ のとき} \\ \dfrac{1}{6tu}x^2 = \dfrac{x}{6(y+x^2)} & u \gg 1 \text{ のとき} \end{cases}$$

常磁性相では $0 < y$ が成り立つため,$x = 0$ 近傍の被積分関数に含まれる $u \simeq yx/t$ は常に有限である.臨界点近傍で微小な y の影響を無視でき,$u \simeq x^3/t$ と見なせる場合,$1 \lesssim u$ が成り立つ区間,$t^{1/3} \leq x \leq 1$ についての積分から,$I(y,t) \propto \log(1/t)$ が得られる.さらに温度が低下すると,$t \sim y^{3/2}$ が成り立つ温度を境にこの値は一定となり,$I(y,t) \propto \log(1/y)$ が成り立つ.この温度変化を次のように理解できる.

新たな積分変数 $x' = x/t^{1/3}$ を導入し,まず u を次のように書き換えてみる.

$$u = x'(y/t^{2/3} + x'^2) = x'(x_0^2 + x'^2), \quad x_0 \equiv y^{1/2}/t^{1/3}$$

この変換により,被積分関数に含まれるパラメータは x_0 だけになる.ただし,変換後の積分区間 $0 \leq x' \leq 1/t^{1/3}$ が温度に依存する.以下に示すように,x_0 と 1 の値との大小関係によって,$1 \lesssim u$ が成り立つ積分領域の下限に違いが生じ,積分値に影響を与える.

1. $x_0 \lesssim 1$ ($y \lesssim t^{2/3}$) が成り立つとき

   この場合は $x_0 \leq x' \leq 1/t^{1/3}$ の積分区間で x_0 の影響を無視し,$u \simeq x'^3 = x^3/t$ の近似が成り立つ.さらにこの区間に含まれる領域,$t^{1/3} < x \leq 1$ で不等式 $1 < u$ が成り立つ.したがってこの区間の積分を,被積分関数の漸近展開を用いて次のように近似できる.

$$I(y,t) \simeq \frac{1}{6}\int_{t^{1/3}}^{1} \frac{1}{x} dx = \frac{1}{12}\log(1/t^{2/3}) \tag{6.19}$$

   これ以外の積分区間 $0 \leq x \leq t^{1/3}$ から生ずる寄与は無視できる.

2. $1 \lesssim x_0$ ($t^{2/3} \lesssim y$) が成り立つ場合

   この場合の被積分関数の漸近展開は,$u \sim x_0^2 x' = yx/t > 1$ が成り立つことが条件となる.$x' = 0$ 近傍で $u \sim x_0^2 x'$ が成り立つためである.元の変数を用いて表した積分区間は,$t/y \lesssim x \leq 1$ となる.この区間についての積分は次のよう表される.

$$I(y,t) \simeq \frac{1}{6}\int_{t/y}^{1} \frac{x}{y+x^2}\mathrm{d}x = \frac{1}{12}[\log(y+1) - \log(y+t^2/y^2)]$$
$$\simeq \frac{1}{12}\log(1/y) \tag{6.20}$$

最後の結果を導くときに, $t^2/y^2 \ll y$ ($t^{2/3} \ll y$) が成り立つことを用いた. 原点近傍の微小な積分区間 $0 \leq x \leq t/y$ から生ずる寄与は, この場合も無視できる.

以上をまとめると, 磁気不安定点に近接して $y \ll 1$ が成り立つ常磁性体の場合, 低温極限の比熱の温度変化を以下のように表すことができる.

$$\frac{1}{N_0 t}C_{\mathrm{m}} \simeq \begin{cases} \dfrac{1}{2}\log(1/t) & (y \ll t^{3/2}) \\ \dfrac{3}{4}\log(1/y) & (t^{3/2} \ll y) \end{cases} \tag{6.21}$$

臨界温度近傍の温度依存性

強磁性が発生する場合の常磁性相の臨界温度近傍では, 温度が有限で $y \to 0$ の極限が問題となる. したがって, (6.16) の比熱の第 1 項について, $y \ll t^{2/3}$ の状況がこの場合に当てはまる. この項に対する y の温度変化による影響は小さい. 一方で第 2 項には, 熱ゆらぎの振幅の臨界挙動の影響が現れることを以下に示す.

第 4 章の磁化率の温度変化を求めるための (4.22) 式の温度微分から, 次の式が成り立つ.

$$[A'(y,t) - c]\frac{\mathrm{d}y(t)}{\mathrm{d}t} + \frac{\partial A(y,t)}{\partial t} = 0$$

これと $y_1(t)$ についての (4.34) を組み合わせ, 上の式を次のように書き換えることができる.

$$\frac{\mathrm{d}y(t)}{\mathrm{d}t} = \frac{1}{c - A'(y,t)}\frac{\partial A(y,t)}{\partial t} = \frac{y_1(t)}{cy_1(0)}\frac{\partial A(y,t)}{\partial t} \tag{6.22}$$

さらに $y_1(t) \propto \sqrt{y(t)}$ を表す (4.35) を用い, 臨界点近傍の比熱の第 2 項が次のように表される.

$$\frac{\partial A(y,t)}{\partial t}\frac{\mathrm{d}y(t)}{\mathrm{d}t} = c\frac{y_1(0)}{y_1(t)}\left[\frac{\mathrm{d}y(t)}{\mathrm{d}t}\right]^2 \simeq \frac{\pi t_c}{8\sqrt{y(t)}}\left[\frac{\mathrm{d}y(t)}{\mathrm{d}t}\right]^2$$

臨界温度近傍で逆磁化率 $y(t)$ は, $(t-t_c)^2$ に比例する温度変化を示す. この依存性を上の式に代入し, $(t-t_c)$ に比例する比熱の第 2 項の温度変化が得られる.

$$\frac{\partial A(y,t)}{\partial t}\frac{\mathrm{d}y(t)}{\mathrm{d}t} = \frac{\pi t_c}{4\sqrt{2}}(y_c'')^{3/2}(t-t_c), \quad y_c'' = \frac{\mathrm{d}^2 y(t)}{\mathrm{d}t^2}\bigg|_{t=t_c} = 2\left[\frac{16A(0,t_c)}{3\pi t_c^2}\right]^2$$

2次の微分係数 y_c'' の値を求めるため，(4.27)をここで用いた．以上の結果をまとめると，臨界温度近傍の磁気比熱 (6.16) の温度依存性が次のように表される．

$$\frac{1}{N_0 t}C_{\mathrm{m}} \simeq \frac{1}{2}\log(1/t_c) - \frac{9\pi t_c}{4\sqrt{2}}(y_c'')^{3/2}(t-t_c) \tag{6.23}$$

つまり比熱は，臨界温度に向かって $(T-T_{\mathrm{C}})$ に比例して増大する．特に，$t_c \ll 1$, したがって $A(0,t_c) \propto t_c^{4/3}$ が成り立つ場合，微分係数 $(y_c'')^{3/2}$ は t_c^{-2} に比例する．この場合は，$[C_{\mathrm{m}}(T) - C_{\mathrm{m}}(T_{\mathrm{C}})]/N_0 \propto (T_{\mathrm{C}} - T)/T_0$ が成り立ち，無次元の数因子が比例係数に現れる．

6.3.3 磁気秩序相のエントロピーと比熱の温度依存性

次に説明するのは，磁気秩序が発生する場合のエントロピーと比熱の温度依存性である．常磁性相の場合と同様に，(6.2) 式の自由エネルギーの温度微分からエントロピーが求められるが，補正項 ΔF_1 の寄与が必要となる点が大きな違いである．

エントロピーの温度依存性

常磁性相の場合と同様に，変数 y が極値を与える条件下で，自由エネルギーを温度 T について偏微分することから秩序相のエントロピーを求めることができる．

$$\begin{aligned}S_{\mathrm{m}}(\sigma,t) &= S_{\mathrm{m}0}(\sigma,t) + \Delta S_{\mathrm{m}}(\sigma,t), \\ \frac{1}{N_0}S_{\mathrm{m}0}(\sigma,t) &= -6\int_{x_c}^1 \mathrm{d}x x^2[\Phi(u) - u\Phi'(u)] \\ &\quad - 3\int_0^1 \mathrm{d}x x^2[\Phi(u_z) - u\Phi'(u_z)], \\ u &= x(y+x^2)/t, \quad u_z = x(y_z+x^2)/t\end{aligned} \tag{6.24}$$

エントロピーは2つの寄与の和として表され，上の第1項の $S_{\mathrm{m}0}$ は，常磁性相の場合の (6.13) に対応する．(6.2) の自由エネルギーに含まれる補正項 ΔF_1 や，$\Delta y_z(\sigma,t)$ に含まれる温度依存性から生ずる寄与を第2項の ΔS_{m} として定義した．スピン波による寄与は無視した．自由エネルギーの σ についての偏微分 (6.5) の計算と同様に，温度 t についての偏微分からエントロピーの補正項 ΔS_{m} が現れる．

6.3 エントロピーと比熱の温度依存性

$$T_0 \Delta S_\mathrm{m} = -N_0 T_A \left[\langle (S^z_\mathrm{loc})^2 \rangle (y_z, t) - \frac{1}{3} \langle \mathbf{S}^2_\mathrm{loc} \rangle_\mathrm{tot} \right] \frac{\partial \Delta y_z}{\partial t} - \frac{\partial \Delta F_1}{\partial t}$$
$$= -N_0 T_A \lambda(\sigma, t) \frac{\partial \Delta y_z}{\partial t} - \frac{\partial \Delta F_1}{\partial t} \quad (6.25)$$

弱磁場領域では自由エネルギーの補正項 (6.10) について，次の近似が成り立つ．

$$\Delta_1 F(\sigma, t) \simeq -N_0 T_A \lambda(\sigma_0, t) \Delta y_z(\sigma, t)$$

これを (6.25) に代入し，エントロピーの補正項が次のように求まる．

$$\Delta S_\mathrm{m}(\sigma, t) = -N_0 \frac{T_A}{T_0} \lambda(\sigma, t) \frac{\partial \Delta y_z}{\partial t} + N_0 \frac{T_A}{T_0} \frac{\partial}{\partial t}[\lambda(\sigma_0, t) \Delta y_z(\sigma, t)]$$
$$= N_0 \frac{T_A}{T_0} \left[\frac{\mathrm{d}\lambda(\sigma_0, t)}{\mathrm{d}t} \Delta y_z(\sigma, t) - \delta\lambda(\sigma, t) \frac{\partial \Delta y_z(\sigma, t)}{\partial t} \right] \quad (6.26)$$

ただし，$\delta\lambda(\sigma, t) = \lambda(\sigma, t) - \lambda(\sigma_0, t)$ を定義した．外部磁場が存在しない $\sigma = \sigma_0(t)$ の場合，$\delta\lambda(\sigma, t) = 0$ が成り立つことから上の第 2 項が無視できる．第 1 項についても，$\Delta y_z(\sigma, t) = y_{z0}(t) = 2y_1(t)\sigma_0^2(t)$ が成り立つ．(6.9) で定義した $\lambda(\sigma_0, t)$ も，次のように表すことができる．

$$\lambda(\sigma_0, t) = \frac{2T_0}{T_A}[A(y_{z0}, t) - A(y, t) - cy_{z0}] - 5cy_1(0)\sigma_0^2(t)$$

したがって，この温度微分は次のように求まる．

$$\frac{T_A}{T_0} \frac{\lambda(\sigma_0, t)}{\mathrm{d}t} = 2\Big[A'(y_{z0}, t) - c\Big] \frac{\mathrm{d}y_{z0}(t)}{\mathrm{d}t} + 2\frac{\partial A(y_{z0}, t)}{\partial t}$$
$$- 5cy_1(0) \frac{\mathrm{d}\sigma_0^2(t)}{\mathrm{d}t} - 2\frac{\partial A(0, t)}{\partial t} \quad (6.27)$$

スピン振幅保存則を利用して，この結果を別の形に書き換えることができる．まず，振幅保存を表す (4.43) 式の温度微分から次の式が成り立つ．

$$\frac{\partial A(y_{z0}, t)}{\partial t} + \Big[A'(y_{z0}, t) - c\Big] \frac{\mathrm{d}y_{z0}}{\mathrm{d}t} + 2\frac{\partial A(0, t)}{\partial t} + 5cy_1(0) \frac{\mathrm{d}\sigma_0^2(t)}{\mathrm{d}t} = 0$$

この関係を用い，$y_{z0}(t)$ を含む項を消去するか (A)，または $\sigma_0^2(t)$ を含む項を消去するか (B) の違いによって，(6.27) を 2 通りの方法で表すことができる．

$$\frac{T_A}{T_0} \frac{\lambda(\sigma_0, t)}{\mathrm{d}t} = \begin{cases} -6\dfrac{\partial A(0, t)}{\partial t} - 15cy_1(0)\dfrac{\mathrm{d}\sigma_0^2(t)}{\mathrm{d}t} & \text{(A)} \\ 3\dfrac{\partial A(y_{z0}, t)}{\partial t} + 3\Big[A'(y_{z0}, t) - c\Big]\dfrac{\mathrm{d}y_{z0}(t)}{\mathrm{d}t} & \text{(B)} \end{cases} \quad (6.28)$$

これらを (6.26) に代入し，最終的にエントロピーの補正項の温度依存性が求まる．

$$\frac{1}{N_0}\Delta S_{\mathrm m}(t) = \begin{cases} -3y_{z0}(t)\left[2\dfrac{\partial A(0,t)}{\partial t} + 5cy_1(0)\dfrac{\mathrm d\sigma_0^2(t)}{\mathrm dt}\right] & \text{(A)} \\[2mm] 3y_{z0}(t)\left\{\dfrac{\partial A(y_{z0},t)}{\partial t} + \left[A'(y_{z0},t) - c\right]\dfrac{\mathrm dy_{z0}(t)}{\mathrm dt}\right\} & \text{(B)} \end{cases}$$
(6.29)

これらのどちらの式を用いても同じ結果が得られるが，スピン波の寄与が直接現れない下の式を用いた方が取り扱いが容易である．

比熱の温度依存性

秩序相で外部磁場が存在しない場合の比熱は，エントロピーについて得られた $S_{\mathrm m0}$ と $\Delta S_{\mathrm m}$，つまり (6.24) と (6.29) のそれぞれを温度についてさらに微分して求められる．この結果も 2 つの寄与の和として表される．

$$C_{\mathrm m} = C_{\mathrm m0} + \Delta C_{\mathrm m},$$

$$\frac{1}{N_0 t}C_{\mathrm m0} = 6I_c(0,t) + 3I(y_{z0},t), \quad I_c(y,t) = -\frac{1}{t}\int_{x_c}^{1}\mathrm dx\, x^2 u^2 \Phi''(u),$$

$$\frac{1}{N_0 t}\Delta C_{\mathrm m} = -3\frac{\partial A(y_{z0},t)}{\partial t}\frac{\mathrm dy_{z0}}{\mathrm dt} + \frac{1}{N_0}\frac{\mathrm d\Delta S_{\mathrm m}}{\mathrm dt}$$

$$= 3y_{z0}(t)\left[\frac{\partial^2 A(y_{z0},t)}{\partial t^2} + A''(y_{z0},t)\left(\frac{\mathrm dy_{z0}}{\mathrm dt}\right)^2 \right.$$

$$\left. + 2\frac{\partial A'(y_{z0},t)}{\partial t}\frac{\mathrm dy_{z0}(t)}{\mathrm dt}\right]$$

$$+ 3[A'(y_{z0},t) - c]\left[\left(\frac{\mathrm dy_{z0}(t)}{\mathrm dt}\right)^2 + y_{z0}(t)\frac{\mathrm d^2 y_{z0}(t)}{\mathrm dt^2}\right]$$
(6.30)

右辺の $C_{\mathrm m0}$ は，$S_{\mathrm m0}$ の直接的な t 依存性から生ずる寄与を表す．2 行目のこの定義に現れる $I(y_{z0},t)$ は，常磁性相の場合と同じ (6.18) を表す．3 行目の右辺の定義からわかるように，$\Delta C_{\mathrm m}$ は，(6.24) の $S_{\mathrm m0}$ の被積分関数に含まれる $y_{z0}(t)$ を通した温度依存性から生ずる寄与と，補正項 $\Delta S_{\mathrm m}$ の温度微分の和である．最後の結果を導くために，$\Delta S_{\mathrm m}$ に関する (6.29) の (B) が用いられている．(A) の方を用い，次式のように表すこともできる．

$$\frac{1}{N_0 t}\Delta C_{\mathrm{m}} = -3\Bigg[\left(2\frac{\partial A(0,t)}{\partial t} + \frac{\partial A(y_{z0},t)}{\partial t}\right)\frac{\mathrm{d}y_{z0}(t)}{\mathrm{d}t}$$
$$+ 2y_{z0}(t)\frac{\partial^2 A(0,t)}{\partial t^2} + 5cy_1(0)\frac{\mathrm{d}}{\mathrm{d}t}\left(y_{z0}(t)\frac{\mathrm{d}\sigma_0^2(t)}{\mathrm{d}t}\right)\Bigg]$$

式 (6.30) から導かれる温度依存性の特徴として，次の 2 点を挙げることができる．

- 低温極限における比熱の温度係数の増強に寄与する新たな項が含まれている．
- 臨界温度近傍で鋭いピークが現れる．

これらのどちらも補正項 ΔC_{m} の存在に起因する．式 (6.30) を数値的に計算して求めた磁気比熱の温度依存性の例を図 6.2 に示す．それぞれの温度領域における比熱の補正項 ΔC_{m} の示す温度依存性について，すぐ次に詳しく説明する．

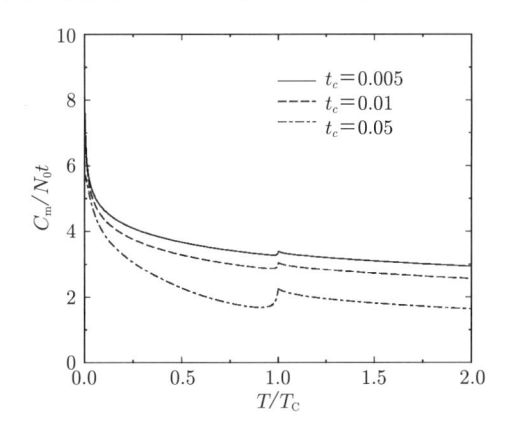

図 6.2 比熱の温度依存性の数値計算の例

低温極限，臨界点近傍の温度依存性

秩序が発生した場合に $y_{z0}(t)$ が有限の値を持つことから，(6.18) で定義した $I(y_{z0},t)$ については $t^{2/3} \ll y_{z0}(t)$ の条件が低温極限で成り立つ．ゆらぎの垂直成分による寄与 $I_c(0,t)$ も，スピン波の発生によって波数積分に下限が生じたため，平行成分の寄与 $I(y_{z0},t)$ とほぼ同程度の値となる．したがって発生した磁気モーメントの減少に伴い ($\sigma_0(0) \to 0$)，$C_{\mathrm{m}0}$ の温度係数が $\log[1/\sigma_0(0)]$ に比例して増大する．

$$\frac{1}{N_0 t}C_{\mathrm{m}0} \simeq \frac{1}{4}\Big[2\log(1/x_c^2) + \log(1/y_{z0})\Big] \simeq \frac{3}{2}\log[1/\sigma_0(0)]$$

168　第6章　磁気比熱の温度, 磁場依存性

発散はないにしても, これ以外に ΔC_{m} に含まれる次の項から大きな寄与が発生する.

$$\frac{1}{N_0 t}\Delta C_{\mathrm{m}} \simeq -3cy_{z0}(t)\frac{\mathrm{d}^2 y_{z0}(t)}{\mathrm{d}t^2} + 3y_{z0}\frac{\partial^2 A(y_{z0},t)}{\partial t^2} = \frac{1}{6}\left[\left(\frac{\pi}{4}\right)^4 + 2\left(\frac{\pi}{4}\right)^2 + 4\right]$$

これら $C_{\mathrm{m}0}$ と ΔC_{m} のそれぞれの温度依存性が図 6.3 の実線と破線で示されている. 温度を対数目盛でプロットし, 低温極限が拡大されて示されている. 太い実線が両方の和を表し, 上から $t_c = 0.005, 0.01, 0.05$ の場合に対応する.

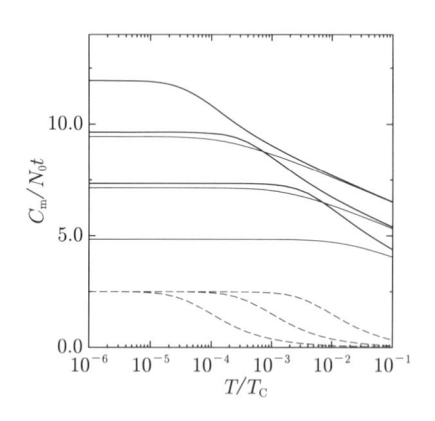

図 6.3 低温比熱の温度依存性. 細い実線と破線は, それぞれ $C_{\mathrm{m}0}/N_0 t$, $C_{\mathrm{m}1}/N_0 t$ による寄与を表す

一方, 臨界温度近傍で温度が上昇し, 臨界点に向かって $y \to 0$ となる状況で $y \ll t^{2/3}$ の条件が成り立つ. このときまず $C_{\mathrm{m}0}$ の値について, 常磁性相の場合の (6.21) と同様に, 次の式で表される.

$$\frac{1}{N_0 t}C_{\mathrm{m}} \simeq 9I(0,t) \simeq \frac{1}{2}\log(1/t)$$

臨界温度近傍の逆磁化率の温度変化, $y_{z0}(t) \propto (t_c-t)^2$, と熱ゆらぎの振幅 $A(y_{z0},t)$ の $\sqrt{y_{z0}}$ に比例する依存性から, (6.30) の補正項 ΔC_{m} に含まれる次の項から (t_c-t) に比例する温度変化が現れる.

$$\frac{1}{N_0 t}\Delta C_{\mathrm{m}} \simeq 3\left(\frac{\mathrm{d}y_{z0}(t)}{\mathrm{d}t}\right)^2 \left[y_{z0}(t)A''(y_{z0},t) + 3A'(y_{z0},t)\right] \\ + 3y_{z0}(t)A'(y_{z0},t)\frac{\mathrm{d}^2 y_{z0}(t)}{\mathrm{d}t^2}$$

残りの項は，これより高次の寄与となるため無視できる．臨界点の極限で微分係数 $\mathrm{d}^2 y_{z0}(t_c)/\mathrm{d}t^2 = y''_{zc}$ を定義し，さらに $A'(y_{z0}, t) \propto 1/\sqrt{y_{z0}}$ が成り立つことを利用し，上の式の右辺の項を次のように見積ることができる．

$$\left(\frac{\mathrm{d}y_{z0}(t)}{\mathrm{d}t}\right)^2 [y_{z0}(t)A''(y_{z0}, t) + A'(y_{z0}, t)]$$
$$\simeq (y''_{zc})^2 \left(\frac{\pi t}{16\sqrt{y_{z0}}} - \frac{\pi t}{8\sqrt{y_{z0}}}\right)(t_c - t)^2$$
$$= -\frac{\pi t}{\sqrt{2}} (y''_{zc})^{3/2} (t_c - t)$$
$$y_{z0}(t) A'(y_{z0}, t) \frac{\mathrm{d}^2 y_{z0}(t)}{\mathrm{d}t^2} \simeq -\frac{\pi t y''_{zc}}{2}\sqrt{y_{z0}} \simeq -\frac{\pi t}{\sqrt{2}}(y''_{zc})^{3/2}(t_c - t)$$

つまり補正項 ΔS_m は，秩序相においても $(t - t_c)$ に比例する変化を示す．

$$\frac{1}{N_0 t}\Delta C_\mathrm{m} \simeq 3\sqrt{2}\pi (y''_{zc})^{3/2}(t - t_c) \tag{6.31}$$

ただしその比例係数は，常磁性相の場合の (6.23) とは異なり正になる．そのため ΔC_m の温度勾配が臨界温度を境に正から負に変化し，温度依存性にピークが生ずる．図 6.2 の数値計算の結果にもその様子が現れている．

臨界温度近傍の比熱の温度依存性の実験結果を図 6.4 に紹介する．左図は，Fawcett et al. (1970) による MnSi についての測定結果 (文献[82] の Fig. 2) を表す．右図は，Ikeda, Gschneidner (1983) によって行われた Sc_3In についての測定結果の報告 (文献[83] の Fig. 2) から引用した図である．どちらのグラフも C/T の値を T^2 に対して

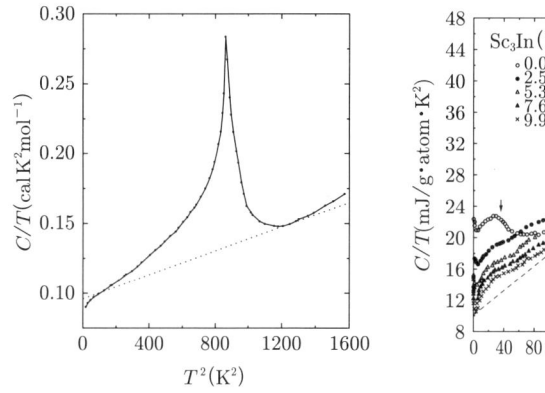

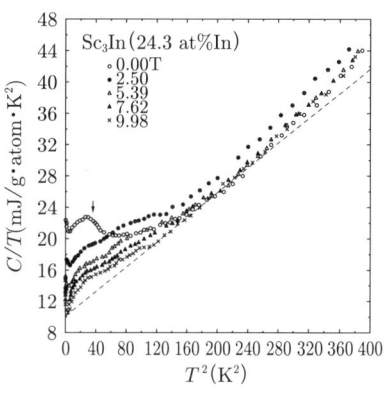

図 6.4　MnSi [82]と Sc_3In [83]の比熱の温度依存性

プロットし，破線で示した T^2 に比例する寄与は格子振動によるものと見なされている．低温で発生する磁気モーメントが比較的大きい MnSi の場合 ($t_c \sim 0.13$)，臨界温度で鋭いピークが観測されている．一方，低温で微小なモーメントが発生する Sc$_3$In の場合の t_c は，0.01 程度の小さな値であることが知られている．右図の磁場ゼロの場合の温度依存性は，MnSi のようなはっきりしたピークを臨界温度で示さない．これら両者の比較から，t_c の値の違いがピークの現れ方に影響することが明らかである．より大きな t_c の場合ほど明瞭なピークが現れるこの傾向は，図 6.2 の計算結果と一致する．

6.4 磁場中比熱の温度依存性

外部磁場が存在しないとし，つまり常磁性相の場合は $\sigma = 0$ であるとし，秩序相では有限の自発磁化 $\sigma = \sigma_0(t)$ が発生するとして温度依存性だけをこれまで問題にした．この節では外部磁場が存在する場合について，温度以外に σ に関する依存性についての次の 2 点を問題とする．

1. 温度を一定とした場合のエントロピーと比熱の σ 依存性

2. 外部磁場が存在する場合の温度変化

エントロピーの変化についての最初の問題では，熱力学の Maxwell の関係式が成り立つかどうかを確かめる必要がある．次の問題は，外部磁場が一定である状況の取り扱いを必要とする．変数 σ を独立変数とする取り扱いで，磁場一定の状況の温度変化を求める必要がある．まず，これらの問題についての説明から始めることにする．

以下の説明で必要となるため，外部磁場によって発生した磁気モーメントの方向に対する逆磁化率の垂直成分 $y(\sigma, t)$ と平行成分 $y_z(\sigma, t)$ の σ 依存性を改めて以下に示す．

$$y(\sigma, t) = y_0(t) + y_1(t)\sigma^2, \quad y_z(\sigma, t) = y_0(t) + 3y_1(t)\sigma^2 \quad \text{(常磁性相)}$$
$$y(\sigma, t) = y_1(t)[\sigma^2 - \sigma_0^2(t)], \quad y_z(\sigma, t) = 2y_1(t)\sigma_0^2(t) + 3y(\sigma, t) \quad \text{(秩序相)}$$
(6.32)

外部磁場による逆磁化率の変分も，次の式によって定義する．

$$\delta y(\sigma, t) = y(\sigma, t) - y(0, t), \quad \delta y_z(\sigma, t) = y_z(\sigma, t) - y_z(0, t) \quad \text{(常磁性相)}$$
$$\delta y(\sigma, t) = y(\sigma, t) - y(\sigma_0, t), \quad \delta y_z(\sigma, t) = y_z(\sigma, t) - y_z(\sigma_0, t) \quad \text{(秩序相)}$$
(6.33)

6.4.1 熱力学の Maxwell の関係式

ここで問題とする Maxwell の関係式について，まず簡単に説明する．磁化 M と温度 T を独立変数とする自由エネルギーの全微分について次の式が成り立つ．

$$dF(M,T) = -S_\mathrm{m}(M,T)dT + H(M,T)dM$$
$$-S_\mathrm{m}(M,T) = \frac{\partial F(M,T)}{\partial T}, \quad H(M,T) = \frac{\partial F(M,T)}{\partial M}$$

外部磁場 H とエントロピー S_m は，それぞれ自由エネルギーの M と T に関する偏微分として求められる．したがって，これらについてさらに T と M について偏微分して得られる 2 階の微分係数の間には，次の関係が成り立つ．

$$-\frac{\partial S_\mathrm{m}}{\partial M} = \frac{\partial^2 F}{\partial M \partial T}, \quad \frac{\partial H}{\partial T} = \frac{\partial^2 F}{\partial T \partial M}$$

この 2 つの式の左辺が等しいと置いて得られる次の式が，よく知られた Maxwell の関係式である．

$$\begin{aligned}
\frac{\partial S_\mathrm{m}}{\partial M} &= -\frac{\partial H}{\partial T} = -M\frac{\partial}{\partial T}\left(\frac{H}{M}\right)\bigg|_M, \\
\frac{1}{N_0}\frac{\partial S_\mathrm{m}(\sigma,t)}{\partial \sigma} &= -\frac{2T_A\sigma}{T_0}\frac{\partial y(\sigma,t)}{\partial t}
\end{aligned} \quad (6.34)$$

第 2 の式は，無次元化したパラメータ，$M = 2N_0\mu_\mathrm{B}\sigma$, $H = h/2\mu_\mathrm{B}$, $y = h/2T_A\sigma$, $t = T/T_0$ を用いて最初の式を書き換えたものである．さらに (6.32) によれば，弱磁場領域の微分係数 $\partial y(\sigma,t)/\partial t$ について次の近似が成り立つ．

$$\frac{\partial y(\sigma,t)}{\partial t} \simeq \begin{cases} \dfrac{dy_0(t)}{dt} & \text{常磁性相の場合 } (\sigma \simeq 0) \\ -y_1(t)\dfrac{d\sigma_0^2(t)}{dt} & \text{秩序相の場合 } (\sigma \simeq \sigma_0(t)) \end{cases} \quad (6.35)$$

これまでに求めたエントロピーが，実際に Maxwell の関係式を満たすかどうかを次に確かめてみる．

常磁性相の場合

この場合，外部磁場が存在しない場合のエントロピーについての (6.13) を，磁場の影響を考慮に入れて次式のように書き換える必要がある．

第 6 章 磁気比熱の温度，磁場依存性

$$\frac{1}{N_0}S_\mathrm{m}(\sigma,t) = -3\int_0^1 dx\, x^2\{2[\Phi(u)-u\Phi'(u)]+[\Phi(u_z)-u_z\Phi'(u_z)]\} \\ + \frac{1}{N_0}\Delta S_\mathrm{m}(\sigma,t), \qquad (6.36)$$

$$u = x(y+x^2)/t, \quad u_z = x(y_z+x^2)/t$$

右辺の第 2 項の補正項 ΔS_m の σ 依存性は，常磁性の場合の $\lambda(\sigma,t)$ に関する (6.8) と，補正項 $\Delta_1 F$ を用いて次のように求まる.

$$T_0 \Delta S_\mathrm{m}(\sigma,t) = -N_0 T_A \lambda(\sigma,t)\frac{\partial \Delta y_z(\sigma,t)}{\partial t} - \frac{\partial \Delta_1 F}{\partial t} \\ = \frac{3}{5} N_0 T_A \frac{dy_1(t)}{dt}\sigma^4$$

この寄与は，σ に関する高次項であるため無視することにする. (6.36) に含まれる u と u_z に対する外部磁場による影響は，(6.33) の逆磁化率の変分を用いて，$\delta u = x\delta y(\sigma,t)/t$, $\delta u_z = x\delta y_z(\sigma,t)/t$ と表される. これを (6.36) に代入し，エントロピーの変化が次のように求まる.

$$\frac{1}{N_0}\delta S_\mathrm{m}(\sigma,t) = 3\int_0^1 dx\, \frac{x^3}{t} u\Phi'(u)[2\delta y(\sigma,t)+\delta y_z(\sigma,t)] \\ = -3\frac{\partial A(y_0,t)}{\partial t}[2\delta y(\sigma,t)+\delta y_z(\sigma,t)] \qquad (6.37) \\ = -15 y_1(t)\frac{\partial A(y_0,t)}{\partial t}\sigma^2$$

この最後で，$2\delta y(\sigma,t)+\delta y_z(\sigma,t) = 5y_1(t)\sigma^2$ が成り立つことを用いた. 第 4 章の (4.22) によれば，常磁性相の場合の磁化率の温度依存性についての次の式が成り立つ.

$$c\frac{dy_0(t)}{dt} = A'(y_0,t)\frac{dy_0(t)}{dt} + \frac{\partial A(y_0,t)}{\partial t}$$

さらに (4.34) を用いて次の関係も導かれる.

$$\frac{dy_0(t)}{dt} = \frac{1}{c-A'(y_0,t)}\frac{\partial A(y_0,t)}{\partial t} = \frac{15 T_0}{T_A} y_1(t)\frac{\partial A(y_0,t)}{\partial t} \qquad (6.38)$$

この結果を (6.37) に代入し，常磁性相で成り立つ Maxwell の関係式 (6.34) がまず導かれる.

$$\frac{1}{N_0}\frac{\partial \delta S_\mathrm{m}}{\partial \sigma} = -\frac{2T_A \sigma}{T_0}\frac{dy_0(t)}{dt} \qquad (6.39)$$

磁気秩序相の場合

磁気秩序が発生する場合，磁場を印加したことによるエントロピー変化は次の式で与えられる．

$$\delta S_{\mathrm{m}}(\sigma, t) = 3N_0 \int_0^1 \mathrm{d}x \frac{x^3}{t} u\Phi'(u)[2\delta y(\sigma, t) + \delta y_z(\sigma, t)] + \delta \Delta S_{\mathrm{m}}$$

磁場による逆磁化率の変分 δy, δy_z は (6.35) で定義した．磁場が存在しない $\sigma = \sigma_0(t)$ のときに $y(\sigma_0, 0) = 0$ が成り立つため，$\delta y(\sigma, 0) = y(\sigma, 0)$ が成り立つ．まず常磁性相の場合と同様に，上の右辺の第 1 項を熱ゆらぎの振幅を用いて表すことができる．

$$\frac{1}{N_0}\delta S_{\mathrm{m}0}(\sigma, t) = -3\left[2\frac{\partial A(0,t)}{\partial t}\delta y + \frac{\partial A(y_{z0},t)}{\partial t}\delta y_z\right] \tag{6.40}$$

次に ΔS_{m} についての磁場の影響を求めるため，弱磁場領域で成り立つ (6.26) に，温度微分 $\mathrm{d}\lambda(\sigma_0, t)/\mathrm{d}t$ についての (6.28) を代入する．その結果，磁場による補正項への影響を以下のように表すことができる．

$$\begin{aligned}
\frac{1}{N_0}\delta \Delta S_{\mathrm{m}}(\sigma, t) &\sim \frac{T_A}{T_0}\left[\frac{\mathrm{d}\lambda(\sigma_0,t)}{\mathrm{d}t}\delta \Delta y_z(\sigma, t) - \delta\lambda(\sigma, t)\frac{\mathrm{d}y_{z0}(t)}{\mathrm{d}t}\right] \\
&= 3\left\{\frac{\partial A(y_{z0},t)}{\partial t} + \left[A'(y_{z0},t) - c\right]\frac{\mathrm{d}y_{z0}}{\mathrm{d}t}\right\}\delta y_z \\
&\quad + \left\{6\frac{\partial A(0,t)}{\partial t} + 15cy_1(0)\frac{\mathrm{d}\sigma_0^2(t)}{\mathrm{d}t}\right\}\delta y \\
&\quad - \frac{T_A}{T_0}\frac{\mathrm{d}y_{z0}(t)}{\mathrm{d}t}\delta\lambda(\sigma, t) \\
&= 3\left[\frac{\partial A(y_{z0},t)}{\partial t}\delta y_z + 2\frac{\partial A(0,t)}{\partial t}\delta y\right] + \frac{T_A}{T_0}\frac{\mathrm{d}\sigma_0^2(t)}{\mathrm{d}t}\delta y
\end{aligned} \tag{6.41}$$

ただし，上の最初の行の右辺の $\delta\Delta y_z \equiv \delta y_z - \delta y$ の係数 $\mathrm{d}\lambda(\sigma_0, t)/\mathrm{d}t$ について，δy_z については 2 行目で (6.28) の (B) を代入し，3 行目の δy については (A) を用いた．また $\delta\lambda(\sigma, t)$ については，(6.7) の定義とスピン振幅保存則を用いて導かれる次の関係が成り立つことを用いた．

$$\begin{aligned}
\frac{T_A}{T_0}\delta\lambda(\sigma, t) &= 2\left\{[A'(y_{z0},t) - c]\delta y_z - [A'(0,t) - c]\delta y\right\} - \frac{T_A}{3T_0}\delta\sigma^2 \\
&= 3[A'(y_{z0},t) - c]\delta y_z
\end{aligned}$$

このようにして得られた (6.40) と (6.41) の和によって，エントロピー変化についての次の結果が得られる．

174   第6章 磁気比熱の温度，磁場依存性

$$\frac{1}{N_0}\delta S_\mathrm{m}(\sigma,t) = \frac{T_A}{T_0}\frac{\mathrm{d}\sigma_0^2(t)}{\mathrm{d}t}\delta y(\sigma,t) \tag{6.42}$$

さらに右辺の変数 σ についての偏微分を求めることから，秩序相における Maxwell の関係式が導かれる．

$$\frac{1}{N_0}\frac{\partial S_\mathrm{m}(\sigma,t)}{\partial \sigma} = \frac{2T_A\sigma}{T_0}y_1(t)\frac{\mathrm{d}\sigma_0^2(t)}{\mathrm{d}t} \tag{6.43}$$

ただし，$\partial y(\sigma,t)/\partial\sigma = 2y_1(t)\sigma$ が成り立つことを用いた．

(6.41) を見ればわかるように，Maxwell の関係式に必要となる (6.42) の右辺が，自由エネルギーの補正項 $\delta\Delta S_\mathrm{m}$ の最後の項として含まれている．補正項のこれ以外の項と S_m0 とが相殺した結果，Maxwell の関係式が成り立つ．補正項の寄与を考慮に入れることが，特に秩序相では重要である．

6.4.2 磁場中の温度微分

外部磁場 h が一定である条件下での磁気比熱の温度依存性の計算には，磁気モーメント σ の関数である逆磁化率 $y(\sigma,t)$ や $y_z(\sigma,t)$ について，h が一定であるとして，温度についての微分を求める必要がある．以下に示すように，これらの条件付きの微分係数は，独立変数を σ とした場合の微分係数の値に関連づけることができる．

まず，逆磁化率の定義，$y(\sigma,t) = h/2T_A\sigma$ の両辺を，磁場が一定の条件下で温度微分することから次の関係が得られる．

$$\left.\frac{\partial y(\sigma,t)}{\partial t}\right|_h = -\frac{h}{2T_A\sigma^2}\left.\frac{\partial \sigma}{\partial t}\right|_h = -\frac{y(\sigma,t)}{\sigma}\left.\frac{\partial \sigma}{\partial t}\right|_h \tag{6.44}$$

同様に，同じ条件下での関数 $y(\sigma,t)$ の温度微分を次のように表すこともできる．

$$\left.\frac{\partial y(\sigma,t)}{\partial t}\right|_h = \frac{\partial y(\sigma,t)}{\partial t} + \frac{\partial y(\sigma,t)}{\partial \sigma}\left.\frac{\partial \sigma}{\partial t}\right|_h \tag{6.45}$$

これら2つの結果が等しいと置けば，外部磁場一定の条件下での σ の温度微分と y の温度微分との関係が導かれる．

$$-\frac{y(\sigma,t)}{\sigma}\left.\frac{\partial \sigma}{\partial t}\right|_h = \frac{\partial y(\sigma,t)}{\partial t} + \frac{\partial y(\sigma,t)}{\partial \sigma}\left.\frac{\partial \sigma}{\partial t}\right|_h$$

つまり，磁場が一定の条件下の温度微分 $\partial\sigma/\partial t|_h$ を次のように表すことができる．

$$\left[\frac{y(\sigma,t)}{\sigma} + \frac{\partial y(\sigma,t)}{\partial \sigma}\right]\left.\frac{\partial \sigma}{\partial t}\right|_h = \frac{y_z}{\sigma}\left.\frac{\partial \sigma}{\partial t}\right|_h = -\frac{\partial y(\sigma,t)}{\partial t},$$
$$\left.\frac{\partial \sigma}{\partial t}\right|_h = -\frac{\sigma}{y_z}\frac{\partial y(\sigma,t)}{\partial t} \tag{6.46}$$

上の結果を利用し，磁場一定下での任意の関数 $f(\sigma,t)$ の温度微分を次のように表すこともできる．

$$
\begin{aligned}
\left.\frac{\partial f(\sigma,t)}{\partial t}\right|_h &= \frac{\partial f(\sigma,t)}{\partial t} + \frac{\partial f(\sigma,t)}{\partial \sigma}\left.\frac{\partial \sigma}{\partial t}\right|_h \\
&= \frac{\partial f(\sigma,t)}{\partial t} - \frac{\sigma}{y_z}\frac{\partial y(\sigma,t)}{\partial t}\frac{\partial f(\sigma,t)}{\partial \sigma}
\end{aligned}
\tag{6.47}
$$

この特別な場合として，$f(\sigma,t)$ の代わりに $y(\sigma,t)$，または $y_z(\sigma,t)$ と置けば次の結果が得られる．

$$
\begin{aligned}
\left.\frac{\partial y(\sigma,t)}{\partial t}\right|_h &= \left(1 - \frac{\sigma}{y_z}\frac{\partial y}{\partial \sigma}\right)\frac{\partial y(\sigma,t)}{\partial t} = \frac{y}{y_z}\frac{\partial y(\sigma,t)}{\partial t}, \\
\left.\frac{\partial y_z(\sigma,t)}{\partial t}\right|_h &= \frac{\partial y_z(\sigma,t)}{\partial t} - \frac{\sigma}{y_z}\frac{\partial y(\sigma,t)}{\partial t}\frac{\partial y_z(\sigma,t)}{\partial \sigma}
\end{aligned}
\tag{6.48}
$$

これらの関係式が成り立つことを利用し，定磁場中の比熱の計算で必要となる種々の温度微分を，独立変数を σ, t として求めた偏微分係数を用いて表すことができる．

6.4.3 磁場中エントロピーと比熱の温度依存性

磁場効果に関してのこれまでの準備に基づき，次にエントロピーと比熱についての温度依存性や磁場依存性について説明する．最初は常磁性相の場合を取り上げ，その後で秩序相の場合について述べる．

常磁性相の磁場効果

まず，常磁性相での磁場によるエントロピー変化を表す (6.37) を再度ここに示す．

$$
\frac{1}{N_0}\delta S_\mathrm{m}(\sigma,t) = -3\frac{\partial A(y_0,t)}{\partial t}\left[2\delta y(\sigma,t) + \delta y_z(\sigma,t)\right]
\tag{6.49}
$$

定磁場中のエントロピーの温度変化を求めるには，磁場 h によって生ずる磁化 σ を各温度における磁化曲線の計算によって求め，その値を用いて上のエントロピー変化を求めればよい．

磁場中比熱を求めるには，(6.49) に含まれる $f(\sigma,t) = 2\delta y(\sigma,t) + \delta y_z(\sigma,t)$ の温度微分について (6.47) を用い，次のように求めることができる．

176 第 6 章 磁気比熱の温度, 磁場依存性

$$\begin{aligned}\frac{1}{N_0 t}\delta C_{\mathrm{m}} &= \frac{1}{N_0}\frac{\partial \delta S_{\mathrm{m}}}{\partial t} \\ &= -3\frac{\mathrm{d}}{\mathrm{d}t}\frac{\partial A(y_0,t)}{\partial t}(2\delta y + \delta y_z) - 3\frac{\partial A(y_0,t)}{\partial t}\left(2\frac{\partial \delta y}{\partial t}\bigg|_h + \frac{\partial \delta y_z}{\partial t}\bigg|_h\right) \\ &= -3\frac{\mathrm{d}}{\mathrm{d}t}\left(\frac{\partial A(y_0,t)}{\partial t}\right)(2\delta y + \delta y_z) \\ &\quad - 3\frac{\partial A(y_0,t)}{\partial t}\left[\left(2\frac{\partial \delta y}{\partial t} + \frac{\partial \delta y_z}{\partial t}\right) - \left(2\frac{\partial \delta y}{\partial \sigma} + \frac{\partial \delta y_z}{\partial \sigma}\right)\frac{\sigma}{y_z}\frac{\partial y}{\partial t}\right]\end{aligned}$$
(6.50)

ここで得られたエントロピーと比熱について, 温度領域の違いによるそれぞれの特徴を次に述べる. その前に, 磁場によるエントロピー変化を数値的な計算で求めた結果をまず図 6.5 に示す.

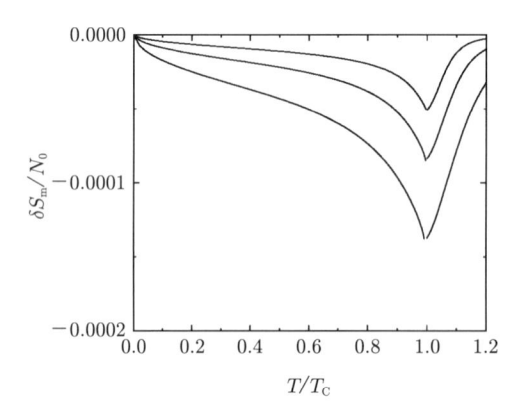

図 6.5 磁場中エントロピーの温度依存性. $t_c = T_{\mathrm{C}}/T_0 = 0.01$ に固定し, 磁場については $h = 0.05, 0.1, 0.2$ $(\times 10^{-5})$ を用いた

常磁性体の低温極限 磁気不安定点近傍の常磁性体の場合, 第 4 章の 4.2.1 節によれば低温極限における逆磁化率の温度依存性が次のように表される.

$$y_0(t) = y_0(0) + \frac{1}{24cy_0(0)}t^2 + \cdots \tag{6.51}$$

さらに常磁性相で $2\delta y(\sigma,t) + \delta y_z(\sigma,t) \simeq 5y_1(t)\sigma^2$ が成り立つことを (6.49) に代入し, 外部磁場によるエントロピーの抑制を表す次の結果が得られる.

$$\frac{1}{N_0}\delta S_{\mathrm{m}}(\sigma,t) = -\frac{5y_1(0)}{4y_0(0)}t\sigma^2 + \cdots \tag{6.52}$$

外部磁場がゼロの場合のこの極限のエントロピー $S_{\mathrm{m}}(0,t)$ は，低温磁気比熱 (6.21) と同じ温度変化を示す．これを上の磁場効果と組み合わせ，エントロピーの温度，磁場変化を次のように表すことができる．

$$S_{\mathrm{m}}(\sigma,t) = \frac{N_0}{4}t\left[3\log\left(\frac{1}{y_0(0)}\right) - 5\frac{y_1(0)}{y_0(0)}\sigma^2\right] + \cdots \tag{6.53}$$

この結果を，低温比熱の温度係数 $\gamma_{\mathrm{m}}(\sigma)$ に対する抑制効果として表すこともできる．

$$\gamma_{\mathrm{m}}(\sigma) = \lim_{t\to 0}\frac{C_{\mathrm{m}}(\sigma,t)}{T} = \frac{1}{T_0}\lim_{t\to 0}\frac{S_{\mathrm{m}}(\sigma,t)}{t} = \frac{3N_0}{4T_0}\left[\log\frac{1}{y_0(0)} - \frac{5y_1(0)}{3y_0(0)}\sigma^2\right]$$

同様に，磁場による比熱の相対的な値の変化としても表される．

$$\begin{aligned}\frac{\Delta C_{\mathrm{m}}(\sigma,0)}{C_{\mathrm{m}}(0,0)} &= \frac{C_{\mathrm{m}}(\sigma,0) - C_{\mathrm{m}}(0,0)}{C_{\mathrm{m}}(0,0)} = -\frac{5y_1(0)}{3y_0(0)}\log(1/y_0(0))\sigma^2 \\ &= -\frac{5y_1(0)}{3}\frac{1/y_0(0)}{\log(1/y_0(0))}\left(\frac{h}{T_A y_0(0)}\right)^2 = -\frac{5}{3}\frac{(\chi_0/N_0)^3 F_1}{\log(2T_A\chi_0/N_0)}h^2\end{aligned}$$

ただし，磁気モーメントと磁場の関係 $\sigma = h/T_A y_0$ を用い，χ_0 は $T = 0$ K における磁化率である．上の結果は Béal-Monod et al. (1968) [84] によって得られた次の式に対応する．

$$\frac{\Delta C_{\mathrm{m}}(\sigma,0)}{C_{\mathrm{m}}(0,0)} = -0.1\frac{S}{\log S}\left(\frac{H}{T_{sf}}\right)^2 \quad (S = (1-\alpha)^{-1},\ 1/T_{sf} \propto S\chi^0_{\mathrm{pauli}})$$

この式の S と H/T_{sf} はそれぞれ $1/y_0$ と $h/T_A y_0$ に対応し，α は第 1 章の強磁性発生のための Stoner 条件に現れる，$I\rho$ の値を表す．

高温常磁性領域 臨界温度近傍を除き，(6.50) の 2 行目の右辺に現れる逆磁化率の磁場による影響は，通常の磁場領域では，$2\delta y(\sigma,t) + \delta y_z(\sigma,t) \simeq 5y_1(t)\sigma^2$ が成り立つ．(6.38) によれば，$\partial A(y_0,t)/\partial t$ を $dy_0(t)/dt$ を用いて表すことができる．また，自由エネルギーの σ^4 項の係数 $y_1(t)$ の温度変化が小さく無視できるとし，次の近似が成り立つ．

$$\frac{\mathrm{d}}{\mathrm{d}t}\left(\frac{\partial A(y_0,t)}{\partial t}\right) \simeq \frac{T_A}{15T_0 y_1(t)}\frac{\mathrm{d}^2 y_0(t)}{\mathrm{d}t^2}$$

最後の行に現れる $[\partial y(\sigma,t)/\partial t]/y_z(\sigma,t)$ についても，この磁場効果が高次項になるため無視できるとすれば，$[\mathrm{d}y_0(t)/\mathrm{d}t]/y_0(t)$ を用いて近似できる．これらを用い，(6.50) についての次の近似が成り立つ．

$$\begin{aligned}\frac{\delta C_\mathrm{m}}{N_0 t} &\simeq -\frac{T_A}{T_0}\frac{\mathrm{d}^2 y_0(t)}{\mathrm{d}t^2}\sigma^2 - \frac{T_A}{5T_0 y_1(t)}\frac{\mathrm{d}y_0(t)}{\mathrm{d}t}\left(5\frac{\mathrm{d}y_1(t)}{\mathrm{d}t} - 10\frac{y_1(t)}{y_0(t)}\frac{\mathrm{d}y_0(t)}{\mathrm{d}t}\right)\sigma^2 \\ &\simeq -\frac{T_A}{T_0}\sigma^2\left[\frac{\mathrm{d}^2 y_0(t)}{\mathrm{d}t^2} - \frac{2}{y_0(t)}\left(\frac{\mathrm{d}y_0(t)}{\mathrm{d}t}\right)^2\right] = \frac{T_A}{4T_0}\frac{\mathrm{d}^2 y_0^{-1}(t)}{\mathrm{d}t^2}\frac{h^2}{T_A^2}\end{aligned}$$
(6.54)

ただし，最後の式では $\sigma = h/[2T_A y_0(t)]$ の近似が成り立つとした．

一般に，外部磁場による影響により，比熱 δC_m は h^2 に比例して正の増大を示す．磁化率の温度変化がキュリー・ワイス則 $y_0(t) \propto (t-t_c)$ に従う状況では，正の比例係数が温度変化 $t/(t-t_c)^3$ に従って減少する．外部磁場による秩序の発生に伴うエントロピー変化 δS_m は，図 6.5 にも示されているように常に負である．ただし，常磁性相における δS_m の温度変化は正の勾配を持つ．このため，エントロピーの温度微分で求まる比熱の増分 δC_m が正になる．上の結果によれば，h^2 の係数が臨界温度に向かって発散するように見える．実際には，高温領域で成り立つ近似を用いて得られたこの結果は，臨界温度までそのまま適用することはできない．

臨界点近傍 常磁性相の場合と同様に，(6.49) を用いて外部磁場によるエントロピーの変化 $\delta S_\mathrm{m}(\sigma, t_c)$ を求めることができる．逆磁化率については，$\delta y(\sigma, t_c) = y_c \sigma^4$，したがって $\delta y_z(\sigma, t_c) = 5 y_c \sigma^4$ が成り立つことから，次の結果が成り立つ．

$$\begin{aligned}\frac{1}{N_0}\delta S_\mathrm{m}(\sigma,t_c) &= -3\left.\frac{\partial A(0,t)}{\partial t}\right|_{t=t_c}(2y_c\sigma^4 + 5y_c\sigma^4) \\ &= -\frac{28 A(0,t_c)}{t_c}y_c\sigma^4\end{aligned}$$
(6.55)

熱ゆらぎの振幅の温度依存性について，$A(0,t) \propto t^{4/3}$，つまり

$$\frac{\partial A(0,t)}{\partial t} = \frac{4}{3t}A(0,t) \tag{6.56}$$

が成り立つことをここで用いた．

6.4 磁場中比熱の温度依存性

臨界点における比熱も，常磁性比熱の臨界温度の極限として，(6.50) を用いて求めることができる．そのために必要となる微分係数 $\partial y/\partial t$ を求めるには，スピン振幅保存則の温度微分によって得られる次の関係式が利用できる．

$$2\frac{\partial A(y,t)}{\partial t} + \frac{\partial A(y_z,t)}{\partial t} + 2\Big[A'(y,t)-c\Big]\frac{\partial y}{\partial t} + \Big[A'(y_z,t)-c\Big]\frac{\partial y_z}{\partial t} = 0 \quad (6.57)$$

臨界点近傍で支配的となる $A'(y,t)$ に含まれる $1/\sqrt{y}$ 依存性のため，上の式は以下のように近似できる．

$$-\frac{\pi t_c}{4\sqrt{y}}\frac{\partial y}{\partial t} - \frac{\pi t_c}{8\sqrt{y_z}}\frac{\partial y_z}{\partial t} + \frac{4}{t_c}A(0,t_c) \simeq 0 \quad (6.58)$$

(6.57) の最初の 2 項の $\sqrt{y}$, $\sqrt{y_z}$ 依存性は無視でき，したがって $y = y_z = 0$ と置いた (6.56) が成り立つことを用いた．さらに $y(\sigma,t) = \delta y(\sigma,t)$ と $y_z(\sigma,t) = \delta y_z(\sigma,t)$ についての σ^4 に比例する依存性を (6.58) に代入すると，$\partial y/\partial t$ が σ^2 に比例し，したがって，$\partial y_z/\partial t = \partial y/\partial t + \sigma \partial(\partial y/\partial t)/\partial \sigma \simeq 3\partial y/\partial t$ が成り立つこともわかる．(6.58) が成り立つ条件から σ^2 の係数が決まり，次の結果が得られる．

$$\frac{\partial y(\sigma,t)}{\partial t} \simeq \frac{32\sqrt{5y_c}}{(2\sqrt{5}+3)\pi t^2}A(0,t)\sigma^2$$

これらの結果を (6.50) に代入し，磁場による σ^2 に比例する比熱への影響が次のように求まる．

$$\begin{aligned}
\frac{\delta C_{\mathrm{m}}}{N_0 t_c} &= \left[-3\frac{\mathrm{d}}{\mathrm{d}t}\frac{\partial A(y_0,t)}{\partial t}\bigg|_{y_0=0}(2y+y_z) + \frac{9}{5}\frac{\partial A(0,t)}{\partial t}\frac{\partial y(\sigma,t)}{\partial t}\right]_{t=t_c} \\
&= \frac{384\sqrt{5y_c}}{5(2\sqrt{5}+3)\pi t_c^3}A^2(0,t_c)\sigma^2 + \frac{56}{3t_c^2}A(0,t_c)y_c\sigma^4 \\
&= \frac{8A^3(0,t_c)}{t_c^4}\left[\frac{20}{\pi(2+\sqrt{5})}\right]^2\left[\frac{7}{3}\left(\frac{\sigma}{\sigma_s}\right)^4 + \frac{12(5+2\sqrt{5})}{25(2\sqrt{5}+3)}\left(\frac{\sigma}{\sigma_s}\right)^2\right]
\end{aligned}$$
(6.59)

ただし，(6.50) の第 1 項の係数と，最後の項の σ に関する微分係数について以下の関係が成り立つことを用いた．

$$\frac{\mathrm{d}}{\mathrm{d}t}\left.\frac{\partial A(y_0,t)}{\partial t}\right|_{y_0=0} = \left.\frac{\partial A'(y_0,t)}{\partial t}\frac{\mathrm{d}y_0(t)}{\mathrm{d}t}\right|_{y_0=0} + \frac{\partial^2 A(0,t)}{\partial t^2}$$

$$\simeq -\left.\frac{\pi}{8\sqrt{y_0(t)}}\frac{\mathrm{d}y_0(t)}{\mathrm{d}t}\right|_{y_0=0} + \frac{4}{9t^2}A(0,t)$$

$$= -\frac{8}{9t^2}A(0,t)$$

$$\frac{\sigma}{y_z}\left(2\frac{\partial y}{\partial \sigma} + \frac{\partial y_z}{\partial \sigma}\right) = \frac{4(2y+y_z)}{y_z} = \frac{28}{5}$$

第 4 章の臨界温度近傍の磁化率の温度依存性について得られた式 (4.26), つまり $\sqrt{y_0(t)} \simeq 4[A(0,t) - A(0,t_c)]/\pi t$ が成り立つことも用いられている.

秩序相における磁場効果

磁気秩序が発生する場合のエントロピーは, (6.42) 式において $\delta y(\sigma,t) = y(\sigma,t)$ と置いた次の式で与えられる.

$$\frac{1}{N_0}\delta S_\mathrm{m}(\sigma,t) = \frac{T_A}{T_0}y(\sigma,t)\frac{\mathrm{d}\sigma_0^2(t)}{\mathrm{d}t} = 15A(0,t_c)\frac{\mathrm{d}U(t)}{\mathrm{d}t}y(\sigma,t),$$
$$U(t) = \frac{\sigma_0^2(t)}{\sigma_0^2(0)} \tag{6.60}$$

熱ゆらぎの振幅 $A(0,t_c)$ と $\sigma_0^2(0)$ の間に成り立つ第 4 章の (4.8) の関係がここで用いられている.

磁気比熱を求めるには, 定磁場の条件下で上のエントロピーをさらに温度で微分すればよい. 以下に示すように, その結果は 2 つの寄与の和として表される.

$$\frac{1}{t}\delta C_\mathrm{m}(\sigma,t) = \left.\frac{\partial \delta S_\mathrm{m}(\sigma,t)}{\partial t}\right|_h = \frac{1}{t}[\delta C_{\mathrm{m}1}(\sigma,t) + \delta C_{\mathrm{m}2}(\sigma,t)],$$
$$\frac{1}{N_0 t}\delta C_{\mathrm{m}1}(\sigma,t) = 15A(0,t_c)y(\sigma,t)\frac{\mathrm{d}^2 U(t)}{\mathrm{d}t^2},$$
$$\frac{1}{N_0 t}\delta C_{\mathrm{m}2}(\sigma,t) = 15A(0,t_c)\frac{\mathrm{d}U(t)}{\mathrm{d}t}\left.\frac{\partial y(\sigma,t)}{\partial t}\right|_h$$
$$= 15A(0,t_c)\frac{\mathrm{d}U(t)}{\mathrm{d}t}\frac{y(\sigma,t)}{y_z(\sigma,t)}\frac{\partial y(\sigma,t)}{\partial t} \tag{6.61}$$

第 2 項の $\delta C_{\mathrm{m}2}$ に含まれる定磁場中の $y(\sigma,t)$ の温度微分について, (6.48) が成り立つことを用いた. 以下に温度領域の違いによるエントロピーと比熱の磁場による影響についての特徴について述べる.

6.4 磁場中比熱の温度依存性

低温秩序相の比熱の磁場依存性 第 4 章の磁気秩序相についての説明によれば，逆磁化率の σ 依存性や，規格化した自発磁化 $U(t)$ の温度変化が，低温極限で次のように表される．

$$y(\sigma,t) = y_1(t)[\sigma^2 - \sigma_0^2(t)] \simeq y_1(0)[\sigma^2 - \sigma_0(0)^2] = \frac{1}{c}A(0,t_c)\left[\frac{\sigma^2}{\sigma_0(0)^2} - 1\right],$$

$$y_z(\sigma,t) = y_{z0}(t) + 3y_1(t)[\sigma^2 - \sigma_0^2(t)] \simeq 2y_{z0}(0) + \frac{3}{c}A(0,t_c)\left[\frac{\sigma^2}{\sigma_0(0)^2} - 1\right],$$

$$U(t) = 1 - \frac{\alpha_0 t^2}{360 A^2(0,t_c)} + \cdots, \quad \alpha_0 = c[(\pi/2)^4 + 5(\pi/2)^2 + 4]$$

これらを (6.60) に代入し，まずエントロピーの磁場依存性を求めることができる．

$$\begin{aligned}\frac{1}{N_0}\delta S_\mathrm{m}(\sigma,t) &= \frac{15}{c}A^2(0,t)\left[\frac{\sigma^2}{\sigma_0^2(0)} - 1\right]\frac{\mathrm{d}U(t)}{\mathrm{d}t} \\ &= -\frac{\alpha_0 t}{120 c}\left[\frac{\sigma^2}{\sigma_0^2(0)} - 1\right]\end{aligned} \quad (6.62)$$

比熱に関しては，この場合の $\delta C_{\mathrm{m}2}$ による寄与をまず無視できる．(6.61) の右辺の $\mathrm{d}U(t)/\mathrm{d}t$ が t に比例し，また (6.35) によれば $y(\sigma,t)$ の温度微分も t に比例し，全体として t^2 に比例するためである．したがって常磁性相の場合と同様に低温比熱の温度係数 $\gamma_\mathrm{m}(\sigma) = C_\mathrm{m}/T$ を定義すれば，磁場の影響によるその変化量 $\delta\gamma_\mathrm{m}(\sigma) = \gamma_\mathrm{m}(\sigma) - \gamma_\mathrm{m}(0)$ が次のように表される．

$$\begin{aligned}\frac{1}{N_0}\delta\gamma_\mathrm{m}(\sigma) &= \frac{15}{T_0}A(0,t_c)\frac{\mathrm{d}^2 U(t)}{\mathrm{d}t^2}y(\sigma,t) \\ &= \frac{T_A^2 \sigma_0^2(0)}{15 c T_0^3}\frac{\mathrm{d}^2 \sigma_0^2(t)}{\mathrm{d}t^2}\left[\frac{\sigma^2}{\sigma_0^2(0)} - 1\right] \\ &= \frac{1}{2}F_1 \sigma_0^2(0)\frac{\mathrm{d}^2 \sigma_0^2(t)}{\mathrm{d}T^2}\left[\frac{\sigma^2}{\sigma_0(0)^2} - 1\right]\end{aligned} \quad (6.63)$$

係数 F_1 は第 4 章で説明した自由エネルギーの磁化 M に関する 4 次の展開係数 (4.11) である．弱磁場領域で成り立つ次の関係を用い，変数 σ を用いて得られた $\delta\gamma_\mathrm{m}$ の磁場依存性を，外部磁場 h についての依存性として表すこともできる．

$$\left[\frac{\sigma^2}{\sigma_0^2(0)} - 1\right] = \frac{y(\sigma,0)}{y_1(0)\sigma_0^2(0)} = \frac{h}{2T_A y_1(0)\sigma_0^3(0)}\frac{\sigma_0(0)}{\sigma} \simeq \frac{h}{2T_A y_1(0)\sigma_0^3(0)}$$

上の式を (6.63) に代入して整理すれば，弱磁場極限で $\delta\gamma_\mathrm{m}$ が外部磁場 h に比例することがわかる．その係数は自発磁化 $\sigma_0^2(t)$ の温度 T に関する 2 次の微分係数を用いて次のように表される．

$$\frac{1}{N_0}\frac{\partial \gamma_{\rm m}}{\partial h} = \frac{F}{4T_A y_1(0)\sigma_0(0)}\frac{{\rm d}^2\sigma_0^2(t)}{{\rm d}T^2} = \frac{\sigma_0(0)}{2T_0^2}\frac{{\rm d}^2 U(t)}{{\rm d}t^2} = -\frac{5\alpha_0}{8T_A^2 \sigma_0^3(0)}$$

$U(t)$ の温度変化と $A(0,t_c) = T_A \sigma_0^2(0)/15T_0$ が成り立つことをここで用いた.

臨界温度近傍の秩序相 第 4 章の (4.69) によれば,臨界温度近傍の自発磁化の温度変化とその温度微分が次のように表される.

$$U(t) = a_c\left[1 - \left(\frac{t}{t_c}\right)^{4/3}\right], \quad \frac{{\rm d}U(t)}{{\rm d}t} = -\frac{4a_c}{3t}\left(\frac{t}{t_c}\right)^{4/3} \simeq -\frac{4a_c}{3t_c}$$

上の微分係数 ${\rm d}U(t)/{\rm d}t$ の値と $y(\sigma,t_c) = y_c \sigma^4$ を (6.60) に代入し,磁場の影響によるエントロピー変化を求めることができる.

$$\frac{1}{N_0}\delta S_{\rm m}(\sigma,t) = 15A(0,t_c)\left(-\frac{4a_c}{3t_c}\right)y_c \sigma^4 = -\frac{20a_c}{t_c}y_c A(0,t_c)\sigma^4 \quad (6.64)$$

この結果と常磁性相の場合の (6.55) との比較から,臨界温度でエントロピーが連続であるための条件から,$a_c = 7/5$ が得られる.第 4 章の (4.56) で,スピン波によって生ずる波数積分の切断に関係するパラメータ ξ を導入した.この a_c の値は,$\xi = 1$ が成り立つことを意味する.

比熱に関しては,$U(t)$ の温度に関する 2 次の微分係数が必要となる.その値を求めるには,(4.59) で定義した $U(t)$ と $V(t)$ について次の展開が成り立つと仮定すればよい.

$$U(t) = -u_1(t-t_c) - \frac{u_2}{2}(t-t_c)^2 + \cdots, \quad V(t) = \frac{v_2}{2}(t-t_c)^2 + \frac{v_3}{6}(t-t_c)^3 + \cdots$$

これらを (4.60) の連立方程式に代入し,$(t-t_c)$ に関するべき展開の各次数の係数を比較することによって上の展開の係数を求めることができる.1 次の係数 u_1 は,$4a_c/3t_c$ に等しい.(6.61) によれば,展開係数 u_1 と u_2 を用いて比熱の磁場による影響を,次のように表すことができる.

$$\frac{\delta C_{\rm m}(h,t)}{N_0 t} = -15A(0,t_c)\left[u_2 y(\sigma,t) + u_1 \left.\frac{\partial y(\sigma,t)}{\partial t}\right|_h\right] \quad (6.65)$$

磁場中では物理量が連続的に変化し,したがって常磁性相の場合と同様に,$y(\sigma,t)$ と $\partial y(\sigma,t)/\partial t$ はどちらも正で,それぞれ σ^4 と σ^2 に比例する.上の $\delta C_{\rm m}$ はそのため負になる.これは,図 6.5 の外部磁場によるエントロピー変化 $\delta S_{\rm m}$ が,秩序相で負の勾配の温度変化を示すことに対応する.常磁性相の場合の (6.59) の $\delta C_{\rm m}$ は正であることから,臨界温度で $\delta C_{\rm m}$ が不連続に変化する.

6.4.4 磁場効果の数値的な計算

任意の温度で外部磁場が存在する場合のエントロピーと比熱を求めるには，磁場 h によって発生した磁化 σ の値と，逆磁化率 $y(\sigma,t)$, $y_z(\sigma,t)$ の温度微分を数値的に求める必要がある．その具体的な計算のしかたについて簡単に説明する．

独立変数を σ とする場合

磁化 σ を独立変数とした取り扱いの場合，6.4.2 節で説明した方法に従って，エントロピーや比熱の計算で必要となる温度微分の値が求められる．例えば外部磁場が一定の条件下での温度微分 $\partial y/\partial t|_h$ を求めるにはまず $\partial y(\sigma,t)/\partial t$ の値を求め，その後で (6.48) を用いて求められる．このとき必要となる微分係数 $\partial y(\sigma,t)/\partial t$ は，スピンゆらぎの TAC 条件と，それを温度 t に関して偏微分して得られる次の 2 つの方程式を用いて求められる．

$$2A(y,t) + A(y_z,t) - c(2y + y_z) + 5cy_1(0)\sigma^2 = 3A(0,t_c),$$
$$2\left[A'(y,t) - c_z\right]\frac{\partial y}{\partial t} + \left[A'(y_z,t) - c_z\right]\frac{\partial y_z}{\partial t} + 2\frac{\partial A(y,t)}{\partial t} + \frac{\partial A(y_z,t)}{\partial t} = 0 \tag{6.66}$$

逆磁化率 $y_z(\sigma,t)$ と $y(\sigma,t)$ の間に成り立つ関係と，その温度微分から次の 2 つの関係式も成り立つ．

$$y_z(\sigma,t) = y(\sigma,t) + \sigma\frac{\partial y(\sigma,t)}{\partial \sigma}, \quad \frac{\partial y_z(\sigma,t)}{\partial t} = \frac{\partial y(\sigma,t)}{\partial t} + \sigma\frac{\partial}{\partial \sigma}\left(\frac{\partial y(\sigma,t)}{\partial t}\right)$$

したがって，(6.66) に含まれる $y_z(\sigma,t)$ と $\partial y_z(\sigma,t)/\partial t$ は，どちらも $y(\sigma,t)$ と $\partial y(\sigma,t)/\partial t$ の σ に関する導関数を用いて表される．つまり (6.66) を，変数を σ とする 2 つの関数 $y(\sigma,t)$ と $\partial y(\sigma,t)/\partial t$ についての連立微分方程式と見なせる．数値的な計算では，これら 2 つの未知関数の σ に関する導関数の値も同時に得られ，それらを用いて $y_z(\sigma,t)$ と $\partial y_z(\sigma,t)/\partial t$ の値も求まる．磁化 σ に対応する磁場 h を求めるには，$h = 2T_A\sigma y(\sigma,t)$ の定義が用いられる．

独立変数を h とする場合

上に述べた方法とは別に，磁場 h を独立変数として取り扱うこともできる．変数 σ の関数として $y(\sigma,t)$ を求める代わりに，磁化 $\sigma(h,t)$ を h の関数として求めようとする方法である．今の場合は温度についての導関数 $\partial\sigma(h,t)/\partial t$ も必要である．これ

らについても同じ (6.66) を用いて求められる．そのために変数 y と y_z についての定義から，これらと h, σ との間に次の関係が成り立つことを利用する．

$$\frac{\sigma}{h} = \frac{1}{2T_A y(\sigma,t)}, \quad \frac{\partial \sigma}{\partial h} = \frac{1}{2T_A y_z(\sigma,t)} \tag{6.67}$$

これらを (6.66) の上の式に代入して y と y_z を消去すれば，関数 $\sigma(h,t)$ についての微分係数 $\partial \sigma/\partial h$ を，h と σ の値を用いて求める式が得られる．つまりこの式は，$\sigma(h,t)$ を h の関数として求めるための微分方程式と見なせる．

微分係数 $\partial \sigma/\partial t$ も (6.66) の下の式を用いて求められる．まず (6.67) の y_z の定義から，この定磁場下の温度微分が次のように表されることに着目する．

$$\begin{aligned}\frac{\partial y_z(\sigma,t)}{\partial t}\bigg|_h &= \frac{1}{2T_A}\frac{\partial}{\partial t}\left(\frac{\partial \sigma}{\partial h}\right)^{-1} = -\frac{1}{2T_A}\left(\frac{\partial \sigma}{\partial h}\right)^{-2}\frac{\partial}{\partial t}\left(\frac{\partial \sigma}{\partial h}\right) \\ &= -2T_A y_z^2 \frac{\partial}{\partial h}\left(\frac{\partial \sigma}{\partial t}\right)\end{aligned}$$

この微分係数は，y_z を σ と t の関数と見なした次の式を用いて表すこともできる．

$$\frac{\partial y_z(\sigma,t)}{\partial t}\bigg|_h = \frac{\partial y_z(\sigma,t)}{\partial t} + \frac{\partial y_z(\sigma,t)}{\partial \sigma}\frac{\partial \sigma}{\partial t}\bigg|_h, \quad \frac{\partial \sigma}{\partial t}\bigg|_h = \frac{\partial \sigma(h,t)}{\partial t}$$

これら 2 つの式が等しいとして，次の関係が成り立つ．

$$\frac{\partial y_z(\sigma,t)}{\partial t} = -2T_A y_z^2 \frac{\partial}{\partial h}\left[\frac{\partial \sigma(h,t)}{\partial t}\right] - \frac{\partial y_z}{\partial \sigma}\frac{\partial \sigma(h,t)}{\partial t}$$

(6.66) の下の式の左辺の第 1 項の $\partial y/\partial t$ と第 2 項の $\partial y_z/\partial t$ に (6.46) と上の結果を代入し，それぞれ書き換えることができる．

$$\begin{aligned} 2\Big[A'(y,t)-c\Big]\frac{\partial y(\sigma,t)}{\partial t} &= -2\Big[A'(y,t)-c\Big]\frac{y_z}{\sigma}\frac{\partial \sigma}{\partial t} \\ \Big[A'(y_z,t)-c_z\Big]\frac{\partial y_z(\sigma,t)}{\partial t} &= \Big[A'(y_z,t)-c_z\Big]\left[-2T_A y_z^2 \frac{\partial}{\partial h}\left(\frac{\partial \sigma}{\partial t}\right) - \frac{\partial y_z}{\partial \sigma}\frac{\partial \sigma}{\partial t}\right] \\ &= -2T_A y_z^2 \Big[A'(y_z,t)-c_z\Big]\frac{\partial}{\partial h}\left(\frac{\partial \sigma}{\partial t}\right) \\ &\quad + \left\{2\Big[A'(y,t)-c\Big]\frac{\partial y}{\partial \sigma} + 10cy_{10}\sigma\right\}\frac{\partial \sigma}{\partial t}\end{aligned}$$

ただし，上の 2 番目の式の右辺に現れる $\partial y_z/\partial \sigma$ について，(6.66) の第 1 式を σ に

ついて微分して得られる次の式が成り立つことを用いた．

$$2\Big[A'(y,t)-c_z\Big]\frac{\partial y}{\partial \sigma}+\Big[A'(y_z,t)-c_z\Big]\frac{\partial y_z}{\partial \sigma}+10c_zy_{10}\sigma=0$$

これらの結果を代入し，最終的に (6.66) の下の式が次のように書き換えられる．

$$2T_Ay_z^2\Big[A'(y_z,t)-c_z\Big]\frac{\partial}{\partial h}\left(\frac{\partial \sigma}{\partial t}\right)\\=\left\{-2\Big[A'(y,t)-c_z\Big]\frac{y}{\sigma}+10c_zy_{10}\sigma\right\}\frac{\partial \sigma}{\partial t}+2\frac{\partial A(y,t)}{\partial t}+\frac{\partial A(y_z,t)}{\partial t} \tag{6.68}$$

この式を用い，与えられた h，σ，$\partial\sigma/\partial h$，および $\partial\sigma/\partial t$ の値を用い，左辺の変数 h に関する関数 $\partial\sigma/\partial t$ の微分係数を求めることができる．したがって，(6.66) の上の式と (6.68) の 2 つの式を，関数 $\sigma(h,t)$ と $\partial\sigma(h,t)/\partial t$ を求めるための連立微分方程式と見なせる．常磁性相の場合の $\sigma=0$ における初期条件は次のように与えられる．

$$2T_Ay_0(t)^2\frac{\partial}{\partial h}\left(\frac{\partial \sigma}{\partial t}\right)=-\frac{\mathrm{d}y_0(t)}{\mathrm{d}t}$$

この方法を用い，定磁場下の比熱の計算で必要となる，温度に関する微分係数の値を直接的に求めることができる．

磁場中エントロピーと比熱の温度依存性の計算結果

磁場中エントロピーの温度依存性についての (6.49) と (6.60) について，数値的な計算によって求めた磁場中エントロピーの温度依存性の結果をすでに図 6.5 に示した．この図に示されているように，どの温度領域でも外部磁場の影響によってエントロピーが減少する．磁場による磁気ゆらぎの抑制が秩序の発生をもたらし，それがエントロピーの減少となって現れたと見なすことができる．計算で用いたパラメータは図の説明文の中に示した．比熱がエントロピーの温度微分から求まるため，この図の温度変化の特徴が比熱の温度依存性に反映される．臨界点近傍と低温極限でエントロピーが急な温度変化を示している．これらの温度領域における比熱の値の増大が予想される．

常磁性相 ($T_\mathrm{C}<T$) の場合の磁場中比熱についての数値計算の例が図 6.6 である．磁場をある値に固定し，比 $t_c=T_\mathrm{C}/T_0$ の値を変えて計算した結果を表す．用いたパラメータの値を図の説明文に示した．臨界温度より少し高い温度でピークが現れるが，t_c の値が小さいほどそのピーク幅が広がる傾向を見せる．ただし，この図の温度は実

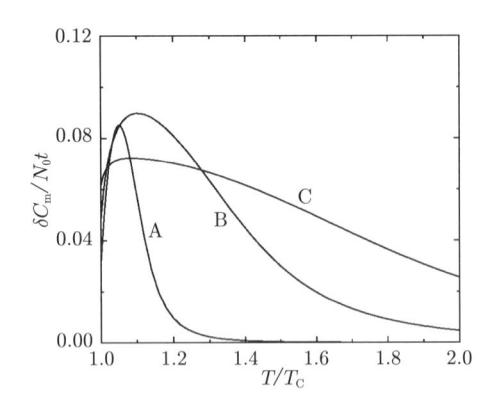

図 6.6 常磁性状態における磁場中比熱の温度依存性. $h = 1.0 \times 10^{-5}$, $t_c = T_C/T_0 = 0.05$ (A), 0.01 (B), 0.005 (C)

際の温度ではなく,T_C の値でスケールした温度 T/T_C であることに注意する必要がある.

この章の最初に述べたように,低温で微弱なモーメントが発生する化合物 Sc_3In について,Takeuchi と Masuda (1979) が行った 比熱の磁場依存性の測定結果が報告されている[42]. この論文から引用した図 6.1(右) によれば,常磁相の臨界温度より少し高い温度で $\delta C_m/T$ がピークを示し,その値は 2 mJ/K^2 g-atom 程度である. これは磁性がすべての原子に発生するとして求めた値であるが,Sc だけがモーメントを持つとし,磁性原子 1 個当たりの値に換算すると,$T_0(\delta C_m/N_0 T)_{max} \simeq 0.16$ が得られる. ただし T_0 として 500 K の値を用いた. すでに知られたこの化合物のスピンゆらぎのスペクトルパラメータの値を用い,数値的な計算によって比熱のピーク値を求めると,観測値とほぼ同程度の 0.1 が得られる.

磁気秩序相 $(T < T_C)$ の場合の磁場中比熱の温度依存性の計算例を図 6.7 に示す. 特に臨界温度近傍と低温極限で,比熱の値が急激な減少を示す. 図 6.5 の磁場中エントロピーがこの温度領域で示す急な温度変化に対応する. これは (6.61) の δC_{m1} の寄与から生じ,自発磁化 についての 2 階微分 $d^2U(t)/dt^2$ の温度変化による影響である.

通常の磁気測定に比べ,磁気比熱の温度依存性や磁場効果についての測定はあまり見当たらない. 実験結果との比較による理論の検証が,今後の課題として残されている.

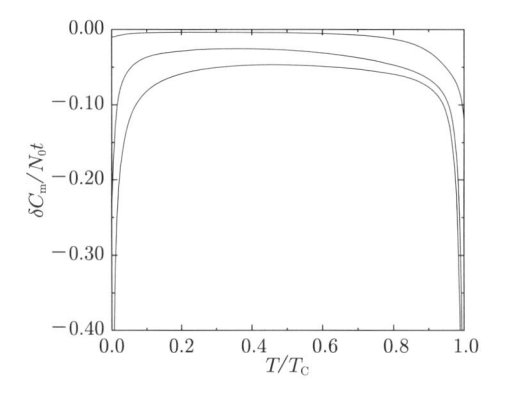

図 6.7 秩序状態における磁場中比熱の温度依存性. $h = 1.0 \times 10^{-5}$, $t_c = T_C/T_0 = 0.005, 0.01, 0.05$ (下から順に)

6.5 比熱に関するまとめ

最後にこの章で述べたことを簡単にまとめる. 章の冒頭で指摘したように, SCR 理論による磁気比熱の取り扱いにはいくつかの問題があった. その解決のため, この章ではスピンのゼロ点ゆらぎの寄与が含まれ, 振幅保存則と矛盾しない自由エネルギーを用いてエントロピーと比熱の温度, 磁場効果を導いた. 現在では常磁性相か秩序相かに関わらず, 広い温度や磁場領域におけるエントロピーと比熱の統一的な取り扱いが可能となっている. 以下にその例を挙げる.

- 磁場中も含め, エントロピーや比熱の温度依存性について, 特に低温極限, 臨界温度近傍, 高温領域などの温度領域に関して実験結果と定量的に比較可能な結果を導くこと.

- 熱力学の Maxwell の関係と矛盾しないエントロピーを導くこと.

  エントロピーの磁場効果の取り扱いに, よくこの関係式の成り立つことが用いられる. 実際にこの関係を満たすエントロピーを直接求めることはそれほど容易ではない.

  この結果を用い, 比熱の磁場効果に $d^2\sigma_0^2(t)/dt^2$ に比例する項が現れることを明らかにできた. Takeuchi, Masuda (1979) による結果[42]には, 1 次の微分係数 $d\sigma_0(t)/dt$ が含まれている.

第7章
磁気体積効果へのスピンゆらぎの影響

　磁気体積効果とは，磁性体の体積と磁性とが互いに影響を及ぼし合って変化する現象のことである．例えば外部から加えた圧力によって生ずる体積変化によって，自発磁化や磁気相転移温度が変化し，逆に自発磁化の発生が原因で大きな体積膨張が発生することである．磁気的な原因による磁性体の体積変化 δV は，よく次の式を用いて表される．

$$\delta V = \kappa C_s M_0(T)^2 + \kappa C_h [M^2 - M_0^2(T)] \tag{7.1}$$

これまでと同様に $M_0(T)$ は自発磁化を表し，この章では結晶の圧縮率を κ を用いて表すことにする．最初の項は，秩序相で発生する自発磁化に伴う体積変化を表し，第 2 項は外部磁場の影響で増大する磁気モーメント M による変化である．それぞれの場合における体積変化と体積との比 $\omega \equiv \delta V/V$ のことを，自発磁気体積磁歪 (spontaneous magnetostriction)，強制磁気体積磁歪 (forced magnetostriction) と呼ぶ．上の (7.1) に現れる係数 C_s と C_h は，それぞれに対応する磁気体積結合定数（磁気弾性結合定数）である．熱膨張の現象など，弾性体として固体を取り扱う場合，体積変化そのものよりも体積歪 ω が用いられる．

　磁性体の中でもインバー合金は，この性質が際立って現れる例としてよく知られている．この合金では，格子振動などが原因による温度上昇に伴う体積膨張と，この効果に付随して生ずる収縮が互いに打ち消し合い，ある温度範囲で熱膨張が極めて小さくなるという性質を示す．そのため精密機械の材料として用いられるなど，工学的な応用に役立てられている．また，弱い遍歴電子強磁性体は，発生する磁気モーメントが微弱であるにも関わらず，大きな磁気体積結合定数を持つことが知られている．こうした理由などから，1960 年代後半から 1980 年頃にかけて，圧力依存性などについての多くの実験が行われた．

　この章の目的は，結晶の体積変化に及ぼすスピンゆらぎによる影響について解説することにある．これまでは，スピン振幅が一定に保たれることを前提としてきた．し

かしこの条件について，磁気体積効果の立場から批判があった．静的な磁気モーメントが発生すると，一般に磁性体の体積は膨張する傾向がある．振幅保存の条件は，磁気モーメントの振幅がほとんど変化しないと見なされがちである．したがって，この仮定を置くことは，磁気体積効果の存在と矛盾するというものである．こうした批判に応えるため，この章では磁気比熱の場合と全く同じ自由エネルギーを用い，スピンゆらぎの影響が磁性体の体積変化にどのように現れるかを明らかにする．

7.1 Stoner-Edwards-Wohlfarth 理論とスピンゆらぎ補正

　固体内部のボース粒子的なエネルギー励起の代表的な例として，格子振動を挙げることができる．非線形項の存在が原因で，固体の熱膨張に格子振動が寄与することが知られている．物質内に発生する磁性も体積変化に影響を与え，これが磁気体積効果である．磁化率や自発磁化の温度変化などと同様に，当初はこの効果も専らバンド理論に基づく Stoner-Edwards-Wohlfarth (SEW) 理論を用いて理解されていた．その後 1980 年に，スピンゆらぎの影響を考慮に入れた Moriya, Usami による磁気体積効果の理論が現れたが，現象論的にスピンゆらぎの寄与を SEW 理論に対して導入しただけに留まり，そのため問題も残されていた．まず，これらの事情についてもう少し詳しく述べる．

7.1.1　格子振動による熱膨張

　固体の熱膨張は，熱力学的には自由エネルギーの体積微分によって求められる．この自由エネルギーとして格子振動のデバイモデルを用い，格子振動による熱膨張がグリュナイゼン (Grüneisen) によって理論的に取り扱われている．磁気体積効果の取り扱いの参考に，格子振動による熱膨張と比熱との間に成り立つグリュナイゼンの関係式についてまず最初に説明する．この問題では，次の自由エネルギーが用いられる．

$$\begin{aligned}\mathcal{F}(T,V) &= \frac{V}{2\kappa}\omega^2 + F_{\text{lat}}(T,V), \\ F_{\text{lat}}(T,V) &= \sum_{qs}\left[\frac{1}{2}\nu_{qs} + T\log(1-e^{-\nu_{qs}/T})\right]\end{aligned} \quad (7.2)$$

最初の式の右辺の第 1 項は弾性エネルギーを表し，第 2 項の $F_{\text{lat}}(T,V)$ がよく知られた格子振動のデバイモデルである．体積歪を ω を用いて表すため，紛らわしさを避

7.1 Stoner-Edwards-Wohlfarth 理論とスピンゆらぎ補正

けるために格子振動の周波数は ν_{qs} の記号を用いて表し，波数と振動モードは q と s を用いて表した．

自由エネルギーの体積に関する熱力学の関係式を用い，体積歪の温度変化を求めることができる．

$$-p = \frac{\partial \mathcal{F}(T,V)}{\partial V} = \frac{1}{V}\frac{\partial \mathcal{F}(T,V)}{\partial \omega} = \frac{1}{\kappa}\omega + \frac{1}{V}\frac{\partial F_{\text{lat}}(T,V)}{\partial \omega},$$
$$\omega(T) = -\kappa p + \omega_{\text{lat}}(T), \quad \omega_{\text{lat}}(T) = -\frac{\kappa}{V}\frac{\partial F_{\text{lat}}(T,V)}{\partial \omega} \tag{7.3}$$

ただし，ω が微小であり $V = V_0 + \delta V = V_0(1+\omega), V_0 \simeq V$ が成り立つと考えた．体積歪 $\omega(T)$ の右辺の最初の項は，圧力 p による体積の収縮を表す．第 2 項の $\omega_{\text{lat}}(T)$ が，格子振動による熱膨張への寄与である．この項が有限に残るには，振動の周波数が体積によって変化すること，つまり非線形性を考慮に入れる必要がある．周波数の体積依存性として，よく $\nu_{qs}(V) \propto V^{-\gamma_{qs}}$ の関係が成り立つことを仮定する．その場合，指数 γ_{qs} は次のように表される．

$$\gamma_{qs} = -\frac{\partial \log \nu_{qs}}{\partial \log V}, \quad \gamma = -\frac{\mathrm{d} \log \Theta_{\mathrm{D}}}{\mathrm{d} \log V} \tag{7.4}$$

この値が波数 q や振動モードにあまりよらないとすれば，上の第 2 式のように波数依存性を無視し，デバイ温度 Θ_{D} の体積依存性としてパラメータ γ が導入される．この指数 γ はグリュナイゼンパラメータと呼ばれている．

格子振動による熱膨張の寄与 $\omega_{\text{lat}}(T)$ は，(7.3) の定義に従って求めることができる．

$$\omega_{\text{lat}}(T) = \kappa \sum_{qs} \frac{\partial \nu_{qs}}{\partial V}\left[\frac{1}{2} + n(\nu_{qs})\right] = \frac{\kappa\gamma}{V}\sum_{qs}\nu_{qs}\left[\frac{1}{2} + n(\nu_{qs})\right]$$

得られた $\omega_{\text{lat}}(T)$ をさらに温度で微分すると，体積熱膨張率 $\beta(T)$ が求まる．

$$\beta(T) = \frac{\mathrm{d}\omega_{\text{lat}}(T)}{\mathrm{d}T} = \frac{\kappa\gamma}{V}\sum_{qs}\nu_{qs}\frac{\partial}{\partial T}\left[\frac{1}{2} + n(\nu_{qs})\right]$$
$$= \frac{\kappa\gamma}{V}\sum_{qs}\nu_{qs}\frac{\partial n(\nu_{qs})}{\partial T},$$
$$c_V(T) = \frac{1}{V}\sum_{qs}\nu_{qs}\frac{\partial n(\nu_{qs})}{\partial T}$$

結晶のある特定の方向についての伸びに対し，線膨張率 $\alpha(T)$ が定義されている．等方的な物質の場合，体積膨張率との間に $\alpha(T) = \beta(T)/3$ が成り立つ．上の最後の式とし

て，比較のための参考に単位体積当たりの定積比熱の温度依存性も示した．これら 2 つの式の比較から，熱膨張率と体積当たりの比熱の間に成り立つ比例関係が導かれる．

$$\beta(T) = \kappa\gamma c_V(T) \propto T^3 \quad (T/\Theta_D \ll 1) \tag{7.5}$$

これがよく知られたグリュナイゼンの関係式である．この関係によれば，熱膨張率 $\beta(T)$ も格子比熱と同様に，低温領域では T^3 に比例することがわかる．熱膨張率と比熱のそれぞれが，同じ自由エネルギーの体積，または温度に関する微分に関係することから必然的に導かれる関係である．磁気体積効果についての取り扱いでも，磁気比熱と磁気的な性質との整合性については十分配慮する必要がある．

7.1.2 磁気体積効果についての SEW 理論

SEW 理論による磁気体積効果の導出では，格子振動の場合の (7.2) の自由エネルギーに対し，第 1 章の磁気的な寄与による自由エネルギー (1.69) をさらに付け加えた次の自由エネルギーが用いられる．

$$\begin{aligned}\mathcal{F}(M,T,V) &= \frac{V}{2\kappa}\omega^2 + F_0(T,V) + F_\mathrm{m}(M,T,V), \\ F_\mathrm{m}(M,T,V) &= F_\mathrm{m}(0,T,V) + \frac{1}{2}a(T,V)M^2 + \frac{1}{4}b(T,V)M^4 + \cdots\end{aligned} \tag{7.6}$$

上の最初の式の右辺の第 2 項の $F_0(T,V)$ は，磁気的な自由度以外の格子振動などによる寄与を表す．第 3 項の $F_\mathrm{m}(M,T,V)$ が磁気的な自由度による寄与である．電子間相互作用によって発生した，伝導電子のスピン分極によるエネルギー変化をこの項は表す．磁気体積効果についての SEW 理論では，この自由エネルギーに含まれる係数 $a(T,V)$ の体積依存性を用い，磁気体積効果を理解しようと考える．係数 $b(T,V)$ の体積依存性は通常無視される．SW 理論によれば，係数 $a(T,V)$ はフェルミ準位における状態密度 $\rho(\varepsilon)$ の値や，電子間相互作用パラメータ I を用いて表され，これらの体積依存性が係数 $a(T,V)$ に影響すると考えられた．

磁気的な自由エネルギーの寄与 (7.6) の体積に関する導関数から，磁気的な自由度による体積歪への寄与 $\omega_\mathrm{m}(M,T)$ を求めることができる．

$$\begin{aligned}\omega(M,T) &= -\kappa p + \omega_0(T) + \omega_\mathrm{m}(M,T), \\ \omega_0(T) &= -\frac{\kappa}{V}\frac{\partial F_0(T,V)}{\partial \omega}, \quad \omega_\mathrm{m}(M,T) = -\frac{\kappa}{2V}\frac{\partial a(T,V)}{\partial \omega}M^2 + \cdots\end{aligned} \tag{7.7}$$

第 2 項の $\omega_0(T)$ は磁気モーメントの発生とは無関係な体積膨張への寄与である．この理論から，磁気体積効果として次の結果が導かれる．

7.1 Stoner-Edwards-Wohlfarth 理論とスピンゆらぎ補正

- 自発体積磁歪

磁気秩序相で外部磁場が存在しない場合には，(7.7) の M を発生した自発磁気モーメント $M_0(T)$ に置き換えると，(7.1) の第 1 項に当たる次の式が得られる．

$$\omega_{\mathrm{m}}(T) = \frac{\kappa C}{V} M_0(T)^2, \quad C = -\frac{1}{2}\frac{\partial a(T,V)}{\partial \omega} \tag{7.8}$$

自発磁化の存在しない常磁性相では，この自発体積歪は発生しない．

- 強制体積磁歪

外部磁場の作用によって増大する磁気モーメントも，体積膨張に寄与する．同じ (7.7) を用い，この効果による体積の変化分として (7.1) の右辺の第 2 項が得られる．

$$\Delta\omega_{\mathrm{m}}(M,T) = \frac{\kappa C}{V}[M^2 - M_0^2(T)]$$

自発体積磁歪の場合と同じ結合係数 C が現れるため，$C_s = C_h$ が成り立つ．常磁性相の場合，$M_0(T) = 0$ と置いた式がそのまま成り立つ．

- 体積変化による自発磁化と臨界温度への影響

第 1 章の (1.81) を用い，基底状態の自発磁化を求める条件とその体積歪についての微分から，次の 2 つの関係が導かれる．

$$a(0,V) + b(0,V)M_0^2(0,V) = 0, \quad \frac{\partial a(0,V)}{\partial \omega} + b(0,V)\frac{\partial M_0^2(0,V)}{\partial \omega} = 0$$

結合定数 C の定義 (7.8) を用い，体積歪による自発磁化への影響が次のように表される．

$$\frac{\partial M_0^2(0,V)}{\partial \omega} = \frac{2C}{b(0,V)} \tag{7.9}$$

臨界温度に対する影響も，$a(T_{\mathrm{C}},V) = 0$ の条件が成り立つことを用いて求められる．体積歪の変化 $\delta\omega$ による臨界温度の変化を δT_{C} と置けば，これらの間に次の関係が成り立つ．

$$\left.\frac{\partial a(T,V)}{\partial T}\right|_{T=T_{\mathrm{C}}}\delta T_{\mathrm{C}} + \frac{\partial a(T,V)}{\partial \omega}\delta\omega = \frac{2a(0,V)}{T_{\mathrm{C}}}\delta T_{\mathrm{C}} - 2C\delta\omega = 0$$

ただし，$a(T,V) = a(0,V)[T^2/T_{\mathrm{C}}^2(V) - 1]$ の温度依存性が成り立つことを用い，結合定数 C の温度変化が無視できるとした．したがって，臨界温度 T_{C} の ω に対する勾配が次のように求まる．

$$\frac{\partial T_{\mathrm{C}}}{\partial \omega} = \frac{CT_{\mathrm{C}}}{a(0,V)} = \frac{CT_{\mathrm{C}}}{b(0,V)M_0^2(0,V)} \tag{7.10}$$

得られた (7.9) と (7.10) の 2 つの式の比較から，次の関係式が導かれる．

$$\frac{\partial \log M_0}{\partial \omega} = \frac{\partial \log T_{\mathrm{C}}}{\partial \omega} \tag{7.11}$$

- 磁気体積結合係数 C の温度変化

この理論では，磁気体積結合係数 C の値が次式のように表されると考えられている．

$$C = \frac{1}{4N\rho(\varepsilon_{\mathrm{F}})\mu_{\mathrm{B}}^2} \left[\frac{\partial \rho(\varepsilon_{\mathrm{F}})}{\partial \omega} + \bar{I}\frac{\partial I}{\partial \omega} + \frac{T^2}{T_{\mathrm{F}}^2}\left(\frac{\partial \rho(\varepsilon_{\mathrm{F}})}{\partial \omega} + 2\frac{\partial T_{\mathrm{F}}}{\partial \omega} \right) \right],$$
$$\bar{I} \equiv I\rho(\varepsilon_{\mathrm{F}})$$

ここで，$\rho(\varepsilon_{\mathrm{F}})$ と I は，それぞれフェルミ準位における状態密度と電子間の相互作用を表す．フェルミ分布関数の温度依存性を反映し，T^2 に比例する弱い温度依存性が現れる[85~87]．この式に現れるフェルミ準位における状態密度や相互作用定数の体積依存性を，実際にバンド計算を用いて求めようとする研究も行われている．特に状態密度の体積依存性に関係がある d バンド幅は，Heine (1967) による $V^{-5/3}$ に比例する体積依存性[88]がよく用いられる．

7.1.3 スピンゆらぎの寄与による自由エネルギーの補正

体積変化による SW 理論の自由エネルギーへの影響だけが，SEW 理論では考慮に入れられている．Moriya, Usami (1980) はこれに対し，さらにスピンゆらぎの自由エネルギーへの影響も考慮に入れた理論を提案した[89]．そのために，(7.6) の $F_{\mathrm{m}}(M,T,V)$ の代わりに次の自由エネルギーが用いられた．

$$F_{\mathrm{m}}(M,T,V) = \frac{1}{2}a(T,V)M^2 + \frac{1}{4}bM^4 + \frac{1}{2}\sum_{\mathbf{q}\neq 0}\frac{1}{\chi_0(\mathbf{q})}\mathbf{M}_{\mathbf{q}}\cdot\mathbf{M}_{-\mathbf{q}}$$
$$+ \frac{1}{4}b\sum_{\mathbf{q}_i}\mathbf{M}_{\mathbf{q}_1}\cdot\mathbf{M}_{\mathbf{q}_2}\mathbf{M}_{\mathbf{q}_3}\cdot\mathbf{M}_{\mathbf{q}_4} + \cdots$$

7.1 Stoner-Edwards-Wohlfarth 理論とスピンゆらぎ補正

空間的に一様な $\mathbf{q} = \mathbf{0}$ の磁化による成分の係数 $a(T,V)$ と同様に,ゆらぎについての 2 次の展開項の係数 $\chi_0^{-1}(\mathbf{q})$ について,体積依存性を次のように仮定した.

$$\begin{aligned}\frac{\partial F_\mathrm{m}}{\partial \omega} &\simeq -CM^2 + \frac{1}{2}\sum_{\mathbf{q}\neq\mathbf{0}}\frac{\partial \chi^{-1}(\mathbf{q})}{\partial \omega}\mathbf{M_q}\cdot\mathbf{M_{-q}} \\ &= -CM^2 - \sum_{\mathbf{q}\neq\mathbf{0}}C_q\mathbf{M_q}\cdot\mathbf{M_{-q}}\end{aligned} \quad (7.12)$$

熱ゆらぎの寄与だけが含まれることから,さらに上の結合定数 C_q の波数依存性を無視し,次の自発体積磁歪の温度依存性が導かれた.

$$\omega_\mathrm{m}(T) = \frac{\kappa C}{V}[M_0^2(T) + \xi^2(T)], \quad \xi^2(T) = \sum_{\mathbf{q}}\langle \delta\mathbf{M_q}\cdot\delta\mathbf{M_{-q}}\rangle \quad (7.13)$$

上の式の $\xi^2(T)$ は,スピンの熱ゆらぎの 2 乗振幅の熱平均値を表す.

スピンの熱ゆらぎの寄与を取り入れたことにより,主に次の 2 つの点で,Moriya-Usami (MU) 理論は SEW 理論と大きな違いがある.

1. 臨界温度における自発体積磁歪

    SEW 理論では,磁気秩序相の低温極限での自発体積磁歪 $\omega_\mathrm{m}(0) = \kappa CM_0^2(0)/V$ が臨界温度 T_C では完全に消失し,$\omega_\mathrm{m}(T_\mathrm{C}) = 0$ が成り立つ.一方で MU 理論では,自発体積磁歪 $\omega_\mathrm{m}(0)$ の値は同じでも,臨界温度での体積歪が有限の,$\omega_\mathrm{m}(T_\mathrm{C}) = \kappa C\xi^2(T_\mathrm{C})/V$ の値に留まる.臨界点の熱ゆらぎの振幅について,$\xi^2(T_\mathrm{C}) = 3M_0(0)^2/5$ の関係が成り立つことから,$\omega_\mathrm{m}(T_\mathrm{C})/\omega_\mathrm{m}(0) = 3/5$ が成り立つ.基底状態から温度が上昇し,臨界温度までの間に発生する体積収縮は,このために SEW 理論の 2/5 の値に留まる.

2. 常磁性相における熱膨張の存在

    SEW 理論では,常磁性相では熱膨張への寄与が存在しない.MU 理論ではスピンの熱ゆらぎの振幅 $\xi^2(T)$ による寄与が存在し,磁気的な原因による熱膨張への寄与が,常磁性相においても発生する.磁化率がキュリー・ワイス則に従う温度変化を示す領域で,熱膨張の温度変化は $\xi^2(T)$ と同様に温度に比例する.

これら 2 つの理論による熱膨張の温度依存性の定性的な違いを図 7.1 に示す.その後,MnSi の熱膨張についての測定結果の解析[90] に基づき,これら 2 つの効果が存在すると Matsunaga *et al.* (1982) が報告している.同様の測定と解析結果が,ZrZn$_2$

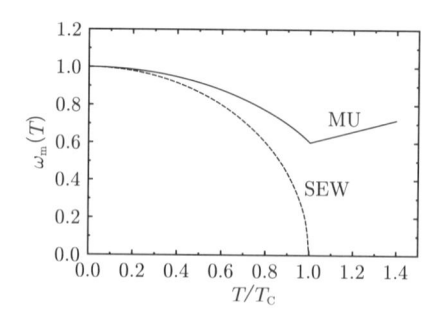

図 7.1 自発体積磁歪の温度依存性. 熱ゆらぎの振幅 $\xi^2(T)$ の影響によって違いが生ずる

について[91] は Ogawa (1983) によって, Ni$_3$Al について[92] は Suzuki, Masuda (1985) によって, また, (Fe,Co)Si について[45,93] は Shimizu et al. (1989, 1990) によって報告されている.

MU 理論の発表後, より大きな振幅のゆらぎを取り扱う汎関数積分法の手法を用い, 磁気体積効果について計算した結果が報告されている. 例えば Hasegawa (1981)[94] はハバードモデルを用い, 汎関数積分で表した自由エネルギーを静的なシングルサイトの近似で求め, 自発体積磁歪の温度依存性の計算を行った. モデルの体積依存性について, Heine (1967) による d バンド幅の依存性 $V^{-5/3}$[88] が利用されている. 同じようなモデルと計算手法を用い, Liberman-Pettifor のビリアル定理を利用した体積磁歪の温度依存性の計算を, Kakehashi (1981) も行っている[95]. これ以外にもこれらの著者は, キュリー温度の圧力依存性 (1982)[96], 有限温度における Fe の弾性定数 (1985)[97], インバー効果についての同様な計算結果を報告した (1981, 1983)[98,99]. その一方で Holden (1984)[100] は, キュリー温度より高温で自発磁化が消滅しても体積磁歪に大きな変化が生じないことを説明するため, 磁気的な圧力に対して次の式を導いた.

$$V_0 P_{\mathrm{mag}}(T) \simeq \frac{5}{3}\Big[U(T) + Im^2(T)/4\Big]$$

$U(T), m(T)$ はそれぞれ内部エネルギー, 局所的な磁気モーメントの振幅を表す. この考えに従って, Fe-Co 合金の磁気体積効果についての理論的な取り扱いが Joynt (1984) によって行われた[101].

これらの理論は, 固体の電子構造に直接結びつけて磁気体積効果を理解しようとす

7.1 Stoner-Edwards-Wohlfarth 理論とスピンゆらぎ補正　197

るものである．それに対し，現象を支配する磁気的な集団励起の範囲内で，磁気的性質や関連する現象を理解しようとするのが本書の立場である．格子振動についてのグリュナイゼン理論がその場合に参考になる．また，磁気体積効果の理論として，次に挙げる熱膨張以外の一般的な問題への適切な対応も求められる．

- 磁気体積結合の起源について．

スピンゆらぎの機構という観点から磁気体積効果を取り扱うのであれば，体積変化によって影響を受ける磁気的な集団運動にその起源を求めるべきである．そのためには，磁気的性質や磁気比熱の取り扱いと同じ自由エネルギーを用い，その直接的な体積依存性を磁気体積効果の起源とすべきである．

初期の Moriya, Kawabata (1973) によるスピンゆらぎの理論[1]では，電子ガスモデルが用いられていた．Edwards-Macdonard (1983) は，この電子ガスモデルのエネルギーバンドに体積依存性を仮定し，体積磁歪や T_C の圧力依存性を議論した[102]．発生する磁気モーメントに対する垂直成分のスピンゆらぎだけを用い，系の満たす対称性を破る取り扱いであった．結果として得られる体積歪の比 $\eta(T_\mathrm{C}) = \omega_\mathrm{m}(T_\mathrm{C})/\omega_\mathrm{m}(0)$ は，MU 理論による 3/5 とは異なる 1 以上の値となり，対称性を破る取り扱いがその原因と考えられた．磁気体積結合の導入も，電子ガスモデルを用いたために一般性に欠ける．方向性は別として，満足のいくものではない．

- ゼロ点ゆらぎによる磁気体積効果への影響．

ゼロ点ゆらぎによる影響は最初から無視されることが多いが，人為的に分けたゆらぎの一方を無視する理由は明確ではない．Solontsov, Wagner (1995) はゼロ点スピンゆらぎによる非線形項の効果を考慮し，その影響で (7.13) の右辺のゆらぎによる寄与が，次のように書き換えられる[103]としている．

$$\omega_\mathrm{m}(T) = \rho\kappa C M^2 + \rho\kappa \sum_\nu [C(\delta m_\nu^2)_T + C_0(\delta m_\nu^2)_Z]$$

第 1 項が SEW 理論による自発磁化の発生による効果を表し，第 2 項が 熱ゆらぎとゼロ点ゆらぎによる寄与の和である．磁気体積結合については MU 理論と同様に，SEW 理論の現象論的な考え方が踏襲されている．

- 自発磁化 $M_0(0)$ と 臨界温度 T_C の圧力効果との間に成り立つ関係について．

198　第 7 章　磁気体積効果へのスピンゆらぎの影響

- 磁気比熱と熱膨張との関係について．
  格子振動の場合のグリュナイゼンの関係式に対応する関係が成り立つのかどうか．

- 磁場効果，つまり強制体積磁歪と自発体積磁歪のそれぞれに対するスピンゆらぎの影響の違いについて．

7.2　スピンゆらぎの自由エネルギーの体積依存性

これまでの章で解説してきた磁気的な性質の導出や磁気比熱の取り扱いの場合と同様に，磁気体積効果についても統一的な観点から同じような取り扱いをすべきである．そのために Takahashi, Nakano (2006) は，第 6 章の (6.2) を (7.6) の磁気的な寄与を表す自由エネルギーを F_m として用いることにした[104]．それをここでは，熱ゆらぎとそれ以外による寄与との和として表すことにする．

$$\begin{aligned}
F_\mathrm{m}(y,\sigma,\omega,t) &= F_\mathrm{th}(y,y_z,\sigma,t,\omega) + F_\mathrm{zp}(y,y_z,\sigma,t,\omega) \\
F_\mathrm{th} &= \frac{1}{\pi}{\sum_\mathbf{q}}' \int_0^\infty \mathrm{d}\nu\, T\log(1-\mathrm{e}^{-\nu/T}) \left[\frac{2\Gamma_q}{\nu^2+\Gamma_q^2} + \frac{\Gamma_q^z}{\nu^2+(\Gamma_q^z)^2}\right] \\
&\quad + \Delta F_\mathrm{th} \\
F_\mathrm{zp} &= \frac{1}{\pi}\sum_\mathbf{q} \int_0^{\nu_c} \mathrm{d}\nu\, \frac{\nu}{2}\left\{2\frac{\Gamma_q}{\nu^2+\Gamma_q^2} + \frac{\Gamma_q^z}{\nu^2+(\Gamma_q^z)^2}\right\} + N_0 T_A y\sigma^2 \\
&\quad - \frac{1}{3}N_0 T_A \langle \mathbf{S}_i^2\rangle_\mathrm{tot}(3y+\Delta y_z) + \Delta F_\mathrm{zp}
\end{aligned}$$

(7.14)

補正項 ΔF_th と ΔF_zp は，(6.2) の補正項 ΔF_1 に含まれる熱ゆらぎとそれ以外による寄与を表す．熱ゆらぎ成分についての波数についての和を表す記号 $\sum'$ は，ゆらぎの垂直成分に対して原点近傍の和が除外されることを意味する．スピン波が発生する場合に必要となる．スピン波自身の寄与についてはここでは無視する．自由エネルギーに含まれる変数以外のパラメータとして，スピンゆらぎのスペクトルの分布幅を表す T_0 と T_A がある．格子振動のデバイモデルのデバイ温度 Θ_D と同様に，これらのパラメータが体積変化の影響を受けると考えることにする．変数 y と y_z, σ は，自由エネルギーの安定化と熱力学の関係式を同時に満たす条件を用いて決定されると考える．体積変化だけの影響による自由エネルギーの変分を，今後は次の式で表すことにする．

7.2 スピンゆらぎの自由エネルギーの体積依存性

$$\delta_\omega F_{\rm m} = \delta_\omega F_{\rm th} + \delta_\omega F_{\rm zp}, \quad \delta_\omega f(y,\sigma,t,\omega) \equiv \frac{\partial f(y,\sigma,t,\omega)}{\partial \omega}\delta\omega \quad (7.15)$$

第1項は熱ゆらぎ成分の変分を表し，第2項はそれ以外のゼロ点ゆらぎやスピン振幅保存則に関係する項についての変分の和である．

まず最初に，自由エネルギーの熱ゆらぎ成分 $F_{\rm th}$ に及ぼす体積変化による影響を調べてみる．この場合，パラメータ T_0 の変化による減衰定数への影響が次の式で表される．

$$\delta_\omega \Gamma_q = 2\pi\delta T_0 x(y+x^2) = \frac{\delta T_0}{T_0}\Gamma_q, \quad \delta_\omega \Gamma_q^z = \frac{\delta T_0}{T_0}\Gamma_q^z$$

これを (7.14) に代入し，スペクトル幅 T_0 の変化による影響が以下のように求まる．

$$\begin{aligned}\delta_\omega F_{\rm th} &= \frac{\delta T_0}{T_0}\frac{1}{\pi}\sum_{\mathbf{q}}\int_0^\infty d\nu T\log(1-e^{-\nu/T}) \\ &\quad \times \left\{2\Gamma_q\frac{\partial}{\partial \Gamma_q}\left(\frac{\Gamma_q}{\nu^2+\Gamma_q^2}\right) + \Gamma_q^z\frac{\partial}{\partial \Gamma_q^z}\left(\frac{\Gamma_q^z}{\nu^2+(\Gamma_q^z)^2}\right)\right\} + \delta_\omega \Delta F_{\rm th} \\ &= \frac{\delta T_0}{T_0}\frac{1}{\pi}\sum_{\mathbf{q}}\int_0^\infty d\nu n(\nu)\left\{2\frac{\nu\Gamma_q}{\nu^2+\Gamma_q^2} + \frac{\nu\Gamma_q^z}{\nu^2+(\Gamma_q^z)^2}\right\} + \delta_\omega \Delta F_{\rm th}\end{aligned}$$

(7.16)

上の式の波数についての和と周波数積分に対し，digamma 関数の積分表示を利用した次の書き換えが成り立つ．

$$\sum_{\mathbf{q}}\int_0^\infty \frac{d\nu}{\pi}\frac{\nu}{e^{\nu/T}-1}\frac{\Gamma_q}{\nu^2+\Gamma_q^2} = 3N_0 T_0 t \int_0^1 dx x^2 u(x)\Phi'[u(x)],$$

$$\Phi'(u) = \log u - 1/2u - \psi(u)$$

規格化した波数 $x=q/q_{\rm B}$ を用いて $u(x)=\Gamma_q/2\pi T$ を定義した．その結果，(7.16) が次のように表される．

$$\delta_\omega F_{\rm th} = 3N_0 T_0 \frac{\delta T_0}{T_0} t\left[2\int_{x_c}^1 dx x^2 u\Phi'(u) + \int_0^1 dx x^2 u_z\Phi'(u_z)\right] + \delta_\omega \Delta F_{\rm th} \quad (7.17)$$

ただし，$u=x(y+x^2)/t$, $u_z=x(y_z+x^2)/t$ と置いた．熱ゆらぎ成分の補正項 $\Delta F_{\rm th}$ の，$\Delta y_z \equiv y_z - y$ に関する微分係数の変分は次のように表される．

$$\delta_\omega\left(\frac{\partial \Delta F_{\rm th}}{\partial \Delta y_z}\right) = -2N_0\delta_\omega\{T_0[A(y_z,t)-A(y,t)]\}$$

この右辺の変分を求め，それを Δy_z に関して積分することから次の結果が得られる．

$$\begin{aligned}\delta_\omega \Delta F_{\text{th}} \simeq & -2N_0 T_0 \frac{\delta T_0}{T_0}\Delta y_{z0} \\ & \times \left\{A(y_{z0},t)-A(0,t)-t\left[\frac{\partial A(y_{z0},t)}{\partial t}-\frac{\partial A(0,t)}{\partial t}\right]\right\}\delta\omega\end{aligned} \tag{7.18}$$

体積変化による T_0 への影響と，したがって規格化した温度 $t=T/T_0$ への影響を考慮した．また，自発磁歪への寄与を求めるため，$y_z = y_{z0}$，$y=0$ と置いた．

ゼロ点ゆらぎを含む成分 F_{zp} に関しては，熱ゆらぎの場合とは異なり $y=0$，$\Delta y_z = 0$ の周りで展開できると考えられる．したがって体積変化によるその変分 $\delta_\omega F_{\text{zp}}$ について次の展開が成り立つ．

$$\begin{aligned}\delta_\omega F_{\text{zp}}(y,\Delta y_z,\omega) = & \delta_\omega F_{\text{zp}}(0,0,\omega) + \frac{\partial \delta_\omega F_{\text{zp}}(0,0,\omega)}{\partial y}y \\ & + \frac{\partial \delta_\omega F_{\text{zp}}(0,0,\omega)}{\partial \Delta y_z}\Delta y_z + \cdots\end{aligned} \tag{7.19}$$

また，第 6 章の (6.3) と (6.5) によれば，この右辺の y と Δy_z についての導関数が次のように表される．

$$\frac{\partial F_{\text{zp}}(y,\Delta y_z,\omega)}{\partial y} = N_0 T_A [\langle \delta \mathbf{S}_{\text{loc}}^2 \rangle_Z (y,y_z) + \sigma^2 - \langle \mathbf{S}_{\text{loc}}^2 \rangle_{\text{tot}}],$$

$$\frac{\partial F_{\text{zp}}(y,\Delta y_z,\omega)}{\partial \Delta y_z} = N_0 T_A \left[\langle (\delta \mathbf{S}_{\text{loc}}^z)^2 \rangle_Z (y_z) - \frac{1}{3}\langle \mathbf{S}_{\text{loc}}^2 \rangle_{\text{tot}} - \lambda_{\text{zp}}(\sigma,t)\right]$$

$$\lambda_{\text{zp}}(\sigma,t) = -\frac{2T_0}{T_A}c\Delta y_z - \frac{\sigma^2}{3}$$

第 2 式に含まれる $\lambda_{\text{zp}}(\sigma,t)$ は，熱ゆらぎの寄与を除いた (6.7) の $\lambda(\sigma,t)$ を表す．したがって (7.19) の右辺は，体積歪に関する変分 δ_ω と $y,\Delta y_z$ に関する微分の順序の入れ替えにより，以下のように書き換えられる．

$$\frac{\partial \delta_\omega F_{\text{zp}}}{\partial y} = \delta_\omega \left(\frac{\partial F_{\text{zp}}}{\partial y}\right) = -N_0 \delta_\omega [T_A \Delta \langle \mathbf{S}_{\text{loc}}^2 \rangle_{\text{tot}}] + N_0 \delta T_A \sigma^2,$$

$$\frac{\partial \delta_\omega F_{\text{zp}}}{\partial \Delta y_z} = \frac{1}{3}\frac{\partial \delta_\omega F_{\text{zp}}}{\partial y},\quad \Delta \langle \mathbf{S}_{\text{loc}}^2 \rangle = \langle \mathbf{S}_{\text{loc}}^2 \rangle_{\text{tot}} - \langle \mathbf{S}_{\text{loc}}^2 \rangle_Z (0)$$

以上をまとめると，自由エネルギー F_{zp} の体積変化による変分が次のように表される．

$$\begin{aligned}\delta_\omega F_{\text{zp}}(y,y_z,\sigma,t,\omega) &= -N_0 C_{\text{zp}}(2y+y_z)\delta\omega + \cdots, \\ 3C_{\text{zp}}\delta\omega &= \delta_\omega [T_A \Delta \langle \mathbf{S}_{\text{loc}}^2 \rangle] - \sigma^2 \delta T_A\end{aligned} \tag{7.20}$$

磁気秩序が発生する場合，$\Delta \langle \mathbf{S}_{\mathrm{loc}}^2 \rangle$ が $\sigma_0^2(0)$ と同じ程度の値であるため，$\sigma^2 \delta T_A$ の項を無視することはできない．(7.19) の展開の第 1 項 $\delta_\omega F_{\mathrm{zp}}(0,0,\omega)$ は，温度変化のない定数と見なして今後は無視することにする．

自由エネルギー (7.14) の 2 つの成分 (7.17) と (7.20) のそれぞれについて，その体積歪 ω に関する 1 次の微分係数から磁気体積歪を求めることができる．

$$\begin{aligned}\omega_{\mathrm{m}}(t) &= -\frac{\kappa}{V}\frac{\partial F_{\mathrm{m}}}{\partial \omega} = \omega_{\mathrm{th}}(t) + \omega_{\mathrm{zp}}(t), \\ \omega_{\mathrm{th}}(t) &= -\frac{\kappa}{V}\frac{\partial F_{\mathrm{th}}}{\partial \omega}, \quad \omega_{\mathrm{zp}}(t) = -\frac{\kappa}{V}\frac{\partial F_{\mathrm{zp}}}{\partial \omega}\end{aligned} \tag{7.21}$$

7.2.1 磁気グリュナイゼンパラメータ

次に磁気体積結合定数に当たるパラメータを導入する．体積変化に伴う自由エネルギーの変分についての (7.16) と (7.19) の結果を参考にして，以下の 3 個のパラメータについてのグリュナイゼンパラメータを定義する[104]．

- スピンゆらぎのスペクトル幅 T_0, T_A

これらはそれぞれ，波数空間における減衰定数 Γ_q と静的な逆磁化率 $\chi^{-1}(\mathbf{q},0)$ の分布，したがってゆらぎの周波数と波数空間におけるスペクトル分布幅を表すパラメータである．格子振動のデバイ温度 Θ_{D} や 局在磁性の Heisenberg モデルの交換相互作用 J に対応する．これらの値の対数の ω についての微分係数から次の 2 個の磁気グリュナイゼンパラメータを定義する．

$$\gamma_0 = -\frac{\mathrm{d}\log T_0}{\mathrm{d}\omega}, \quad \gamma_A = -\frac{\mathrm{d}\log T_A}{\mathrm{d}\omega} \tag{7.22}$$

- スピンゆらぎの振幅 $\Delta \langle \mathbf{S}_{\mathrm{loc}}^2 \rangle$

遍歴電子磁性体に特有のパラメータとして，全スピン振幅とゼロ点ゆらぎの振幅の差が体積に依存して変化すると考える．この値の変化の主な要因は，全振幅の中に占める熱ゆらぎとゼロ点ゆらぎの振幅の割合が変化するためと考えられる．全振幅の値も変化して構わない．この値の対数の微分係数より第 3 のパラメータを定義する．

$$\gamma_m = \frac{\mathrm{d}\log \Delta \langle \mathbf{S}_{\mathrm{loc}}^2 \rangle}{\mathrm{d}\omega} \tag{7.23}$$

スピン振幅保存則によれば，$\Delta \langle \mathbf{S}_{\mathrm{loc}}^2 \rangle$ の値は臨界温度における熱ゆらぎの振幅 $\langle \mathbf{S}_{\mathrm{loc}}^2 \rangle_T (0, t_c)$ の値に等しい．第 4 章の (4.8) によれば，この値は基底状態の自

発磁化を用いて $3\sigma_0^2(0)/5$ に等しい．したがって，γ_m の定義は次のようにも表される．

$$\frac{d\log \Delta \langle \mathbf{S}_{\text{loc}}^2 \rangle}{d\omega} = \frac{3}{5}\sigma_0^2(0)\gamma_m \tag{7.24}$$

これらの定義を用い，(7.20) で定義した係数 C_{zp} が次のように表される．

$$\begin{aligned}
C_{\text{zp}} &= \frac{1}{3}T_A \left\{ \frac{d\log T_A}{d\omega}[\langle \mathbf{S}_{\text{loc}}^2 \rangle - \sigma^2] + \frac{d\log \Delta \langle \mathbf{S}_{\text{loc}}^2 \rangle}{d\omega}\Delta \langle \mathbf{S}_{\text{loc}}^2 \rangle \right\} \\
&= \frac{1}{5}T_A \sigma_0^2(0)\left[\gamma_m + \gamma_A\left(\frac{5}{3}\frac{\sigma^2}{\sigma_0^2(0)} - 1\right)\right]
\end{aligned} \tag{7.25}$$

体積歪によるパラメータの変化 δT_0, δT_A も，γ_0, γ_A を用いて以下のように表される．

$$\frac{\delta T_0}{T_0} = \frac{1}{T_0}\frac{dT_0}{d\omega}\delta\omega = \frac{d\log T_0}{d\omega}\delta\omega = -\gamma_0 \delta\omega, \quad \frac{\delta T_A}{T_A} = -\gamma_A \delta\omega$$

今後の利用のことを考えて，パラメータ γ_0, γ_A についての次の比もここで定義する．

$$g_A = \frac{\gamma_A}{\gamma_m}, \quad g_0 = \frac{\gamma_0}{\gamma_m} \tag{7.26}$$

Fawcett (1989) によれば[105]，現象を特徴づけるエネルギースケールの対数を体積歪に関して微分し，負符号を付けた値としてグリュナイゼンパラメータが定義される．上の最初の 2 つの定義に現れる負符号はこの定義に従ったものであり，加圧による体積減少によってスペクトル幅が広がる傾向を表す．これら 2 つのパラメータについて，$T_0 \propto V^{-\gamma_0} \propto e^{-\gamma_0 \omega}$, $T_A \propto V^{-\gamma_A} \propto e^{-\gamma_A \omega}$ の体積依存性が成り立つことを意味する．f 電子を含む重いフェルミ粒子系 $\text{Ce}_{1-x}\text{La}_x\text{Ru}_2\text{Si}_2$ の示す磁気体積効果について，Kambe et al. (1997) が SCR 理論にグリュナイゼンパラメータを導入した解析を行っている[106]が，体積によって T_0, T_A の値については変化しないと仮定している．

7.2.2　強制磁歪と Maxwell の関係式

磁気比熱の取り扱いで用いた自由エネルギーは，磁場効果に関して熱力学の Maxwell の関係式 (6.39) と (6.43) の成り立つことがわかっている．磁気体積効果でもこれと同じ自由エネルギーを用いることから，今回は Maxwell の関係式が成り立つことを最初から仮定する．

まず，独立変数を磁化 σ と圧力 p とした自由エネルギーの全微分と，これから導かれる次の Maxwell の関係式に着目する．

$$dF(\sigma,p) = V\omega dp + N_0 h d\sigma, \quad V\left.\frac{\partial \omega}{\partial \sigma}\right|_p = N_0 \left.\frac{\partial h}{\partial p}\right|_\sigma \tag{7.27}$$

上の第2式が Maxwell の関係式である．この右辺の圧力微分は，圧縮率 $\kappa = -\partial\omega/\partial p |_\sigma$ を用いて次のように書き換えられる．

$$\frac{\partial h}{\partial p} = 2\sigma \frac{\partial (T_A y)}{\partial p} = -2\kappa\sigma \frac{\partial (T_A y)}{\partial \omega}, \quad \frac{\partial}{\partial p} = -\kappa\frac{\partial}{\partial \omega}$$

ここで，逆磁化率 $y = h/2T_A\sigma$ の定義も用いた．つまり (7.27) の Maxwell の関係式が，次のように書き換えられる．

$$\frac{\partial \omega(\sigma,t)}{\partial \sigma} = -2\rho\kappa\sigma \frac{\partial (T_A y)}{\partial \omega}$$

自発体積磁歪と区別するため，今後は強制磁歪を $\omega_h(\sigma,t)$ を用いて表す．パラメータ γ_A の定義を用い，上の関係式はさらに次のように書き換えられる．

$$\frac{\partial \omega_h(\sigma,t)}{\partial \sigma} = 2\rho\kappa C_h(\sigma,t)\sigma,$$
$$C_h(\sigma,t) = -T_A \left(\frac{1}{T_A}\frac{\partial T_A}{\partial \omega}y + \frac{\partial y}{\partial \omega}\right) = T_A\left[\gamma_A y(\sigma,t) - \frac{\partial y(\sigma,t)}{\partial \omega}\right] \tag{7.28}$$

この (7.28) が，強制磁歪を求めるために用いられる一般的な式である．任意の σ の値に対して $\omega_h(\sigma,t)$ を求めるには，上の最初の式を変数 σ に関する微分方程式と見なし，その解を求めればよい．結合係数 $C_h(\sigma,t)$ の σ 依存性のため，実際に積分を求めるためには等温磁化曲線を表す $y(\sigma,t)$ と，その体積微分 $\partial y(\sigma,t)/\partial \omega$ の σ 依存性が必要となる．

7.3 強磁性体の体積歪

この節では自発体積磁歪と強制体積磁歪について，自由エネルギーに含まれるパラメータの体積依存性の観点から一般的に説明する．磁気体積効果では，特に磁気秩序が発生する場合に関心がある．そこでまず強磁性体の場合について説明する．

7.3.1 基底状態の磁気体積効果

熱ゆらぎが存在しない基底状態で，外部磁場が存在しない場合の磁化率の逆数について，$y(\sigma_0,0) = 0$，$y_z(\sigma_0,0) = y_{z0}(0) = 2y_1(0)\sigma_0^2(0)$ が成り立つ．$\sigma_0(0)$ は，発生

した自発磁気モーメントを表す．このとき発生する自発体積磁歪 $\omega_{\mathrm{zp}}(0)$ と強制磁歪 $\omega_h(0,\sigma)$ が次のように求められる．

- 自発体積磁歪

外部磁場が存在しない場合は (7.25) で $\sigma = \sigma_0(0)$ と置き，$C_{\mathrm{zp}}(0)$ が次のように求まる．

$$C_{\mathrm{zp}}(0) = \frac{1}{5}\left(\gamma_m + \frac{2}{3}\gamma_A\right) T_A \sigma_0^2(0)$$

したがって (7.21) を用い，次の自発体積磁歪が得られる．

$$\begin{aligned}
&\omega_{\mathrm{zp}}(0) = \rho\kappa C_{\mathrm{zp}}(0) y_{z0}(0) = \rho\kappa C_s(0)\sigma_0^2(0), \\
&y_{z0}(0) = 2y_1(0)\sigma_0^2(0), \\
&C_s(0) = 2C_{\mathrm{zp}}(0)y_1(0) = \frac{2}{5}\left(\gamma_m + \frac{2}{3}\gamma_A\right) T_A y_1(0)\sigma_0^2(0)
\end{aligned} \tag{7.29}$$

係数に現れる $C_s(0)$ は，自発体積磁歪に対する磁気体積結合定数の意味を持つ．

- 強制体積磁歪

弱磁場領域で (7.28) の $C_h(\sigma,t)$ の σ 依存性を無視し，この式を σ について積分することにより次の結果が得られる．

$$\omega_h(\sigma,t) = \rho\kappa C_h(\sigma_0,0)[\sigma^2 - \sigma_0^2(0)] \tag{7.30}$$

逆磁化率の σ 依存性，$y(\sigma,t) \simeq y_1(0)[\sigma^2 - \sigma_0^2(0)]$ を (7.28) に代入し，結合定数 $C_h(\sigma_0,0)$ が求まる．

$$\begin{aligned}
C_h(\sigma_0,0) &= -T_A \frac{\partial}{\partial \omega}\{y_1(0)[\sigma^2 - \sigma_0^2(0)]\}\bigg|_{\sigma=\sigma_0} \\
&= T_A y_1(0)\gamma_m \sigma_0^2(0)
\end{aligned} \tag{7.31}$$

基底状態におけるこの値は，パラメータ γ_m にのみ依存する．

(7.29) と (7.31) との比較から，自発磁歪と強制磁歪の結合定数の間に次の関係が成り立つこともわかる．

$$\frac{C_s(0)}{C_h(0)} = \frac{2}{5}\left(1 + \frac{2}{3}g_A\right) \tag{7.32}$$

パラメータ g_A は (7.26) で定義した．SEW 理論や MU 理論で成り立つ $C_s = C_h$ とは全く異なる結果が得られる．

- 自発磁化の圧力による変化

パラメータ γ_m の定義から，自発磁化 $\sigma_0^2(0,\omega)$ の ω に関する微分係数に関して次の式が成り立つ．

$$\frac{1}{\Delta\langle \mathbf{S}_{\mathrm{loc}}^2\rangle}\frac{\mathrm{d}\Delta\langle \mathbf{S}_{\mathrm{loc}}^2\rangle}{\mathrm{d}\omega} = \frac{1}{\sigma_0^2(0)}\frac{\mathrm{d}\sigma_0^2(0)}{\mathrm{d}\omega} = \gamma_m$$

したがって，自発磁化の圧力依存性が次のように表される．

$$\sigma_0^2(0,\omega) = \sigma_0^2(0,0)(1+\gamma_m\omega) = \sigma_0^2(0)(1-\kappa\gamma_m p) \tag{7.33}$$

自発磁化の圧力変化の測定から，パラメータ γ_m の値を見積もることができる．

基底状態に関して得られた上の磁気体積効果の結果は，次の式にまとめられる．

$$\omega_{\mathrm{m}}(M,0) = \frac{\rho\kappa C_s(0)}{(2N_0\mu_{\mathrm{B}})^2}M_0^2(0) + \frac{\rho\kappa C_h(0)}{(2N_0\mu_{\mathrm{B}})^2}[M^2 - M_0^2(0)] \tag{7.34}$$

7.3.2 有限温度の強磁性体

熱膨張と熱膨張係数の温度変化

磁気秩序相における自発体積磁歪は，一般的な定義 (7.21) に従って求めることができる．体積変化に伴う自由エネルギーの各成分の変分 (7.17) と (7.20) に対応し，自発体積磁歪は次の 2 つの寄与，$\omega_{\mathrm{th}}(t)$ と $\omega_{\mathrm{zp}}(t)$ の和として表される．

$$\begin{aligned}
\omega_{\mathrm{th}}(t) &= 3\rho\kappa T_0\gamma_0 t\left[2\int_{x_c}^1 \mathrm{d}x\, x^2 u\Phi'(u) + \int_0^1 \mathrm{d}x\, x^2 u_z\Phi'(u_z)\right] + \Delta\omega_{\mathrm{th}}(t),\\
\omega_{\mathrm{zp}}(t) &= \rho\kappa C_{\mathrm{zp}}(t)y_{z0}(t) = \rho\kappa C_s(t)\sigma_0^2(t), \quad y_{z0}(t) = 2y_1(t)\sigma_0^2(t),\\
C_s(t) &= \frac{2}{5}C_h(0)\frac{V(t)}{U(t)}\left[1 + g_A\left(\frac{5}{3}U(t)-1\right)\right], \quad \frac{y_1(t)}{y_1(0)} = \frac{V(t)}{U(t)}
\end{aligned} \tag{7.35}$$

有限温度で $\sigma = \sigma_0(t)$ と置いた (7.25) の係数 C_{zp} が，次式によって表されることを用いた．

$$C_{\mathrm{zp}}(t) = \frac{1}{5}T_A\sigma_0^2(0)\left[\gamma_m + \gamma_A\left(\frac{5}{3}U(t)-1\right)\right] \tag{7.36}$$

基底状態の値で規格化した第 4 章の (4.59) のパラメータの定義，$U(t) = \sigma_0^2(t)/\sigma_0^2(0)$，$V(t) = y_{z0}(t)/y_{z0}(0)$ も用いられている．同様に，補正項による熱膨張成分への寄与が次のように表される．

$$\Delta\omega_{\text{th}}(t) = 2\rho\kappa T_0\gamma_0\Delta y_{z0}\left\{t\left[\frac{\partial A(y_{z0},t)}{\partial t}-\frac{\partial A(0,t)}{\partial t}\right]-A(y_{z0},t)+A(0,t)\right\} \tag{7.37}$$

(7.35) の熱膨張成分 $\omega_{\text{th}}(t)$ は，スペクトル幅 T_0 の体積依存性 (パラメータ γ_0) が原因で現れる．その元になる自由エネルギーの定義からもわかるように，スピンの熱ゆらぎの影響によって生ずる熱膨張を表すこの寄与は，温度の上昇によって単調に増大する．

常磁性相では，熱ゆらぎ成分の被積分関数に含まれる u と u_z の区別がなくなり，スピン波の発生による積分の下限 x_c も消滅する．補正項による寄与 $\Delta\omega_{\text{th}}(t)$ も存在しない．一方，ゼロ点ゆらぎに関係する $\omega_{\text{zp}}(t)$ は，秩序相で $\sigma_0^2(t)$ に比例する温度変化を示す．また，常磁性相では $y_{z0}(t)$ の代わりに逆磁化率 $3y_0(t)$ が現れ，この寄与は逆磁化率 $y_0(t)$ に比例する温度変化を示す．つまり，MU 理論と類似した温度変化を示すことがわかる．常磁性相では関数 $U(t)$，$V(t)$ を，次のように定義できる．

$$V(t)=\frac{y_0(t)}{y_1(0)\sigma_0^2(0)},\quad U(t)=\frac{y_0(t)}{y_1(t)\sigma_0^2(0)}=\frac{V(t)}{y_1(t)/y_1(0)} \tag{7.38}$$

したがって，(7.36) の $C_{\text{zp}}(t)$ を用いて $\omega_{\text{zp}}(t)$ の温度依存性を，次のように表すことができる．

$$\begin{aligned}\omega_{\text{zp}}(t) &= \rho\kappa C_{\text{zp}}(t)[3y_0(t)]=\rho\kappa C_s(t)\frac{y_0(t)}{y_1(t)}=\rho\kappa C_s(t)\sigma_0^2(0)U(t),\\ C_s(t) &= \frac{3}{5}C_h(0)(1-g_A)\frac{y_1(t)}{y_1(0)}=\frac{3}{5}C_h(0)(1-g_A)\frac{V(t)}{U(t)}\end{aligned} \tag{7.39}$$

上に示した結果を MU 理論と比較すると，以下に挙げる点で違いがある．

1. スピンの熱ゆらぎによって生ずる新たな寄与 $\omega_{\text{th}}(t)$ の存在．

    熱ゆらぎによって発生すると考えた MU 理論による熱膨張と比べると，この寄与は全く異なる温度依存性を示す．

2. 磁気体積結合定数の温度変化．

    温度変化が生ずる理由は，グリュナイゼンパラメータが $\sigma_0^2(t)$ についてではなく，$\Delta y_z = y_{z0}(t)$ についての展開係数として定義されているためである．そのために $y_{z0}(t)$ と $\sigma_0^2(t)$ との間の比例係数 $y_1(t)$ が $C_s(t)$ に現れ，これが温度変化する．パラメータ γ_A が有限の場合，これ以外に $\sigma_0^2(t)$ に比例する温度依存性が生ずる．臨界温度では $y_1(t)$ の温度依存性を反映し，$C_s(t_c)=0$ が成り立つ．

強制磁歪の結合定数の温度依存性については後で説明する.

3. 異なる値の自発磁歪と強制磁歪の結合定数 C_s と C_h.

MU 理論では，基底状態と臨界温度の場合の自発体積磁歪の比として，$\eta = \omega_\mathrm{m}(t_c)/\omega_\mathrm{m}(0)$ を定義し，理論によって η の値に違いが生ずることを問題にした．今ここで説明している理論では，自発磁歪と強制磁歪の結合係数が異なるため，同じ比較ができない．そこで上の η を再定義する．

$$1-\eta = \frac{\Delta\omega_\mathrm{m}(0)}{\omega_0}, \quad \Delta\omega_\mathrm{m}(t) = \omega_\mathrm{m}(t) - \omega_\mathrm{m}(t_c), \quad \omega_0 = \rho\kappa C_h(0)\sigma_0^2(0) \quad (7.40)$$

分母には $\omega_\mathrm{m}(0)$ の代わりに強制磁歪の結合定数 $C_h(0)$ を用いて定義した ω_0 を用いた．SEW 理論と MU 理論の場合には，$\omega_0 = \omega_\mathrm{m}(0)$ が成り立つため，定義を変えても η の値に違いはない．理論による η の値には，次のような違いが現れる．

臨界温度以下で発生する体積膨張　すでに述べたように，MU 理論の磁気体積効果の式 (7.13) は，SEW 理論とは熱ゆらぎの振幅 $\xi^2(T)$ が含まれるだけの違いである．しかしこの違いのため，臨界温度以下で発生する体積歪の大きさに違いが生ずる．MU 理論では $\omega_\mathrm{m}(0) = \omega_0$ と $\xi^2(t_c) = 3\sigma_0^2(0)/5$ が成り立つことから，次の結果が成り立つ．

$$1-\eta = \frac{1}{\omega_0(0)}\left[\omega_\mathrm{m}(0) - \omega_\mathrm{m}(t_c)\right] = \frac{\sigma_0^2(0) - \xi^2(t_c)}{\sigma_0^2(0)} = \frac{2}{5} \quad (7.41)$$

SEW 理論では $\omega_\mathrm{m}(t_c) = 0$ であることから上の値が $1-\eta = 1$ となり，$\eta = 0$ が成り立つ．一方 (7.35) によれば，$\Delta\omega_\mathrm{m}(0)$ について次の結果が得られる．

$$\begin{aligned}
\Delta\omega_\mathrm{m}(0) &= [\omega_\mathrm{th}(0) + \omega_\mathrm{zp}(0)] - [\omega_\mathrm{th}(t_c) + \omega_\mathrm{zp}(t_c)] \\
&= -\omega_\mathrm{th}(t_c) + \rho\kappa C_s(0)\sigma_0^2(0) \\
&= \frac{2}{5}\left(1 + \frac{2}{3}g_A\right)\omega_0 - \omega_\mathrm{th}(t_c)
\end{aligned} \quad (7.42)$$

したがって，$1-\eta$ は次のように表される．

$$1-\eta = \frac{\Delta\omega_\mathrm{m}(0)}{\omega_0} = \frac{2}{5}\left(1 + \frac{2}{3}g_A\right) - \frac{\omega_\mathrm{th}(t_c)}{\omega_0} \quad (7.43)$$

熱ゆらぎによる寄与を無視すれば，この値は MU 理論とほぼ同程度の 2/5 となるが，ただしその原因は磁気体積結合定数の値の違い，$C_s(0)/C_h(0) \simeq 2/5$ によるものであ

る．実際には熱ゆらぎによる寄与も含まれるので，2/5 に限らずいろいろな値を取り得ることができる．

基準となる体積歪の値として (7.40) で定義した ω_0 を用いると，$\omega_{\rm zp}(t)$ による寄与を簡単な形に表すことができる．そこで，ω_0 に対する相対的な歪を，体積歪の代わりに今後用いることにする．その場合，(7.35) の体積歪の 2 つの成分は次のように表される．

$$\frac{\omega_{\rm th}(t)}{\omega_0} = \frac{g_0 t}{5c[y_1(0)\sigma_0^2(0)]^2}$$
$$\times \left\{ 2\int_{x_c}^1 dx\, x^2 u \Phi'(u) + \int_0^1 dx\, x^2 u_z \Phi'(u_z) \right\} + \frac{\Delta\omega_{\rm th}(t)}{\omega_0},$$
$$\frac{\Delta\omega_{\rm th}(t)}{\omega_0} = \frac{2g_0 y_{z0}}{15c[y_1(0)\sigma_0^2(0)]^2} \qquad (7.44)$$
$$\times \left\{ t\left[\frac{\partial A(y_{z0},t)}{\partial t} - \frac{\partial A(0,t)}{\partial t}\right] - A(y_{z0},t) + A(0,t) \right\},$$
$$w_{\rm zp}(t) = \frac{\omega_{\rm zp}(t)}{\omega_0} = \frac{2}{5}V(t)\left[1 + g_A\left(\frac{5}{3}U(t) - 1\right)\right]$$

同様に，この温度微分として定義される熱膨張係数も次のように表される．

$$\beta(t) = \frac{d\omega_s(t)}{dT} = \frac{\omega_0}{T_0}\frac{d\omega_s(t)}{dt} = \frac{\omega_0}{T_0}\bar\beta(t) \equiv \frac{\omega_0}{T_0}[\bar\beta_{\rm th}(t) + \Delta\bar\beta_{\rm th}(t) + \bar\beta_{\rm zp}(t)],$$
$$\bar\beta_{\rm th}(t) = \frac{cg_0}{5A^2(0,t_c)}\left\{ -2\int_{x_c}^1 dx\, x^2 u^2 \Phi''(u) - \int_0^1 dx\, x^2 u_z^2 \Phi''(u_z) \right.$$
$$+ \frac{dV(t)}{dt}\left[-\frac{t x_c}{V(t)}x_c^2 u_c\left(\log u_c - \frac{1}{2u_c} - \psi(u_c)\right)\right.$$
$$\left.\left. + 2y_1(0)\sigma_0^2(0)\left(A(y_{z0},t) - t\frac{\partial A(y_{z0},t)}{\partial t}\right)\right]\right\},$$
$$\Delta\bar\beta_{\rm th}(t) = \frac{4g_0}{15A(0,t_c)}\left\{ V'(t)\left[t\left(\frac{\partial A(y_{z0},t)}{\partial t} - \frac{\partial A(0,t)}{\partial t} + y_{z0}\frac{\partial A'(y_{z0},t)}{\partial t}\right)\right.\right.$$
$$\left. - A(y_{z0},t) + A(0,t) - y_{z0}A'(y_{z0},t)\right]$$
$$\left. + tV(t)\left[\frac{\partial^2 A(y_{z0},t)}{\partial t^2} - \frac{\partial^2 A(0,t)}{\partial t^2}\right]\right\},$$
$$\bar\beta_{\rm zp}(t) = \frac{2}{5}\left\{(1-g_A)V'(t) + \frac{5}{3}g_A\left[V'(t)U(t) + V(t)U'(t)\right]\right\}, \quad u_c = x_c^3/t$$
$$\tag{7.45}$$

強制体積磁歪

任意の磁化 σ の値に対する強制体積磁歪を求めるには，次式のように (7.28) を σ について数値的な方法を用いて積分すればよい．

$$\omega_h(\sigma,t) = 2\rho\kappa T_A \int_{\sigma_0(t)}^{\sigma} d\sigma' \sigma' \left[\gamma_A y(\sigma',t) - \frac{\partial y(\sigma',t)}{\partial \omega}\right] \tag{7.46}$$

常磁性相の場合，右辺の積分の下限が $\sigma_0(t) = 0$ となる．被積分関数に現れる体積歪についての導関数 $\partial y(\sigma,t)/\partial\omega$ は，スピン振幅保存を表す (4.43) と，それを ω について偏微分した式，つまり次の連立微分方程式の解として求められる．

$$\begin{aligned}
& 2A(y,t) + A(y_z,t) - c(2y + y_z) + 5cy_1(0)\sigma^2 = 3A(0,t_c), \\
& 2[A'(y,t) - c_z]\frac{\partial y}{\partial \omega} + [A'(y_z,t) - c_z]\left(\frac{\partial y}{\partial \omega} + \sigma\frac{\partial}{\partial \sigma}\frac{\partial y}{\partial \omega}\right) \\
& + 5cy_1(0)(-\gamma_A + \gamma_0)\sigma^2 = 3A(0,t_c)\gamma_m(1 - g_A + g_0)
\end{aligned} \tag{7.47}$$

ただし，臨界点における熱ゆらぎの振幅，$A(0,t_c) = cy_1(0)\sigma_0^2(0) = T_A\sigma_0^2(0)/15T_0$ について，グリュナイゼンパラメータの定義によって得られる次の関係が成り立つことを用いた．

$$\frac{\partial \log A(0,t_c)}{\partial \omega} = \frac{\partial \log y_1(0)}{\partial \omega} + \frac{\partial \log \sigma_0^2(0)}{\partial \omega} = \gamma_m - \gamma_A + \gamma_0 \tag{7.48}$$

任意の σ についての (7.46) の解 $\omega_h(\sigma,t)$ を求めるには，数値的な積分の代わりに，強制磁歪についての (7.28)，つまり次の式と (7.47) を連立させた微分方程式を数値的に解けばよい．

$$\frac{\partial}{\partial \sigma}\left(\frac{\omega_h(\sigma,t)}{\omega_0}\right) = \frac{2c\sigma}{A(0,t_c)}\left[g_A y(\sigma,t) - \frac{1}{\gamma_m}\frac{\partial y(\sigma,t)}{\partial \omega}\right] \tag{7.49}$$

常磁性相の場合，初期条件として $y(0,t) = y_0(t)$ が成り立つ．微分係数の初期値 $dy_0(t)/d\omega \equiv \partial y(0,t)/\partial\omega$ を求めるには，逆磁化率 $y_0(t)$ の温度依存性を求めるための第 4 章の (4.22) が利用できる．この式を体積歪 ω に関して偏微分し，まず次の式が得られる．

$$\left[A'(y_0,t) - c\right]\frac{\partial y_0(t)}{\partial \omega} = \frac{\partial A(0,t_c)}{\partial \omega} = c(\gamma_m - \gamma_A + \gamma_0)y_1(0)\sigma_0^2(0)$$

さらに $y_1(t)$ についての (4.34) を代入し，初期値を次の式から求めることができる．

第7章 磁気体積効果へのスピンゆらぎの影響

$$\begin{aligned}
\frac{\partial y_0(t)}{\partial \omega} &= -\frac{y_1(t)}{cy_1(0)}\frac{\partial A(0,t_c)}{\partial \omega} = -(\gamma_m - \gamma_A + \gamma_0)\sigma_0^2(0)y_1(t), \\
\frac{\partial \log y_0(t)}{\partial \omega} &= -(\gamma_m - \gamma_A + \gamma_0)\frac{\sigma_0^2(0)y_1(t)}{y_0(t)} \\
&= -\frac{1}{U(t)}\gamma_m(1 - g_A + g_0)
\end{aligned} \quad (7.50)$$

(7.47) に現れる 2 次の微分係数 $\partial[\partial y(\sigma,t)/\partial \omega]/\partial \sigma$ は σ に比例し，したがって初期条件 $(\sigma \to 0)$ でその値はゼロになる．初期条件についてのこれらの結果を利用し，弱磁場領域の (7.28) の強制磁歪が次のように表される．

$$\begin{aligned}
\omega_h(\sigma,t) &= \rho\kappa C_h(t)\sigma^2, \quad C_h(t) = T_A y_0(t)\left[\gamma_A - \frac{\partial \log y_0(t)}{\partial \omega}\right], \\
\frac{C_h(t)}{C_h(0)} &= V(t)\left[g_A + (1 - g_A + g_0)\frac{1}{U(t)}\right] \\
&= \frac{V(t)}{U(t)}\{1 - g_A[1 - U(t)] + g_0\}
\end{aligned} \quad (7.51)$$

磁気秩序が発生する場合，初期条件として，$y(\sigma_0, t) = 0$ が成り立つ．弱磁場のときに成り立つ $y(\sigma,t) = y_1(t)[\sigma^2 - \sigma_0^2(t)]$ を用い，この場合も微分係数 $\partial y(\sigma_0,t)/\partial \omega$ の初期値を求めることができる．

$$\begin{aligned}
\frac{\partial y(\sigma_0,t)}{\partial \omega} &= -y_1(t)\frac{\partial \sigma_0^2(t)}{\partial \omega} = -y_1(t)\sigma_0^2(t)\frac{\partial \log \sigma_0^2(t)}{\partial \omega} \\
&= -y_1(0)\sigma_0^2(0)V(t)\left[\gamma_m + \frac{1}{U(t)}\frac{\partial U(t)}{\partial \omega}\right]
\end{aligned} \quad (7.52)$$

この σ に関する導関数の初期値も次のように求めることができる．

$$\begin{aligned}
\left.\frac{\partial}{\partial \sigma}\frac{\partial y}{\partial \omega}\right|_{\sigma=\sigma_0} &= 2\sigma_0(t)\left.\frac{\partial}{\partial \omega}\frac{\partial y}{\partial \sigma^2}\right|_{\sigma=\sigma_0} \\
&= 2\sigma_0(t)y_1(0)\frac{V(t)}{U(t)}\frac{\partial \log[y_1(0)V(t)/U(t)]}{\partial \omega} \\
&= 2y_1(0)\sigma_0(0)\frac{V(t)}{\sqrt{U(t)}}\left[-\gamma_A + \gamma_0 + \frac{1}{V(t)}\frac{\partial V}{\partial \omega} - \frac{1}{U(t)}\frac{\partial U}{\partial \omega}\right]
\end{aligned} \quad (7.53)$$

ただし，$\partial y(\sigma,t)/\partial \sigma^2 = y_1(t) = y_1(0)V(t)/U(t)$，$y_1(0) \propto T_A/T_0$ が成り立つことを用いた．秩序相の場合の解を求めるためには，したがって 2 個の偏微分係数，$\partial U(t)/\partial \omega$ と $\partial V(t)/\partial \omega$ も必要となる．第 4 章で説明した $U(t)$ と $V(t)$ に関する方程式に，こ

れを ω で微分して得られる方程式を加えた 4 元の連立方程式を解くことにより，これらの値を求めることができる．

弱磁場の極限 $(\sigma \simeq \sigma_0(t))$ では (7.52) を (7.46) に代入し，σ' についての積分から強制磁歪が次のように求まる．

$$\omega_h(\sigma, t) = \rho\kappa C_h(t)[\sigma^2 - \sigma_0^2(t)],$$
$$C_h(t) = -T_A \frac{\partial y}{\partial \omega} = C_h(0)V(t)\left[1 + \frac{1}{\gamma_m U(t)}\frac{\partial U(t)}{\partial \omega}\right] \tag{7.54}$$

7.4 温度領域の違いによる磁気体積効果の特徴

7.3 節で導いた体積歪の温度変化や強制磁歪についての一般的な式に従って，この節では低温極限や臨界温度近傍，高温の常磁性相などの温度領域で現れる磁気体積効果について詳しく説明する．

7.4.1 低温極限の磁気体積効果とグリュナイゼンの関係式

低温極限で $t \ll 1$, $y_{z0}(0) \ll 1$ が成り立つとき，熱膨張と熱膨張率の熱ゆらぎ成分は，それぞれ t^2 と t に比例する温度依存性を示す．

$$\begin{aligned}\omega_{\rm th}(t) &\simeq \frac{1}{8}T_0\rho\kappa\gamma_0\{2\log(1/x_c^2) + \log[1/y_{z0}(0)]\}t^2 \\ &\simeq \frac{3}{4}T_0\rho\kappa\gamma_0 t^2 \log[1/\sigma_0(0)], \\ \beta_{\rm th}(t) &\simeq \frac{3}{2}\rho\kappa\gamma_0 t \log[1/\sigma_0(0)]\end{aligned} \tag{7.55}$$

ここで，x_c^2 と $y_{z0}(0)$ はどちらも $\sigma_0^2(0)$ に比例する．すでに前の章で述べたように，体積当たりの低温磁気比熱へのスピンの熱ゆらぎによる寄与は，次の式で表される．

$$\frac{C_{\rm m0}(t)}{V} \simeq \frac{3}{2}\frac{N_0}{V}t\log[1/\sigma_0(0)] = \frac{3}{2}\rho t \log[1/\sigma_0(0)] \tag{7.56}$$

これは自由エネルギーの T^2 に比例する温度依存性に対応する．

$$F_{\rm m}(T) = F_{\rm m}(0) - \frac{3}{4}N_0\frac{T^2}{T_0}\log[1/\sigma_0(0)] + \cdots$$

この自由エネルギーの温度についての微分から比熱が得られ，体積歪についての変分から，(7.55) と同じ熱膨張が得られる．

$$\delta_\omega F_{\mathrm{m}}(t) = -\frac{3}{4} N_0 \gamma_0 t^2 \log[1/\sigma_0(0)] \delta\omega$$

したがって，(7.55) と (7.56) との比較から，低温極限の磁気比熱と熱膨張率の熱ゆらぎ成分との間に比例関係，つまり次のグリュナイゼンの関係式，

$$\beta_{\mathrm{th}}(t) = \kappa\gamma_0 \frac{C_{\mathrm{m}0}(t)}{V} = \frac{3}{2}\rho\kappa\gamma_0 t \log\frac{1}{\sigma_0(0)}$$

が成り立つことがわかる．

SEW 理論や MU 理論の熱膨張と類似した成分 $\omega_{\mathrm{zp}}(t)$ は，(7.35)，つまり次の式を用いて表される．

$$\omega_{\mathrm{zp}}(t) = \rho\kappa C_s(t)\sigma_0^2(t), \quad \frac{C_s(t)}{C_h(0)} = \frac{2V(t)}{5U(t)}\left[1 + g_A\left(\frac{5}{3}U(t) - 1\right)\right] \quad (7.57)$$

結合定数 $C_s(t)$ に含まれる $V(t)/U(t)$ と $U(t)$ について，第 4 章の (4.62) と (4.64) の結果を代入して整理すると次の温度依存性が得られる．

$$C_s(t) = C_s(0)\left\{1 - \frac{ct^2}{120 A^2(0, t_c)}\left[\frac{3 + 2r^2}{4} + \frac{5g_A}{3 + 2g_A}\frac{4 + 5r + r^2}{3}\right] + \cdots\right\}$$

ただし，$r = (\pi/2)^2$ を定義した．

これら 2 つの寄与の和として，低温極限の自発体積磁歪の温度変化が次のように表される．

$$\begin{aligned}\frac{\omega_{\mathrm{m}}(t)}{\omega_0} &= \frac{cg_0}{120 A^2(0, t_c)}\left[2\log x_c^{-2} + \log y_{z0}^{-1}\right]t^2 + \frac{cg_0(1 - r^2)}{180 A^2(0, t_c)}t^2 \\ &\quad + \frac{2}{5}\left(1 + \frac{2}{3}g_A\right)\left\{1 - \frac{c}{120 A^2(0, t_c)}t^2\right. \\ &\quad \left. \times \left(\frac{3 + 2r^2}{4} + \frac{3 + 7g_A}{3 + 2g_A}\frac{4 + 5r + r^2}{3}\right) + \cdots\right\}\end{aligned}$$

右辺の第 2 項は，自由エネルギーに対する熱ゆらぎによる補正項 $\Delta\omega_{\mathrm{m}}(t)$ による寄与である．通常はこの第 2 項と 3 項の寄与によって t^2 の係数は負となり，そのため温度の上昇によって体積が収縮する．ただし，弱い強磁性の極限で $\sigma_0(0) \ll 1$ が成り立つ場合，正の第 1 項による寄与も無視できない．秩序が発生する場合，これまで無視されてきた $\log[1/\sigma_0(0)]$ に比例する最初の項の存在が実験的に確認された例は未だない．熱膨張の温度変化の詳しい解析により，この寄与が今後確認されることを期待する．

7.4 温度領域の違いによる磁気体積効果の特徴

強磁性が発生する寸前の常磁性から弱い強磁性を示す組成範囲の Ni$_3$Al と Ni-Pt 合金について，低温での熱膨張の温度変化が Kortekaas et al. (1974) によって測定されている．彼らによる報告[107]によれば，熱膨張の温度依存性を，T^2 に比例する項と格子振動による T^4 項の和として表すことができる．

$$\Delta l/l = AT^2 + BT^4$$

試料の長さを l を用いて表した．係数 A の値が，常磁性から強磁性への移り変わりに際して増大し，符号も正から負に変化する．T^2 の温度依存性を与える原因として，伝導電子による寄与と磁気的な寄与があると考えられている．ただし，T^2 に比例する熱ゆらぎ成分 $\omega_{th}(t)$ の存在は，当時の彼らにとっては全く想定外であった．常磁性相におけるこの結果は，磁気的な原因によって生ずる T^2 に比例する項（実際は後で示す $t^2 \log[1/y_0(0)]$ に比例する項）の存在を示唆するように見える．従来は電子的な寄与と見なされた T^2 項の起源の見直しと，実験データの解析方法についての再検討が必要である．

低温極限における強制体積磁歪

弱磁場で $\sigma \simeq \sigma_0(t)$ が成り立つ場合，強制体積磁歪は，$\omega_h(\sigma, t) = \rho\kappa C_h(t)[\sigma^2 - \sigma_0^2(t)]$ によって表される．結合係数 $C_h(t)$ の温度依存性は，一般的には (7.54) で与えられる．低温極限と臨界温度近傍で，この温度依存性を解析的に求めることができる．低温極限では (4.64) によれば，$U(t)$ が $T^2/[T_A\sigma_0^2(0)]^2$ に比例して減少する変化を示す．したがって，(7.54) に含まれる微分係数 $\partial U(t)/\partial \omega$ の温度依存性が次のように求まる．

$$\frac{\partial U(t)}{\partial \omega} = \frac{4+5r+r^2}{180cA^2(0,t_c)}(\gamma_m - \gamma_A)t^2 + \cdots \tag{7.58}$$

この結果と第 4 章の $V(t)/U(t)$ と $U(t)$ についての (4.62) と (4.64) を (7.54) に代入し，$C_h(t)$ の t^2 に比例する温度変化が次のように求まる．

$$\frac{C_h(t)}{C_h(0)} = 1 + \frac{ct^2}{120A^2(0,t_c)}\left[(1-2g_A)\frac{4+5r+r^2}{3} - \frac{3+2r^2}{4}\right] + \cdots \tag{7.59}$$

7.4.2 臨界温度近傍

臨界温度 $(t = t_c)$ における熱膨張の熱ゆらぎ成分は次のように表される．

$$\begin{aligned}\frac{\omega_{\text{th}}(t_c)}{\omega_0} &= 3\rho\kappa T_0\gamma_0 t_c^2 \int_0^{1/t_c} du\, u\Phi(u) \\ &\simeq \frac{1}{4}\rho\kappa T_0\gamma_0 t_c^2 \log(1/t_c) \quad (t_c \ll 1)\end{aligned} \tag{7.60}$$

この熱ゆらぎ成分については磁気比熱の場合と同様に，臨界温度近傍で $y_0(t)$ や $y_{z0}(t)$ が温度変化する影響は小さい．一方 $\omega_{\text{zp}}(t)$ に関しては，第 4 章の $U(t)$ と $V(t)/U(t)$ の温度依存性についての (4.68) と (4.69) を (7.57) に代入し，結合定数 $C_s(t)$ と体積磁歪 $\omega_{\text{zp}}(t)$ についての次の結果が得られる．

$$\begin{aligned}\frac{C_s(t)}{C_h(0)} &= \frac{14}{25c}(1-g_A)A(0,t_c)\left(\frac{40\sqrt{2}c}{7\pi t_c}\right)^2\left[1-\left(\frac{t}{t_c}\right)^{4/3}\right]+\cdots, \\ \frac{\omega_{\text{zp}}(t)}{\omega_0} &= \frac{98}{125c}(1-g_A)A(0,t_c)\left(\frac{40\sqrt{2}c}{7\pi t_c}\right)^2\left[1-\left(\frac{t}{t_c}\right)^{4/3}\right]^2+\cdots\end{aligned} \tag{7.61}$$

これらは，それぞれ $(T-T_{\text{C}})$ と $(T-T_{\text{C}})^2$ に比例して臨界温度で消失する．したがって，熱膨張率の成分 $\beta_{\text{zp}}(t)$ も $(T-T_{\text{C}})$ に比例する変化を示す．この結果に対し，SEW 理論と MU 理論のどちらについても自発磁化の温度依存性，$M_0^2(T) \propto (T_{\text{C}}-T)$ を反映し，臨界温度の極限 $(t \to t_c)$ で負の有限の $\beta(t)$ の値を与える．

常磁性相の臨界温度近傍 $(t_c \lesssim t)$ では，熱膨張と磁気体積結合定数の温度変化は (7.39) の次の式を用いて求めることができる．

$$\omega_{\text{zp}}(t) = \rho\kappa C_s(t)\sigma_0^2(0)U(t), \quad C_s(t) = \frac{3}{5}C_h(0)(1-g_A)\frac{V(t)}{U(t)} \tag{7.62}$$

この場合，$U(t)$ と $V(t)/U(t)$ が次の温度依存性を示す．

$$U(t) = \frac{1}{2}[(t/t_c)^{4/3}-1], \quad \frac{V(t)}{U(t)} = 2c\left(\frac{4}{\pi t_c}\right)^2 A(0,t_c)[(t/t_c)^{4/3}-1] \tag{7.63}$$

したがって，$U(t)$ は $(t-t_c)$ に比例し，$V(t)$ は $(t-t_c)^2$ に比例する．これらの依存性を (7.62) に代入し，次の結果が得られる．

$$\begin{aligned}\frac{\omega_{\text{zp}}(t)}{\omega_0} &= \frac{6c}{10}(1-g_A)\left(\frac{4}{\pi t_c}\right)^2 A(0,t_c)[(t/t_c)^{4/3}-1]^2, \\ \frac{C_s(t)}{C_h(0)} &= \frac{6c}{5}(1-g_A)\left(\frac{4}{\pi t_c}\right)^2 A(0,t_c)[(t/t_c)^{4/3}-1]\end{aligned} \tag{7.64}$$

MU 理論と SEW 理論によって得られる自発体積磁歪 $\omega(t)$ の温度変化の勾配は，どちらも温度が上昇すると，臨界温度で負の値からゼロに不連続に変化する．上の (7.61)

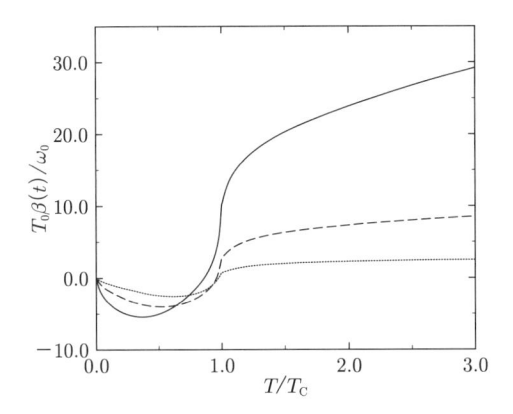

図 7.2 熱膨張係数の温度依存性

と (7.64) の結果では，$\omega_{zp}(t)$ の温度に関する微分係数である熱膨張率は連続的に変化する．理論によるこの違いは，磁気体積結合定数の温度変化の有無に起因する．ZrZn$_2$ についての Ogawa, Kasai (1969) [108] と Creuzet et al. (1983) [109] による熱膨張率の測定結果は，どちらも連続的な変化を支持するように見え，したがって結合定数が温度変化することを支持していると見なすこともできる．低温の磁気秩序相から常磁性相までの広い温度範囲の熱膨張率の温度変化についての計算結果を，図 7.2 に示す．実線，破線，点線はそれぞれ $t_c = 0.05, 0.1, 0.2$ の場合の計算結果である．$g_0 = 0.1$，$g_A = 0.1$ と置いた．

臨界温度近傍の強制磁歪

臨界温度近傍の強制磁歪の結合定数 $C_h(t)$ も，(7.54) を用いてその温度変化を求めることができる．まず，この近傍で $V(t)$ は $(t_c - t)^2$ に比例し，高次項であることから無視できる．臨界点における微分係数 $\partial U(t)/\partial \omega$ は，第 4 章の $U(t)$ の温度依存性 (4.69) を用いて次のように求まる．

$$U(t) = \frac{7}{5}\left[1 - \left(\frac{T}{T_C}\right)^{4/3}\right],$$

$$\left.\frac{\partial U(t)}{\partial \omega}\right|_{T=T_C} = \frac{28}{15}\left(\frac{T}{T_C}\right)^{4/3}\frac{\mathrm{d}\log T_C}{\mathrm{d}\omega} \simeq \frac{28}{15}\frac{\mathrm{d}\log T_C}{\mathrm{d}\omega}$$

この結果と $V(t)/U(t)$ についての (4.68) を (7.54) に代入し，結合定数 $C_h(t)$ の温

度依存性が求まる.

$$\begin{aligned}\frac{C_h(t)}{C_{h0}} &\simeq \frac{V(t)}{\gamma_m U(t)}\frac{\partial U(t)}{\partial \omega}\\ &= \frac{32c}{3}\left(\frac{4}{\pi t_c}\right)^2 A(0,t_c)\frac{1}{\gamma_m}\frac{\mathrm{d}\log T_\mathrm{C}}{\mathrm{d}\omega}\left[1-\left(\frac{t}{t_c}\right)^{4/3}\right]+\cdots\end{aligned} \quad (7.65)$$

この結果によれば,臨界温度近傍の強制磁歪の結合定数 $C_h(t)$ の $(T-T_\mathrm{C})$ に比例する係数の値から, $\mathrm{d}\log T_\mathrm{C}/\mathrm{d}\omega$ の値を実験的に見積もることができる.この値がパラメータ $\gamma_m, \gamma_0, \gamma_A$ を用いて表されることについては後で説明する.

常磁性相の場合は (7.51) を用い,結合定数の温度変化を求めることができる.この場合も高次項の $V(t)\propto (t-t_c)^2$ に比例する寄与を無視できる.臨界温度近傍の $V(t)/U(t)$ の温度依存性についての (7.63) を (7.51) に代入し,結合定数 $C_h(t)$ の $(t-t_c)$ に比例する温度変化が得られる.

$$\frac{C_h(t)}{C_{h0}}=2c(1-g_A+g_0)\left(\frac{4}{\pi t_c}\right)^2 A(0,t_c)\left[\left(\frac{t}{t_c}\right)^{4/3}-1\right] \quad (7.66)$$

つまり強制磁歪の $C_h(t)$ も自発体積磁歪の結合定数 $C_s(t)$ と同様に,臨界点に向かって $|T-T_\mathrm{C}|$ に比例してゼロに近づく.

臨界強制体積磁歪

臨界温度近傍で発生する臨界スピンゆらぎによる影響で,臨界現象特有の性質が磁化曲線に現れることをすでに第 4 章で説明した.同じ自由エネルギーの体積微分によって得られる強制磁歪について,同様な効果が現れることが期待できる.この臨界強制磁歪も, (7.46) を用いた一般的な取り扱いが可能である.その場合, $y(\sigma,t)$ だけでなくその ω についての微分係数 $\partial y(\sigma,t)/\partial \omega$ の σ 依存性も必要となるが,どちらも連立微分方程式 (7.47) の臨界温度における解として求まる.

臨界温度における熱ゆらぎの振幅の臨界挙動, $A'(y,t)\propto 1/\sqrt{y}$ と $A'(y_z,t)\propto 1/\sqrt{y_z}$ を (7.47) の第 2 式に代入して次の式が得られる.

$$-\frac{\pi t_c}{8}\left(\frac{2}{\sqrt{y}}\frac{\partial y}{\partial \omega}+\frac{1}{\sqrt{y_z}}\frac{\partial y_z}{\partial \omega}\right)=3A(0,t_c)\gamma_m(1-g_A-g_0) \quad (7.67)$$

ただし, σ^2 に比例する項は高次項として無視した.すでに第 4 章で説明したように, $y(\sigma,t_c)$ と $y_z(\sigma,t_c)$ は臨界温度において σ^4 に比例する依存性を示す.したがって,上の (7.67) 式が成り立つための条件として, $\partial y(\sigma,t_c)/\partial \omega$ が σ^2 に比例し, $y(\sigma,t)$

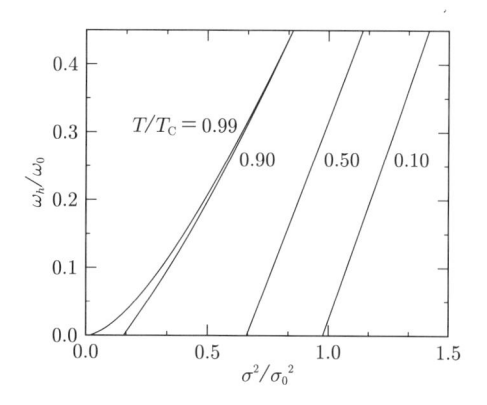

7.4 温度領域の違いによる磁気体積効果の特徴　217

図 7.3 強制磁歪の計算結果の例 ($T_C/T_0 = 0.05$)

と $y_z(\sigma,t)$ の関係から $\partial y_z(\sigma,t_c)/\partial\omega = 3\partial y(\sigma,t_c)/\partial\omega$ が成り立つ．これらの結果を (7.67) に代入し，$\partial y(\sigma,t_c)/\partial\omega$ の σ^2 の比例係数が次のように求まる．

$$\frac{1}{\gamma_m}\frac{\partial y}{\partial \omega} = -\frac{24\sqrt{5}}{3+2\sqrt{5}}(1-g_A-g_0)\frac{\sqrt{y_c}}{\pi t_c}A(0,t_c)\sigma^2$$

最後にこれを (7.46) に代入し，σ^4 に比例する臨界強制体積磁歪が得られる．

$$\frac{\omega_h(\sigma,t_c)}{\omega_0} = \frac{12\sqrt{5}}{3+2\sqrt{5}}(1-g_A-g_0)\frac{\sqrt{y_c}}{\pi t_c y_1(0)}A(0,t_c)\frac{\sigma^4}{\sigma_0^4(0)} \qquad (7.68)$$

　磁気秩序相における強制体積磁歪について，(7.47) と (7.49) の連立微分方程式を数値的に解いて求めた結果を図 7.3 に示す．温度が $T/T_C = 0.10, 0.50, 0.90, 0.99$ の場合の体積磁歪 $\omega_h(\sigma,t)$ の計算結果が $\sigma^2/\sigma_0^2(0)$ の値に対してプロットされている．低温では結合係数 $C_h(\sigma,t)$ の弱い σ 依存性のため，σ^2 についてのよい直線性が成り立つことがわかる．臨界点の近傍で，弱磁場極限の $C_h(t)$ の値が (7.65) の温度依存性を反映して減少し，(7.68) の σ^4 に比例する強制磁歪の依存性が現れることが期待される．実際に，$T/T_C = 0.99$ についての計算結果にこの依存性が現れている．温度の上昇によって低温から臨界温度に近づくにつれ，低温の σ^2 に比例する直線的なふるまいが，臨界強制磁歪の σ^4 に比例する依存性に移行する様子がこの図に示されている．

MnSi の臨界強制体積磁歪

遍歴電子磁性体に関しては，長い間磁化曲線の臨界温度における特異性についての意識がそもそも希薄であった．全く同じことが，強制体積磁歪の場合にも当てはまる．MnSi の臨界温度で観測されていた特異な強制磁歪についても，臨界強制磁歪に関連させる Takahashi (1990) による指摘[110]があるまで全く問題にはならなかった．図 7.4 に Matsunaga et al. (1982) によるこの物質の磁気体積効果に関する論文[90]から引用した図 (文献[90]の Fig. 8) を示す．この図では，観測された強制磁歪 (試料の長さ

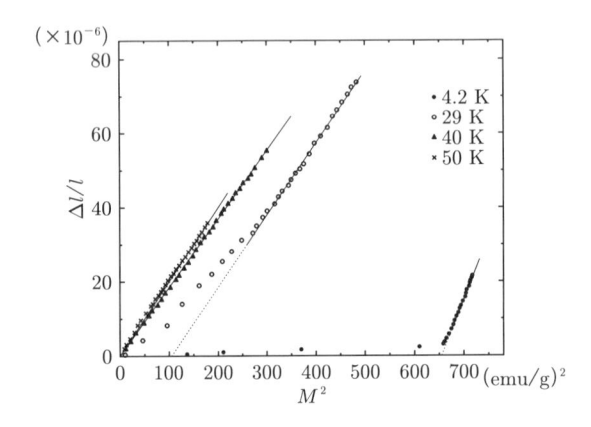

図 7.4 MnSi における強制磁歪の観測 (Matsunaga et al., 1982)

の変化 $\Delta l/l$) が M^2 に対してプロットされている．臨界温度 $T_C \simeq 30$ K 近傍でのプロットは，比例関係からかなり外れることがよくわかる．この図から $T = 29$ K のデータを読み取り，改めて M^4 に対してプロットし直すと，よい直線性が得られることが確かめられている．これ以外に臨界強制磁歪が明瞭に観測された例は，今のところはほとんど見当たらない．

7.4.3 常磁性相

自発体積磁歪

臨界温度近傍の性質についてはすでに触れたので，ここでは高温で磁化率がキュリー・ワイス則に従う温度変化を示す温度領域の磁気体積効果について説明する．逆磁化率が (4.30) のキュリー・ワイス則の温度変化，$y_0(t) \simeq 2(t-t_c)/[5cy_1(0)p_{\mathrm{eff}}^2]$ を示し，

7.4 温度領域の違いによる磁気体積効果の特徴

$y_1(t)$ の温度変化が無視できるとしたとき，$V(t)$ と $V(t)/U(t)$ の温度依存性が次のように表される．

$$\frac{V(t)}{U(t)} = \frac{y_1(t)}{y_1(0)}, \quad V(t) = \frac{y_0(t)}{y_1(0)\sigma_0^2(0)} \simeq \frac{c}{10A^2(0,t_c)}\frac{p_s^2}{p_{\text{eff}}^2}(t-t_c)$$

つまり，$V(t)$ は $(t-t_c)$ に比例し，$V(t)/U(t)$ はあまり温度変化しない．結合定数の比 $C_s(t)/C_h(0)$ は，(7.39) の下の式によれば $3(1-g_A)/5$ と同程度の値になる．

$$\frac{C_s(t)}{C_h(0)} = \frac{3}{5}(1-g_A)\frac{y_1(t)}{y_1(0)} \simeq \frac{3}{5}(1-g_A)$$

この結果を同じ (7.39) の上の式に代入し，熱膨張の成分 $\omega_{\text{zp}}(t)$ についての次の温度依存性が得られる．

$$\begin{aligned}\frac{\omega_{\text{zp}}(t)}{\omega_0} &= \frac{C_s(t)}{C_h(0)}\frac{y_0(t)}{y_1(t)\sigma_0^2(0)} \\ &= \frac{3}{5}(1-g_A)V(t) \simeq (1-g_A)\frac{3c(1-g_A)}{50A^2(0,t_c)}\frac{p_s^2}{p_{\text{eff}}^2}(t-t_c)\end{aligned} \quad (7.69)$$

熱膨張の代わりに熱膨張率を用いると，その値は温度によらずほぼ一定になると考えられる．

$$\begin{aligned}\frac{T_C\beta_{\text{zp}}(t)}{\omega_0} &= \frac{T_C}{\omega_0 T_0}\frac{d\omega_{\text{zp}}(t)}{dt} \simeq \frac{3}{50}\frac{c(1-g_A)t_c}{A^2(0,t_c)}\frac{p_s^2}{p_{\text{eff}}^2} \\ &= \frac{27c(1-g_A)}{50(C_{4/3})^2 t_c^{5/3}}\frac{p_s^2}{p_{\text{eff}}^2}\end{aligned} \quad (7.70)$$

第 4 章の 4.2 節の説明によれば，上の式の磁気モーメントの比 p_{eff}/p_s と $t_c = T_C/T_0$ との間に密接な関係がある．つまり (7.70) の右辺の値は，ほぼ磁性体の t_c の値だけに依存して決まる．

　上の (7.70) の結果を実験的に確かめることができる．常磁性相の熱膨張率の観測データから，温度変化のない成分を取り出すことによって $\beta_{\text{zp}}(t)$ の値を求めることができる．低温極限で観測された強制磁歪の結合係数 $C_h(0)$ と自発磁化 $\sigma_0^2(0)$ の値を用い，ω_0 の値も求まる．ただし，熱膨張の測定データから格子振動などによる影響を引き去り，磁気的な寄与だけを分離することはなかなか容易ではない．熱膨張率の値が文献で入手可能な化合物について求めた (7.70) の左辺の $T_C\beta/\omega_0$ の値を，T_C/T_0 の値に対してプロットした結果を図 7.5 に示す．同じ図に，(7.70) の右辺を数値的に求めた結果も実線で示した．計算には $(1-g_A)$ の因子が含まれないが，実験データ

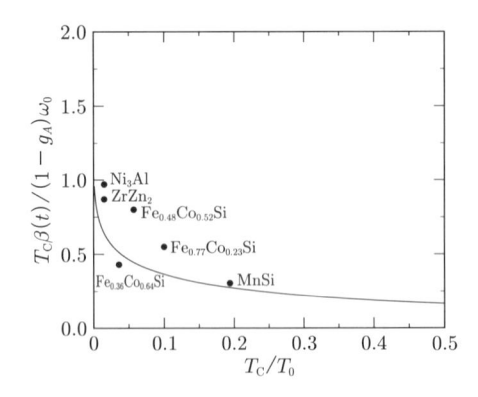

図 7.5 常磁性熱膨張率の測定による 2 つの磁気体積結合係数の比

については文献の値をそのまま用いた．この図からわかるように，理論の曲線の比較的近くに実験結果が分布する．(7.69) によれば，$T_\mathrm{C}\beta/\omega_0$ の比は磁気体積結合定数の比 $C_s(t)/C_h(0)$ の値と関係がある．図中の観測データの分布は，この比が 1 より小さいとする理論の結果を支持するように思われる．比を 1 として計算すると，曲線はより高い位置に移動する．

強制体積磁歪

すでに 7.3 節の一般的な説明で，常磁性相の強制磁歪について，$\omega_h(t) = \rho\kappa C_h(t)\sigma^2$ が成り立つことを説明した．結合定数 $C_h(t)$ の温度依存性についても (7.51) で与えられている．常磁性相でこの値はほぼ一定の値に飽和する傾向があるが，g_A の大きさが無視できない場合には，(7.51) に含まれる $U(t)$ の $(t-t_c)$ に比例する温度依存性のため，わずかばかり増大する．

強制磁歪の結合定数 $C_h(t)$ を求めるための (7.51) に，微分係数 $\partial y_0(t)/\partial\omega$ が現れる．(7.50) の上の式によれば，常磁性相で $y_1(t)$ の温度変化が小さく無視できる場合，この微分係数は温度によらずほぼ一定となる．またこの値は，Brommer et al. (1995) による常磁性磁化率の圧力変化の測定[111]と関係がある．彼らはこの論文で，圧力によって生ずる体積変化による Ni$_3$Al と TiCo についての微分係数 $\mathrm{d}\log\chi(T)/\mathrm{d}\omega$ の温度変化が，磁化率 $\chi(T)$ に比例する，つまり，$\mathrm{d}\log\chi(T)/\mathrm{d}\omega \propto \chi(T)$ の関係が成り立つことを示した．言い換えるとこれは，$\chi^{-2}(T)\mathrm{d}\chi(T)/\mathrm{d}\omega$ の値，したがって $\mathrm{d}\chi^{-1}(T)/\mathrm{d}\omega$ が温度によらずほぼ一定であることを意味し，(7.50) の結果と一致す

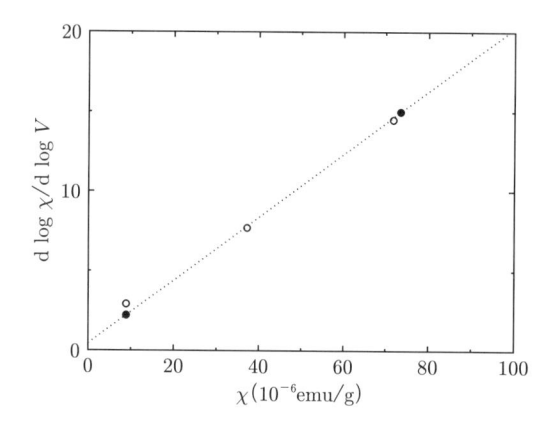

図 7.6 Ni$_3$Al の常磁性磁化率の圧力変化．黒丸は levitation 法を用いた測定

る．Ni$_3$Al について，3 つの温度について報告された $\mathrm{d}\log\chi(T)/\mathrm{d}\log V$ 値を，$\chi(T)$ の値に対してプロットした結果を図 7.6 に示す．測定値が正の傾きの直線上によく載ることがこの図からわかる．この図の直線の傾きは，理論の表記を用いて次のように表される．

$$\frac{N_0}{2\chi}\frac{\mathrm{d}\log\chi}{\mathrm{d}\ln V} = -T_A y_0(t)\frac{\partial \log y_0(t)}{\partial \omega} = -T_A \frac{\partial y_0(t)}{\partial \omega}$$
$$= T_A y_1(t)\sigma_0^2(0)\frac{\mathrm{d}\log A(0,t_c)}{\mathrm{d}\omega} \quad (7.71)$$

Brommer et al. の論文の Ni$_{74.8}$Al$_{25.2}$ についてのデータから上の左辺の値を見積もると，2.73×10^3 K の値が得られる．スピンゆらぎのスペクトル幅について，この化合物については $T_0 \simeq 3 \times 10^3$ K，$T_A \simeq 3 \times 10^4$ K の値がすでに知られている．これらを用い，$y_1(t) \simeq y_1(0) \simeq 1/3$ が得られる．また，右辺の体積歪についての勾配も以下のように見積ることができる．

$$\frac{\mathrm{d}\log A(0,t_c)}{\mathrm{d}\omega} = -B\frac{\mathrm{d}\log A(0,t_c)}{\mathrm{d}p} = -B\frac{\mathrm{d}\log \sigma_0^2(0)}{\mathrm{d}p} \simeq 46.2$$

ただし，大まかな比較として γ_0 と γ_A の寄与は無視し，バルクモジュラス (圧縮率の逆数) の値として $B = 1.7$ M bar，および $\mathrm{d}\log\sigma_0^2(0)/\mathrm{d}p = 27.2$ の値を用いた．自発磁化の値として，$\sigma_0(0) = 0.05$，または，0.07 を用いると (7.71) の右辺の値としてそれぞれ，1.15×10^3 K，2.26×10^3 K が得られ，Brommer et al. が得た勾配の値をほぼ定量的に説明できる．

7.4.4 体積磁歪についての数値計算

自発体積磁歪の温度依存性について，数値的に計算した結果を図 7.7 に示す．細い実線，細い破線，および太い実線が，それぞれ熱膨張の成分 $\omega_{\mathrm{th}}(t)$, $\omega_{\mathrm{zp}}(t)$ による寄与，および両方の和を表す．大きな値のグラフから順に $t_c = 0.01, 0.05, 0.1$ と置いた場合の計算結果に対応する．なお，$g_0 = g_A = 0.1$ の値を用い，$T_A/T_0 = 10$ と置いた．興味深い例として，t_c が小さな値をとるほど，熱膨張への熱ゆらぎ成分 $\omega_{\mathrm{th}}(t)$ の寄与が相対的に大きくなる傾向があり，温度を下げたときに臨界温度より下の温度で $\omega_{\mathrm{zp}}(t)$ が増大する効果を打ち消してしまう．その結果，熱膨張の温度変化が温度についての単調増加関数となる．この図では，体積膨張を ω_0 の値で割った比の値が示されていることに注意する必要がある．小さな t_c の値の場合は ω_0 も小さな値となり，上の図の値の大小が，熱膨張の絶対的な値の大小を意味しないことにも注意がいる．

参考までに，熱膨張率の温度係数が増強される様子も図 7.8 に示す．熱膨張 $\omega_{\mathrm{m}}(t)/3\rho\kappa T_0\gamma_0$ の値を温度 t について微分した値は熱膨張率 $\beta(t)$ に比例し，これをさらに t で割った値が，温度 T/T_{C} に対してこの図でプロットされている．点線，破線，実線のそれぞれは，$t_c = 0.01, 0.05, 0.1$ の場合に対応する．これらの順に $\sigma_0(0)$ の値が増大し，熱膨張率の温度係数の増強は逆に減少する．自発磁歪と強制磁歪の結合定数

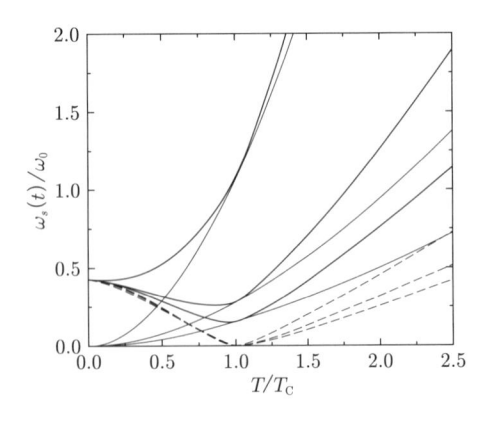

図 7.7　自発体積磁歪の温度依存性

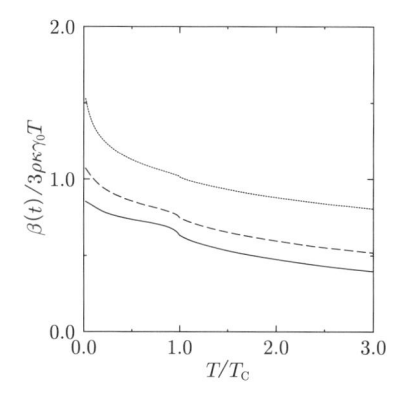

図 7.8 低温熱膨張率の温度係数の増大

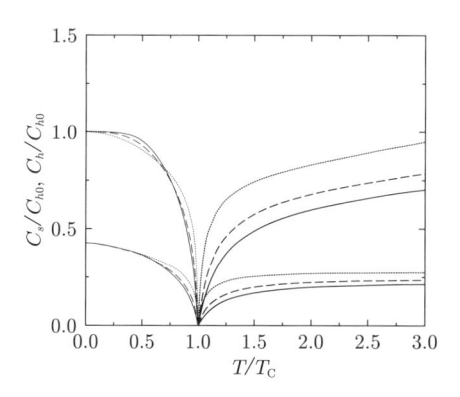

図 7.9 磁気体積結合定数の温度依存性

$C_s(t)$ と $C_h(t)$ の温度依存性を図 7.9 に示す．太線が強制磁歪，細線が自発磁歪を表す．また，点線，破線，実線のそれぞれは，$t_c = 0.01, 0.05, 0.1$ と置いた場合の計算結果である．なお，$T_A/T_0 = 10$ と置いた．

7.5 常磁性体の磁気体積効果

第 4 章の 4.2 節ですでに述べたように，強磁性体と磁気不安定点近傍にある常磁性体の磁化曲線の類似から，常磁性体の場合の (4.16) で定義した値，$\sigma_p^2(0) \equiv y_0(0)/y_1(0)$，が強磁性体の自発磁化 $\sigma_0^2(0)$ の値に対応する．同様に強磁性体の場合との類似から，

常磁性体についても磁気グリュナイゼンパラメータ γ_m を，次のように定義できる．

$$\Delta \langle \mathbf{S}_{\mathrm{loc}}^2 \rangle = -\frac{3}{5}\sigma_p^2(0), \quad \frac{\mathrm{d}\Delta \langle \mathbf{S}_{\mathrm{loc}}^2 \rangle}{\mathrm{d}\omega} = \frac{3}{5}\gamma_m \sigma_p^2(0) \tag{7.72}$$

負の値の $\Delta \langle \mathbf{S}_{\mathrm{loc}}^2 \rangle$ が常磁性体の特徴である．強磁性体の場合の結合定数 $C_h(0)$ や ω_0 についてのそれぞれの定義 (7.31) と (7.40) に対応させ，この場合にも同じパラメータを以下のように定義できる．

$$C_{h0} = T_A y_0(0) \gamma_m, \quad \omega_0 = \rho \kappa C_{h0} \sigma_p^2(0) \tag{7.73}$$

後で述べるように，上の強制磁歪の結合定数 C_{h0} は，基底状態 ($t=0$) の定数の値 $C_h(0)$ とは少し異なることに注意がいる．同様に，基底状態の値で規格化した $y_0(t)$, $\sigma_p^2(t)$ の値として $V(t), U(t)$ を定義する．

$$V(t) = \frac{y_0(t)}{y_0(0)}, \quad U(t) = \frac{y_0(t)}{y_0(0)}\frac{y_1(0)}{y_1(t)} = \frac{\sigma_p^2(t)}{\sigma_p^2(0)} \tag{7.74}$$

次の節でまず自発体積磁歪の温度依存性について述べ，その後で強制体積磁歪について説明する．

7.5.1 常磁性自発体積磁歪

この場合の自発体積磁歪の熱ゆらぎ成分は，強磁性体の場合と同様に (7.35) を用いて求められる．ただし，磁気モーメントが発生しないことから $u_z = u$ が成り立つ．もう一方の成分の $\omega_{\mathrm{zp}}(t)$ も，まずグリュナイゼンパラメータの定義 (7.72) と (7.22) を用いて成分 F_{zp} についての変分 (7.20) から C_{zp} を求め，一般的な定義 (7.21) に従って求められる．

$$\begin{aligned}
\frac{\omega_{\mathrm{th}}(t)}{\omega_0} &= \frac{3g_0 t}{5cy_0^2(0)} \int_0^1 \mathrm{d}x\, x^2 u \Phi'(u), \\
\omega_{\mathrm{zp}}(t) &= 3\rho \kappa C_{\mathrm{zp}} y_0(t) = \frac{3}{5}\rho \kappa C_{h0}\sigma_p^2(0)(1+g_A)\frac{y_0(t)}{y_0(0)} \\
&= \frac{3}{5}\omega_0 (1+g_A) V(t), \\
C_{\mathrm{zp}} &= \frac{1}{3}\frac{\partial}{\partial \omega}\left[T_A \Delta \langle \mathbf{S}_{\mathrm{loc}}^2 \rangle\right] = \frac{1}{5}T_A \sigma_p^2(0)(\gamma_m + \gamma_A)
\end{aligned} \tag{7.75}$$

自発磁化の発生しない常磁性体に対しては，強磁性体の常磁性相の場合と同様に，本来は自発磁歪の結合定数を定義できない．ここでは，あえて強磁性相の場合との類似を利用して，次式によって係数 $C_s(t)$ を定義する．

7.5 常磁性体の磁気体積効果

$$\omega_{\mathrm{zp}}(t) = \rho\kappa C_s(t)\sigma_p^2(t), \quad \frac{C_s(t)}{C_{h0}} = \frac{3V(t)}{5U(t)}(1+g_A) \tag{7.76}$$

上の (7.75) は，強磁性体の場合の (7.44) に相当する．熱膨張率の温度依存性も，(7.75) の温度微分から次のように求められる．

$$\begin{aligned}\frac{1}{\omega_0}\frac{\mathrm{d}\omega_{\mathrm{m}}(t)}{\mathrm{d}t} &= \bar{\beta}(t) = \bar{\beta}_{\mathrm{th}}(t) + \bar{\beta}_{\mathrm{zp}}(t), \\ \bar{\beta}_{\mathrm{th}}(t) &= \frac{g_0}{5c_z y_0^2(0)}\Bigg\{-3\int_0^1 \mathrm{d}x\, x^2 u^2 \Phi''(u) \\ &\qquad + 2y_0(0)\frac{\mathrm{d}V(t)}{\mathrm{d}t}\left[A(y_0,t) - t\frac{\partial A(y_0,t)}{\partial t}\right]\Bigg\}, \\ \bar{\beta}_{\mathrm{zp}}(t) &= \frac{3}{5}(1+g_A)V'(t)\end{aligned} \tag{7.77}$$

低温極限では，熱ゆらぎ成分 $\omega_{\mathrm{th}}(t)$ に対して秩序が発生する場合の (7.55) と同様に，次の近似が成り立つ．

$$\omega_{\mathrm{th}}(t) = \frac{3}{8}\rho\kappa\gamma_0 t^2 \log y_0^{-1}(0) + \cdots \tag{7.78}$$

一方，$\omega_{\mathrm{zp}}(t)$ 成分は，第 4 章の 4.2.1 節の逆磁化率 $y_0(t)$ についての温度依存性を (7.75) に代入し，次の結果が得られる．

$$\frac{y_0(t)}{y_0(0)} = 1 + \frac{t^2}{24cy_0^2(0)} + \cdots, \quad \frac{\omega_{\mathrm{zp}}(t)}{\omega_0} = \frac{3}{5}(1+g_A)\left[1+\frac{t^2}{24cy_0^2(0)}+\cdots\right]$$

これらの和から，この極限での自発磁歪 $\omega_{\mathrm{m}}(t)$ の温度依存性が次のように求まる．

$$\frac{\omega_{\mathrm{m}}(t)}{\omega_0} = \frac{3}{5}(1+g_A) + \frac{t^2}{40cy_0^2(0)}[g_0\log y_0(0)^{-1} + 1 + g_A] + \cdots \tag{7.79}$$

より高温で，磁化率のキュリー・ワイス則の成り立つ領域での温度変化については，強磁性体の常磁性相の場合にほぼ等しい．

数値的な方法を用いて (7.75) に従って求めた体積磁歪の温度依存性の例を図 7.10 に示す．細い実線が熱ゆらぎの寄与を表し，細い破線と太い実線は熱ゆらぎ以外の寄与と両方の和を表す．値の大きい方から順に $t_p = 0.01, 0.05, 0.10$ の場合についての計算結果である．熱膨張率と温度 t との比 $\beta(t)/t$ ついての計算結果も図 7.11 に示す．この図の低温極限における熱ゆらぎ成分の増大は，(7.78) による効果を表す．

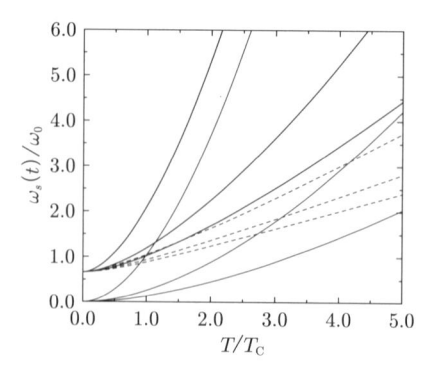

図 7.10 体積磁歪の温度依存性

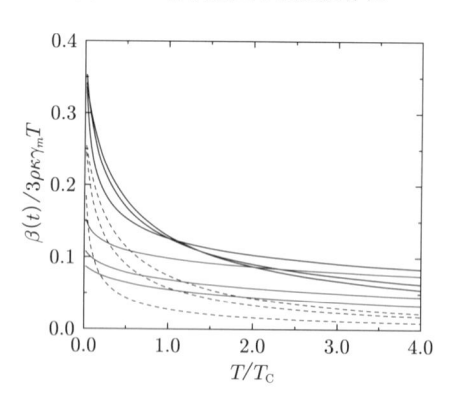

図 7.11 $\beta(t)/3\rho\kappa\gamma_m T$ の温度依存性

7.5.2 常磁性強制体積磁歪

強制体積磁歪 $\omega_h(\sigma,t)$ は，一般に (7.28) の関係を変数 σ に関して積分して求められる．弱磁場の場合には，$\omega_h(\sigma,t) = \rho\kappa C_h(t)\sigma^2$ が成り立ち，結合定数 $C_h(t)$ についても (7.51) に従って求められる．このとき必要となる逆磁化率の ω についての微分係数 $\partial y_0(t)/\omega$ は，常磁性体の場合の磁化率の温度依存性を求めるための (4.22)，つまり次の式を用いて求められる．

$$A(y_0, t) - c_z y_0(t) = -c y_0(0) = -A(0, t_p) \tag{7.80}$$

まず，この式を ω に関して偏微分して次の式が得られる．

7.5 常磁性体の磁気体積効果

$$\left[A'(y_0,t)-c\right]\frac{\partial y_0(t)}{\partial \omega} = -c\frac{\partial y_0(0)}{\partial \omega} = c(\gamma_m + \gamma_A - \gamma_0)y_0(0)$$

この右辺については第 4 章で説明した (4.34), つまり, $y_0(0) = T_A\sigma_p^2(0)/15T_0$ が成り立つことから導かれる次の結果が用いられている.

$$\frac{1}{y_0(0)}\frac{\mathrm{d}y_0(0)}{\mathrm{d}\omega} = \frac{\mathrm{d}\log y_0(0)}{\mathrm{d}\omega} = -\gamma_m - \gamma_A + \gamma_0$$

さらに常磁性の場合の磁化曲線の係数 $y_1(t)$ の温度変化についての (4.34) を用い,微分係数 $\partial y_0(t)/\omega$ を次のように表すことができる.

$$\frac{\partial y_0(t)}{\partial \omega} = \frac{y_1(t)}{y_1(0)}\frac{\partial y_0(0)}{\partial \omega} = -\frac{y_0(0)}{y_1(0)}(\gamma_m + \gamma_A - \gamma_0)y_1(t) \tag{7.81}$$

この結果は, 強磁性が発生する場合の (7.50) に対応する. 上の (7.81) を (7.51) に代入し, 強制磁歪の結合定数の温度依存性が次のように求まる.

$$\begin{aligned}\frac{C_h(t)}{C_{h0}} &= V(t)\left[g_A + (1+g_A-g_0)\frac{1}{U(t)}\right] \\ &= \frac{V(t)}{U(t)}\{1+g_A[1+U(t)]-g_0\}\end{aligned} \tag{7.82}$$

自発磁歪と強制磁歪の結合係数 $C_s(t)$ と $C_h(t)$ のそれぞれの温度依存性, (7.76) と (7.82) についての数値計算の結果を図 7.12 に示す.

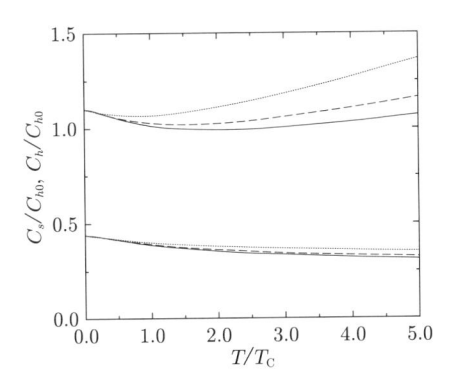

図 7.12 磁気体積結合定数の温度依存性

7.6 自発磁化と臨界温度の圧力変化

この章の最初に述べたように，磁性体の体積変化による影響で，基底状態の自発磁化 $\sigma_0(0)$ やキュリー温度 T_C の値が変化する．7.2.1 節のグリュナイゼンパラメータの定義 (7.24) によれば，自発磁化の体積変化はパラメータ γ_m の値で決まる．この最後の節では，臨界温度の体積依存性についてまず説明し，その後でこれら $\sigma_0(0)$ と T_C の体積依存性の関係について説明する．

7.6.1 臨界温度の圧力変化

磁化率が発散する条件，つまり $y_0(t_c) = 0$ が成り立つ条件から臨界温度が決まる．7.1.2 節の SEW 理論の場合と同様に，体積変化によって生ずる臨界温度の変化 δT_C は，この条件を用いて求めることができる．

臨界温度の条件が成り立つ下で，体積歪 $\delta\omega$ と δT_C との間に次の関係が成り立つ．

$$\left.\frac{\partial y_0(t)}{\partial t}\right|_{t=t_c}\left(\frac{\delta T_\mathrm{C}}{T_0}-\frac{T_\mathrm{C}}{T_0^2}\delta T_0\right)+\left.\frac{\partial y_0(t)}{\partial \omega}\right|_{t=t_c}\delta\omega = 0 \tag{7.83}$$

逆磁化率 $y_0(t)$ を求めるための (4.22) を用い，上の式に現れる $y_0(t)$ についての 2 つの微分係数を書き換えることができる．温度 t と ω について (4.22) を偏微分し，(6.38) と (7.50)，つまり次の 2 つの式が得られる．

$$\frac{\partial y_0(t)}{\partial t} = \frac{y_1(t)}{cy_1(0)}\frac{\partial A(y_0,t)}{\partial t}, \quad \frac{\partial y_0(t)}{\partial \omega} = -\frac{y_1(t)}{cy_1(0)}\frac{\partial A(0,t_c)}{\partial \omega} \tag{7.84}$$

これらを代入し，(7.83) が次のように書き換えられる．

$$\frac{\partial A(0,t_c)}{\partial t_c}\frac{T_\mathrm{C}}{T_0}\left(\frac{\delta T_\mathrm{C}}{T_\mathrm{C}}-\frac{\delta T_0}{T_0}\right)-\frac{\partial A(0,t_c)}{\partial \omega}\delta\omega = 0$$

ただし，両辺を $y_1(t)/cy_1(0)$ で割った後で $t \to t_c$ の極限を求めた．さらに，微分係数 $\partial A(0,t_c)/\partial \omega$ について成り立つ (7.48) を用い，(7.83) から次の関係が導かれる．

$$t_c\frac{\partial A(0,t_c)}{\partial t_c}\left(\frac{\mathrm{d}\log T_\mathrm{C}}{\mathrm{d}\omega}+\gamma_0\right) = (\gamma_m-\gamma_A+\gamma_0)A(0,t_c)$$

発生する磁気モーメントが微弱で $t_c \ll 1$ が成り立つ場合，(3.24) によれば $A(0,t_c) \propto t_c^{4/3}$ が成り立つ．この場合，上の左辺で次の関係も成り立つ．

$$t_c\frac{\partial A(0,t_c)}{\partial t_c} = \frac{4}{3}A(0,t_c)$$

7.6 自発磁化と臨界温度の圧力変化

つまり，体積歪による臨界温度への影響を表す次の式が得られる．

$$\frac{4}{3}\frac{\mathrm{d}\log T_\mathrm{C}}{\mathrm{d}\omega} = \gamma_m - \gamma_A - \frac{1}{3}\gamma_0, \quad \frac{\mathrm{d}\log \sigma_0^2(0)}{\mathrm{d}\omega} = \gamma_m \tag{7.85}$$

参考まで，グリュナイゼンパラメータ γ_m の定義も示した．この (7.85) の結果は，第 4 章の 4.1.1 節で求めた $t_c = T_\mathrm{C}/T_0$ と $\sigma_0^2(0)$ との間に成り立つ次の関係が，体積変化によらず常に成り立つことと等価である．

$$\sigma_0^2(0) = \frac{5 C_{4/3} T_0}{T_A} \left(\frac{T_\mathrm{C}}{T_0} \right)^{4/3}$$

この式の体積に関する変分を求め，同じ式が得られることが確かめられる．上の (7.85) の臨界温度への影響には，複数のグリュナイゼンパラメータが現れている．有限温度で発生する磁気相転移に関しては，スピンゆらぎの時間的，空間的な乱れも影響すると考えると，それらの励起のスペクトル幅に関係するパラメータ γ_0 や γ_A が現れることについて納得できる．

体積歪に関する (7.85) を，圧縮率 κ を用いて圧力効果に関する式に書き換えることもできる．

$$\begin{aligned}
&\frac{4}{3}\frac{\mathrm{d}\log T_\mathrm{C}}{\mathrm{d}p} = -\frac{4}{3}\kappa \frac{\mathrm{d}\log T_\mathrm{C}}{\mathrm{d}\omega} = -\kappa(\gamma_m - \gamma_A - \gamma_0/3), \\
&\frac{\mathrm{d}\log \sigma_0^2(0)}{\mathrm{d}p} = -\kappa \gamma_m
\end{aligned} \tag{7.86}$$

これら 2 つの式からパラメータ γ_m を消去し，最初の式を次のように書き換えることもできる．

$$\frac{\mathrm{d}\log T_\mathrm{C}}{\mathrm{d}p} - \frac{3}{4}\frac{\mathrm{d}\log \sigma_0^2(0)}{\mathrm{d}p} = \frac{\kappa}{4}(3\gamma_A + \gamma_0) \equiv \kappa \gamma_{0,A} \tag{7.87}$$

第 4 章の (4.11) によれば，自由エネルギーの磁気モーメント M に関する 4 次の展開係数 F_1 をスペクトルパラメータ T_0 と T_A を用いて表すことができる．この関係を利用して，係数 F_1 の圧力変化は γ_A と γ_0 を用いて次のように表される．

$$\frac{\mathrm{d}\log F_1}{\mathrm{d}p} = 2\kappa \gamma_A - \kappa \gamma_0 \tag{7.88}$$

低温極限で得られた磁化曲線の Arrott プロットを用いた解析で，その勾配から上の F_1 の値が実験的に求められる．その圧力変化の勾配から上の左辺の値が評価できる．

パラメータ γ_0 と γ_A についての (7.87) と (7.88) を連立方程式と見なし，その解を求めることから次の 2 つの結果が導かれる．

$$\begin{aligned}\kappa\gamma_A &= \frac{4}{5}\frac{\mathrm{d}\log T_\mathrm{C}}{\mathrm{d}p} - \frac{3}{5}\frac{\mathrm{d}\log \sigma_0^2(0)}{\mathrm{d}p} + \frac{1}{5}\frac{\mathrm{d}\log F_1}{\mathrm{d}p}, \\ \kappa\gamma_0 &= \frac{8}{5}\frac{\mathrm{d}\log T_\mathrm{C}}{\mathrm{d}p} - \frac{6}{5}\frac{\mathrm{d}\log \sigma_0^2(0)}{\mathrm{d}p} - \frac{3}{5}\frac{\mathrm{d}\log F_1}{\mathrm{d}p}\end{aligned} \qquad (7.89)$$

したがって，この章で定義した磁気グリュナイゼンパラメータの値を実験的に求めるには，まず (7.86) の第 2 式から $\sigma_0^2(0)$ の圧力変化の測定結果を用いて γ_m が求まる．この結果と T_C，および F_1 の圧力効果の測定結果を上の (7.89) に代入し，γ_A と γ_0 を求めることができる．

この章の最初に触れた SEW 理論や MU 理論に対する本書の理論の特徴は，スピンゆらぎのスペクトルパラメータ T_0 と T_A の体積変化を考慮した点にある．これが (7.87) の関係式にも反映されている．この式は，自発磁化 $\sigma_0(0)$ と臨界温度 T_C との間に成り立つ関係式から導かれる．したがって，$\sigma_0^2(0) \propto T_\mathrm{C}^2$ が成り立つ SEW 理論では，これらの間に比例関係，$\mathrm{d}\log\sigma_0(0)/\mathrm{d}p = \mathrm{d}\log T_\mathrm{C}/\mathrm{d}p$ が成り立つ．スペクトル幅の体積歪による変化を無視する MU 理論では，(7.87) の右辺，つまり $\gamma_{0,A}$ をゼロとする式が成り立つ．自発磁化と臨界温度の圧力効果の測定を行えば，それぞれの理論の基づく前提を実験的に検証できる．

低温極限の自発磁化の値 $\sigma_0(0)$ と臨界温度 T_C の圧力効果について，多くの実験がこれまでに行われている．統一的な観点から，なかなかこれらの結果を理解することは困難であった．例えば Kanomata によれば，測定で得られるこれらの値の圧力勾配は，磁性体によって符号も含めさまざまである．ただし，そのほとんどは以下の 3 つの場合のどれかに分類できる．

1. $\sigma_0^2(0)$ と T_C のどちらも同じ符号で変化する．

    遍歴電子磁性に特徴的な場合である．

2. $\sigma_0^2(0)$ はほとんど変化せず，T_C だけが変化する．

    これは，局在磁性の圧力効果の場合によく見られる例である．

3. $\sigma_0^2(0)$ と T_C の変化の符号が互いに異なる．

複数のグリュナイゼンパラメータを導入し，場合によってはこれらがほぼ同程度の値

になると考えることから理解できる．つまり，上の経験的な分類を，パラメータの符号や大小関係の違いに関連付けることができる．

7.6.2 自発磁化と臨界温度の圧力効果の測定

磁気体積効果に関する多くの実験が，1960 年代後半から 1980 年代の初めにかけて行われた．その大部分は，SEW 理論の検証を目的としたものであり，実験結果の解析も SEW 理論に基づくものが多い．これらについての Franse (1977, 1979) による概説が出版されている[112,113]．$ZrZn_2$, MnSi, Ni_3Al の磁気体積効果に関しては，その後 Brommer, Franse (1984) によって報告されている[114]．MU 理論に基づいて，スピンゆらぎの効果も考慮に入れた解析結果もここに含まれている．Brommer, Franse (1990) は，遍歴磁性体の磁気体積効果について解説したハンドブック[115]も出版している．これらの中で取り上げられた測定結果のほとんどが，Kanomata による分類の最初の場合に属する．特に磁気的な不安定点近傍にある常磁性体や磁性体で観測される大きな T^2 に比例する低温の熱膨張は，磁気的な寄与によるものと考えられる．従来の解析では，これらはすべて磁性とは無関係な伝導電子による寄与と見なされてきた．測定結果の解析の方法について，再検討が必要である．

発生する磁気モーメントが微弱である弱い遍歴電子強磁性体についてなされた実験結果について，以下にその概略を示す．

Ni_3Al この化合物（密度は $\rho = 7.4 \text{ g cm}^{-3}$）について，これまで特に多くの磁気体積効果の実験が行われてきた．Buis et al. (1976) は 5 kbar までの圧力下の等温磁化曲線の測定から，自由エネルギーの磁化 M による 2 次の展開係数を求め，その温度，磁場依存性から臨界温度の圧力変化や磁気体積結合定数 C を求めた[116]．臨界温度 T_C は，Arrott プロットが原点を通る温度として決められた．Ni と Al の組成比による変動は，$\partial T_C/\partial p = -0.58 \sim -0.36$ K/kbar, $C \times 10^{-6} = 0.12 \sim 0.16$ (g/cm^3) 程度であると報告している．圧縮率として，$\kappa = 4.2 \times 10^{-13}$ cm^2/dyne の値がこの論文では引用されている．Kortekaas, Franse (1976) は，強制体積磁歪の測定を磁気秩序相で行い，磁気体積結合定数 C の値を求めた[87]．得られた値はバンドモデルを用いて解析した．温度を変えた測定から結合定数 C の温度変化を明らかにし，その原因の解釈としてバンドモデルによる T^2/T_F^2 の温度依存性を考えている．4.2 K で得られた，$\rho \kappa C \times 10^6 \sim 0.6$ (G^{-2}g^{2}cm^{-6}) 程度の結合係数が，臨界温度 T_C ではその 0.4 倍程度に減少する．C の値の見積に必要な圧縮率として，$\kappa = 4.18 \times 10^{-13}$

cm^2/dyne の値が用いられている．一方，Buis et al. (1981) は，圧力下の磁化測定によって自由エネルギーの M^2 の展開係数（磁化率の逆数）の温度，圧力依存性を求め，Ni に対する Al の組成依存性の解析から，理想的な組成比の Ni$_3$Al 化合物についての飽和磁化や臨界温度の圧力依存性を推測している[117]．得られた結果は次の通りである．

$$\frac{\partial \log \sigma_0(0)}{\partial p} = -5.29 \text{ M bar}^{-1},$$
$$\frac{\partial \log T_C}{\partial p} = -6.35 \text{ M bar}^{-1} \quad (\sigma_0 = 0.077\mu_B/\text{at}, T_C = 63\text{K})$$

すでにこの章の 7.4.3 節の強制磁歪の説明で触れたように，Brommer et al. (1995) は，常磁性相の磁化率の値の圧力依存性についての実験結果を報告している[111]．

MU 理論を検証する目的で，強制体積磁歪と熱膨張の測定が Suzuki, Masuda (1985) によっても行われた．強制磁気体積結合定数 C は温度変化を示し，温度の上昇とともに値が減少し，その依存性として $T^{4/3}$ に従う結果が彼らによっても得られている[92,118]．磁性とは無関係な熱膨張率の温度依存性として，低温で次のような温度依存性を仮定して測定データを解析した．

$$\alpha_{nm} = aT + bT^3$$

右辺の第 2 項は格子振動による寄与を表す．高温の常磁性相では，デバイモデルによってその寄与を差し引くことにより磁気的な寄与 α_m を取り出した．磁気的な寄与が常磁性相でも存在し，α_m が温度の上昇によって飽和する傾向があると結論づけている．

ZrZn$_2$ 4.2 K から 40 K までの温度範囲について，Ogawa, Waki (1967) は 10 kOe までの磁場をかけた強制磁気体積効果の測定を行い，次の結果を報告している[119]．

$$\omega = 1.02 \times 10^{-10} M^2 \quad (M \text{ in emu/mol})$$

同じ頃 Meincke et al. (1969) も，6.8 K までの温度範囲での熱膨張 $\omega(T)$ と，4.2 K で 35 kOe までの磁場をかけた場合の強制磁歪について報告している[120]．その結果は次の通りである．

$$\omega(T) = -10.6 \times 10^{-8} T^2, \quad \omega = 1.80 \times 10^{-10} M^2 \quad (M \text{ in emu/mol})$$

両者の強制磁歪の結合係数の値に，約 2 倍の違いがある．また Wayne, Edwards (1969) は，T_C の圧力変化について -1.95 K kbar^{-1} ($T_C = 21.5$ K の試料) の結果

を得ている[121]．その後，Smith (1971) は 25 kbar までの T_C の圧力変化の測定を行い，弱い圧力の領域で，$T_C = 22.2 - 1.9P$ K (P は kbar 単位) に従う同程度の臨界温度の低下を報告している[122]．しかしその後 Huber et al. (1975) は，これらとは少し異なる，$dT_C/dp = -1.29$ K/kbar ($T_C = 27.6$ K) の値を報告している[123]．

MnSi 熱膨張率の温度依存性と強制磁気体積磁歪の測定が，Fawcett et al. (1970) によって報告されている[82]．磁化の体積依存性として，$\partial\sigma/\partial\omega = 8.5$ の値が得られている．Bloch et al. (1975) は，4.2 K における磁化の圧力依存性と T_C の圧力依存性として，$d\log M/dp = -1.15 \times 10^{-2}$ kbar^{-1}，$d\log T_C/dp = -3.9 \times 10^{-2}$ kbar^{-1} の値を報告した[41]．観測された圧縮率 $\kappa^{-1} = -1.36 \times 10^6$ kbar^{-1} の値を用いると，磁化および T_C の体積依存性として，$d\log M/d\omega = 16$，$d\log T_C/d\omega = 53$ の値が得られる．Thessieu et al. (1998) は自発磁化 $M_0(0)$ と T_C の圧力依存性を独立に測定し，スピンゆらぎのスペクトルパラメータ T_0，T_A の圧力依存性を実験的に評価した[124]．最近では，自発磁化と T_C についての圧力変化の測定結果を Koyama et al. (2000) が報告している[125]．

一方，Matsunaga et al. (1982) は，熱膨張と強制体積磁歪の測定を 200 K までの温度領域について行い，スピンゆらぎの効果についての検証を行った[90]．4.2 K の強制体積磁歪の結合定数として次の値が得られた．

$$\omega = 1.49 \times 10^{-10} M^2 \quad (M \text{ in emu/mol})$$

この結合定数の温度依存性として，T =4.2 K, 29 K, 40 K, 50 K のそれぞれの温度に対し，$\rho\kappa C$ = 10.25, 5.88, 5.63, 6.08$\times 10^{-7}$ (g/emu)^2 の値を得た．この化合物の臨界温度は約 30 K である．熱膨張の測定から得られた結合定数の値は，$\rho\kappa C_T = 6.33 \times 10^{-7}$ (g/emu)^2 である．また常磁性相において，格子振動以外による有限の熱膨張率への寄与が存在すると結論づけている．

Sc$_3$In Gardner et al. (1968) により，キュリー温度が $T_C = 6.1$ K の試料についての臨界温度の圧力による変化として，$dT_C/dp = 0.19$ kbar^{-1} ($d\log T_C/d\omega = -13$) の値が得られた[126]．その後しばらくして，Grewe et al. (1989) は，6 kbar までの圧力下で 57 kOe までの磁場をかけた測定を 3 K – 300 K の温度範囲で行った[127]．その報告による臨界温度の圧力変化を以下に示す．

$$\frac{\mathrm{d}T_\mathrm{C}}{\mathrm{d}p} = \begin{cases} 0.15 \quad (\mathrm{K/kbar}) \quad T_\mathrm{C} = 5.5\mathrm{K}, \text{ for 24.1 at \% In} \\ 0.195 \quad (\mathrm{K/kbar}) \quad T_\mathrm{C} = 6.0\mathrm{K}, \text{ for 24.3 at \% In} \end{cases}$$

これらは，それぞれ $\mathrm{d}\log T_\mathrm{C}/\mathrm{d}p = 2.7, 3.25$ % kbar^{-1} に対応する．上と同じ In の組成に対し，3 K における自発磁気モーメントの圧力による変化として，$\mathrm{d}\log M_0/\mathrm{d}p = 0.85, 0.94$ % kbar^{-1} の値が得られている．

Y(Co,Al)$_2$ Co を Al で置換したこの化合物 Y(Co$_{1-x}$Al$_x$)$_2$ の系は，メタ磁性転移を起こすことで関心を持たれている．組成が $x \sim 0.15$ の場合について，磁気体積効果が Armitage et al. (1990) によって測定されている[128]．それによれば，$\mathrm{d}\log T_\mathrm{C}/\mathrm{d}\omega = \mathrm{d}\log \sigma_0(0)/\mathrm{d}\omega = 120 \pm 17$ の値が報告されている．その後 Duc et al. (1993) により，$0.025 \leq x \leq 0.2$ の組成範囲における強磁場，高圧下の磁化測定と熱膨張，磁歪の測定がなされている[129]．これらのどちらも Yamada, Shimizu (1989) の用いた $\kappa = 9.4 \times 10^{-4}$ $(\mathrm{kbar})^{-1}$ の値[130] が解析に用いられている．

Ni-Pt およびその他の化合物 Kortekaas, Franse (1976) は，Ni-Pt 合金 (密度 $\rho = 17$ g/cm^3) の強制体積磁歪の測定結果についても報告している[87]．36.6 at % Ni 濃度の場合の 4.2 K の結合係数の値として，$\rho\kappa C \times 10^6 = 4.50$ $(\mathrm{G}^{-2}\mathrm{g}^2\mathrm{cm}^{-6})$ 程度の値が得られているが，この値は Ni 濃度の上昇とともに減少し，45.2 at % Ni では，3.32 の値となる．これらの値が温度の上昇によって減少する傾向が観測されている．この他にも，(Fe,Co)Si についての Shimizu et al. (1990) による熱膨張の測定[45]，YNi$_3$ についての Parviainen, Lehtinen (1982) による熱膨張の温度依存性についての測定[131]，Y$_9$Co$_7$ の熱膨張，比熱，強制磁歪の Oraltay et al. (1984) による測定[132]などの報告がある．

ホイスラー合金 比較的最近では，強磁性ホイスラー合金の，臨界温度と自発磁化の圧力効果についての測定が行われている．Co$_2$ZrAl についての Kanomata et al. (2005) による報告[133] や，Co$_2$TiGa についての Sasaki et al. (2001) による報告[134]があり，Rh$_2$NiGe については Adachi et al. (2006) が報告している[135]．

上に挙げた多くの測定で，強制磁歪の磁気体積結合定数が，温度によって変化することが報告されている．初期の頃は，SEW 理論による T^2/T_F^2 の依存性として理解

7.6 自発磁化と臨界温度の圧力変化　235

されていたが，その後はこの温度依存性があまり問題にされなくなったように思える．自発磁化と臨界温度の圧力効果についての測定結果[136]については，表 7.1 にまとめて示す．(7.87) を用いて求めた $\kappa\gamma_{0,A}$ と，その $\kappa\gamma_m$ との比の値も示した．この表を見ればわかるように，スピンゆらぎのスペクトル幅の体積依存性を表す γ_0 と γ_A は，γ_m に対して無視できないことがわかる．SEW 理論によれば，この表の 2 列目の値

表 7.1 T_C と M_0 の圧力効果より求めたグリュナイゼンパラメータの値[136]

compounds	$-\dfrac{\mathrm{d}\log M_0}{\mathrm{d}p}$	$-\dfrac{\mathrm{d}\log T_C}{\mathrm{d}p}$	$\kappa\gamma_{0,A}$	$\gamma_{0,A}/\gamma_m$	文献等
$TiFe_{0.5}Co_{0.5}$	13.8	19.3	1.4	0.051	[137]
$Ni_{75}Al_{25}$	8.7	11.6	1.45	0.083	[117]
$Y(Co_{0.85}Al_{0.15})_2$	120	113	67	0.279	[128]
Co_2ZrAl	1.8	2.2	0.5	0.139	[133]
$Fe_{67}Ni_{33}$	6.9	8.9	1.45	0.105	[138]
$ZrZn_{1.9}$	44	46.7	19.3	0.219	[123]
$Ni_{45}Pt_{55}$	21	18	13.5	0.321	Kanomata[†]
$Fe_{0.3}Co_{0.7}Si$	16	12	12	0.375	[139], [140]
$MnSi$	12.2	38	−19.7	−0.807	[125]
Co_2TiGa	2.9	9.5	−5.2	−0.897	[134]
$Sc_{75.7}In_{24.3}$	−9.4	−32.5	18.4	−0.979	[127]
Rh_2NiGe	1.5	5.3	−3.1	−1.033	[135]

[†] 未公表 (private commun.) のデータ

と 3 列目の値が一致する．MU 理論では，4 列目の値がゼロになると仮定する．この表に示された値は，2 つの理論のどちらについても支持するようには見えない．例えば MnSi の場合，T_C の圧力変化が $M_0^2(0)$ の場合に比べて大きいため，どちらの理論によってもこの結果を説明できない．一方，新たなパラメータ γ_0, γ_A の導入によってこの問題は解決する．

念のため，磁気グリュナイゼンパラメータの間に何らかの相関があるかどうかを調べるため，表 7.1 に示したデータを用いて $\kappa\gamma_m$ を $\kappa\gamma_{0,A}$ に対してプロットした図 7.13 を示す．この図を見る限り，明瞭な相関はないと思われる．したがって，これらすべては遍歴磁性体の磁気体積効果を特徴づける，重要なパラメータであると考えられる．

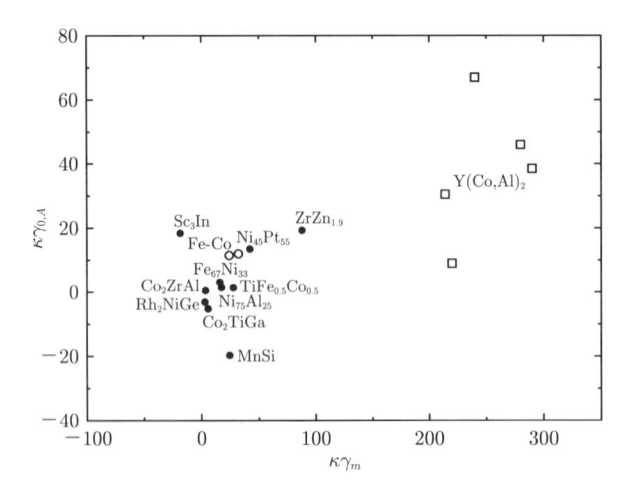

図 7.13　グリュナイゼンパラメータ間の相関の有無

7.7　磁気体積効果についてのまとめ

前の章の磁気比熱の取り扱いに用いたスピンゆらぎによる自由エネルギーを用い，その直接的な体積依存性から磁気体積効果が導かれることを，この章で示した．この方法により，磁化率や磁化曲線の磁気的性質，磁気比熱の温度や磁場依存性など，これらすべてを含めた統一的な観点からの磁気体積効果の理解が可能となった．磁性と体積との相互作用を表すパラメータとして，従来の結合定数とは少し異なる 3 個の磁気グリュナイゼンパラメータ γ_m, γ_0, γ_A を導入した．その結果として，従来の理解とはかなり異なる以下の性質が導かれる．

- 2 種類の寄与の和として表される体積膨張 $\omega_m(t)$．

  この内のパラメータ γ_0 と関係がある熱ゆらぎ成分 $\omega_{th}(t)$ の存在は，長い間無視されてきた．この項の存在は，低温極限の熱膨張係数と磁気比熱の間に成り立つ熱力学の関係から明らかである．一方，γ_m に関係する $\omega_{zp}(t)$ の温度変化は，SEW 理論や MU 理論で取り扱われてきた寄与に類似する．

- 成分 $\omega_{zp}(t)$ に対して定義された磁気体積結合定数．

  自発磁歪と強制磁歪に対して 2 つの結合係数 C_s, C_h が必要である．これらはそ

れぞれ値が異なり ($C_s \sim 2C_h/5$),どちらも定数ではなく温度変化を示す.

- 臨界温度成り立つ臨界強制体積磁歪.

  臨界温度では,強制磁歪 $\omega_h(\sigma, t_c)$ が σ^4 に比例する.

- 圧力係数,$\mathrm{d}\log T_\mathrm{C}/\mathrm{d}p$ と $\mathrm{d}\log \sigma_0^2(0)/\mathrm{d}p$ との間に成り立つ新たな関係.

  複数のグリュナイゼンパラメータの存在により,従来の理論とは異なる関係式が成り立つ.

これまでに行われた磁気体積効果についての測定結果の中に,上の結果を支持するものが多く含まれているように思われる.

文　献

[1] T. Moriya and A. Kawabata. Effect of spin fluctuations on itinerant electron ferromagnetism. *J. Phys. Soc. Jpn.*, Vol. 34, pp. 639–651, 1973.

[2] T. Moriya and A. Kawabata. Effect of spin fluctuations on itinerant electron ferromagnetism. II. *J. Phys. Soc. Jpn.*, Vol. 35, pp. 669–676, 1973.

[3] T. Moriya. *Spin Fluctuations in Itinerant Electron Magnetism*. Springer Series in Solid State Sciences; 56. Springer, Berlin Heidelberg, 1985. ISBN 3-540-15422-1.

[4] 安達健五. 化合物磁性 – 遍歴電子系. 物性科学選書. 裳華房, 1996. ISBN 4-7853-2608-5.

[5] Y. Takahashi. On the origin of the Curie-Weiss law of the magnetic susceptibility in itinerant electron ferromagnetism. *J. Phys. Soc. Jpn.*, Vol. 55, pp. 3553–3573, 1986.

[6] Y. Ishikawa, G. Shirane, J. A. Tarvin, and M. Kohgi. Magnetic excitations in the weak itinerant ferromagnet MnSi. *Phys. Rev. B*, Vol. 16, pp. 4956–4970, 1977.

[7] N. R. Bernhoeft, I. Cole, G. G. Lonzarich, and G. L. Squires. Small angle neutron scattering in Ni$_3$Al. *J. Appl. Phys.*, Vol. 53, pp. 8204–8206, 1982.

[8] N. R. Bernhoeft, G. G. Lonzarich, P. W. Mitchell, and D. McK Paul. Magnetic excitations in Ni$_3$Al at low energies and long wavelengths. *Phys. Rev. B*, Vol. 28, pp. 422–424, 1983.

[9] H. Shiba and P. Pincus. Thermodynamic properties of the one-dimensional half-filled-band hubbard model. *Phys. Rev. B*, Vol. 5, pp. 1966–1980, 1972.

[10] H. Shiba. Thermodynamic properties of the one-dimensional half-filled-band hubbard model. II. - Application of the grand canonical method -. *Prog. Theor. Phys.*, Vol. 48, pp. 2171–2186, 1972.

240 文　献

[11] J. E. Hirsch. Two-dimensional hubbard model: Numerical simulation study. *Phys. Rev. B*, Vol. 31, pp. 4403–4419, 1985.

[12] H. Nakano and Y. Takahashi. Charge susceptibility of the Hubbard chain with next-nearest-neighbor hopping. *J. Magn. Magn. Mater.*, Vol. 272–276, pp. 487–488, 2004.

[13] K. R. A. Ziebeck, H. Capellmann, P. J. Brown, and J. G. Z. Booth. Spin fluctuations in both the ordered and paramagnetic phases of MnSi! MnSi a heavy Fermi liquid? *Z. Phys. B*, Vol. 48, pp. 241–250, 1982.

[14] Y. Ishikawa, Y. Noda, Y. J. Uemura, C. F. Majkrzak, and G. Shirane. Paramagnetic spin fluctuations in the weak itinerant-electron ferromagnet MnSi. *Phys. Rev. B*, Vol. 31, pp. 5884–5893, 1985.

[15] Y. Takahashi and T. Moriya. On the spin fluctuations in weak itinerant ferromagnets. *J. Phys. Soc. Jpn.*, Vol. 52, pp. 4342–4348, 1983.

[16] M. Shiga, H. Wada, and Y. Nakamura. Giant spin fluctuations in $Y_{0.97}Sc_{0.03}Mn_2$. *J. Phys. Soc. Jpn.*, Vol. 57, pp. 3141–3145, 1988.

[17] A. Solontsov and D. Wagner. Spin anharmonicity and zero-point fluctuations in weak itinerant electon magnets. *J. Phys.: Condens. Matter*, Vol. 4, pp. 7395–7402, 1994.

[18] G. G. Lonzarich and L. Taillefer. Effect of spin fluctuations on the magnetic equation of state of ferromagnetic or nearly ferromagnetic metals. *J. Phys. C*, Vol. 18, pp. 4339–4371, 1985.

[19] S. N. Kaul. Spin-fluctuation theory for weak itinerant-electron ferromagnets: revisited. *J. Phys.: Condens. Matter*, Vol. 11, pp. 7597–7614, 1999.

[20] A. Ishigaki and T. Moriya. On the theory of spin fluctuations around the magnetic instabilities Effects of zero-point fluctuations. *J. Phys. Soc. Jpn.*, Vol. 67, pp. 3924–3935, 1998.

[21] P. Rhodes and E. P. Wohlfarth. The effective Curie-Weiss constant of ferromagnetic metals and alloys. *Proc. R. Soc.*, Vol. 273, pp. 247–258, 1963.

[22] Y. Takahashi. Spin fluctuation theory of nearly ferromagnetic metals. *J. Phys.: Condens. Matter*, Vol. 6, pp. 7063–7073, 1994.

[23] Y. Takahashi. Quantum spin fluctuation theory of the magnetic equa-

tion of state of weak itinerant electron ferromagnets. *J. Phys.: Condens. Matter*, Vol. 13, pp. 6323–6358, 2001.

[24] J. Beille. *Contribution à l'étude de l'apparition du magnétisme dans les alliages désordonnés Pt-Ni et Pd-Ni*. PhD thesis, L'Universite Scientifique et Medicale et l'Institut National Polytechnique de Grenoble, 1975.

[25] A. Semwal and S. N. Kaul. Low-lying magnetic excitations in Ni_3Al and their suppression by a magnetic field. *Phys. Rev. B*, Vol. 60, pp. 12799–12809, 1999.

[26] H. Yasuoka, V. Jaccarino, R. C. Sherwood, and J. H. Wernick. NMR and susceptibility studies of MnSi above T_c. *J. Phys. Soc. Jpn.*, Vol. 44, pp. 842–849, 1978.

[27] T. Umemura and Y. Masuda. Nuclear magnetic resonance and relaxation in itinerant electron ferromagnet Ni_3Al. *J. Phys. Soc. Jpn.*, Vol. 52, pp. 1439–1445, 1983.

[28] T Hioki and Y. Masuda. Nuclear magnetic resonance and relaxation in itinerant electron ferromagnet Sc_3In. *J. Phys. Soc. Jpn.*, Vol. 43, pp. 1200–1206, 1977.

[29] M. Kontani. NMR studies of the effect of spin fluctuations in itinerant electron ferromagnet $ZrZn_2$. *J. Phys. Soc. Jpn.*, Vol. 42, pp. 83–90, 1977.

[30] K. Yoshimura, M. Takigawa, Y. Takahashi, H. Yasuoka, and Y. Nakamura. NMR study of weakly itinerant ferromagnetic $Y(Co_{1-x}Al_x)_2$. *J. Phys. Soc. Jpn.*, Vol. 56, pp. 1138–1155, 1987.

[31] Y. Takahashi and T. Moriya. Quantitative aspects of the theory of weak itinerant ferromagnetism. *J. Phys. Soc. Jpn.*, Vol. 54, pp. 1592–1598, 1985.

[32] F. R. de Boer, C. J. Schinkel, J. Biesterbos, and S. Proost. Exchange-enhanced paramagnetism and weak ferromagnetism in the Ni_3Al and Ni_3Ga phases; giant moment inducement in Fe-doped Ni_3Ga. *J. Appl. Phys.*, Vol. 40, pp. 1049–1055, 1969.

[33] T. Moriya. The effect of electron-electron interaction on the nuclear spin relaxation in metals. *J. Phys. Soc. Jpn.*, Vol. 18, pp. 516–520, 1963.

[34] T. Moriya and K. Ueda. Nuclear magnetic relaxation in weakly ferro and antiferromagnetic metals. *Solid State Commun.*, Vol. 15, pp. 169–172,

1974.

[35] 吉村一良. 核磁気共鳴で見た物性研究. 物性研究 Vol. 64, pp. 617–630, 1995.

[36] K. Yoshimura, Y. Yoshimoto, M. Mekata, K. Fukamichi, and H. Yasuoka. Nuclear spinlattice relaxation in the invar-type itinerant ferromagnet Lu(Co$_{1-x}$Al$_x$)$_2$. J. Phys. Soc. Jpn., Vol. 57, pp. 2651–2654, 1988.

[37] K. Yoshimura and Y. Nakamura. New weakly itinerant ferromagnetic system, Y(Co$_{1-x}$Al$_x$)$_2$. Solid State Commun., Vol. 56, pp. 767–771, 1985.

[38] K. Yoshimura, T. Shimizu, M. Takigawa, H. Yasuoka, and Y. Nakamura. Nuclear Magnetic Relaxation in Nearly Ferromagnetic YCo$_2$. J. Phys. Soc. Jpn., Vol. 53, pp. 503–506, 1984.

[39] K. Yoshimura, M. Takigawa, Y. Takahashi, H. Yasuoka, M. Mekata, and Y. Nakamura. Spin fluctuations in weakly itinerant ferromagnets Y(Co$_{1-x}$Al$_x$)$_2$. J. Magn. Magn. Mater., Vol. 70, pp. 11–13, 1987.

[40] K. Yoshimura, M. Mekata, M. Takigawa, Y. Takahashi, and H. Yasuoka. Spin fluctuations in Y(Co$_{1-x}$Al$_x$)$_2$: the transition system from nearly to weakly itinerant ferromagnetism. Phys. Rev. B, Vol. 37, pp. 3593–3602, 1988.

[41] D. Bloch, J. Voiron, V. Jaccarino, and J. H. Wernick. The high field - high pressure magnetic properties of MnSi. Phys. Lett. A, Vol. 51, pp. 259–261, 1975.

[42] J. Takeuchi and Y. Masuda. Low temperature specific heat of itinerant electron ferromagnet Sc$_3$In. J. Phys. Soc. Jpn., Vol. 46, pp. 468–474, 1979.

[43] S. Ogawa. Electrical resistivity of weak itinerant ferromagnet ZrZn$_2$. J. Phys. Soc. Jpn., Vol. 40, pp. 1007–1009, 1976.

[44] S. Ogawa. Magnetic properties of Zr$_{1-x}$Ti$_x$Zn$_2$, Zr$_{1-x}$Y$_x$Zn$_2$, Zr$_{1-x}$Nb$_x$Zn$_2$ and Zr$_{1-x}$Hf$_x$Zn$_2$. J. Phys. Soc. Jpn., Vol. 25, pp. 109–119, 1968.

[45] K. Shimizu, H. Maruyama, H. Yamazaki, and H. Watanabe. Effect of spin fluctuations on magnetic properties and thermal expansion in pseudobinary system Fe$_x$Co$_{1-x}$Si. J. Phys. Soc. Jpn., Vol. 59, pp. 305–318, 1990.

[46] J. Beille, D. Bloch, and M. J. Besnus. Itinerant ferromagnetism and susceptibility of nickel-platinum alloys. J. Phys. F: Met. Phys., Vol. 4, pp.

1275–1284, 1974.

[47] R. Nakabayashi, Y. Tazuke, and S. Maruyama. Itinerant electron weak ferromagnetism in Y_2Ni_7 and YNi_3. *J. Phys. Soc. Jpn.*, Vol. 61, pp. 774–777, 1992.

[48] D. Gignoux, R. Lemaire, P. Molho, and F. Tasset. Onset of magnetism in the Yttrium-Nickel compounds ii. very weak itinerant ferromagnetism in YNi_3. *J. Magn. Magn. Mater.*, Vol. 21, pp. 307–315, 1980.

[49] D. Gignoux, R. Lemaire, and P. Molho. Onset of magnetism in the Yttrium-Nickel compounds. *J. Magn. Magn. Mater.*, Vol. 21, pp. 119–124, 1980.

[50] A Fujita, K Fukamichi, H. Aruga-Katori, and T. Goto. Spin fluctuations in amorphous $La(Ni_xAl_{1-x})_{13}$ alloys consisting of icosahedral clusters. *J. Phys.: Condens. Matter*, Vol. 7, pp. 401–412, 1995.

[51] M. Shiga, H. Nakamura, M. Nishi, and K. Kakurai. Polarized neutron scattering study of β-Mn and β-$Mn_{0.9}Al_{0.1}$. *J. Phys. Soc. Jpn.*, Vol. 63, pp. 1656–1660, 1994.

[52] Y. Takahashi and T. Moriya. A theory of nearly ferromagnetic semiconductors. *J. Phys. Soc. Jpn.*, Vol. 46, pp. 1451–1459, 1979.

[53] H. Miyajima. Variation of the susceptibility with magnetic field in iron-monosilicide. *J. Phys. Soc. Jpn.*, Vol. 51, pp. 1705–1706, 1982.

[54] K. Koyama, T. Goto, T. Kanomata, R. Note, and Y. Takahashi. Nonlinear magnetization process of single-crystalline FeSi. *J. Phys. Soc. Jpn.*, Vol. 69, pp. 219–224, 2000.

[55] Y. Takahashi. Theory of magnetization process of FeSi. *J. Phys.: Condens. Matter*, Vol. 10, pp. L671–L676, 1998.

[56] H. Yamada, K. Terao, H. Ohta, T. Arioka, and E. Kulatov. Electronic structure and the metamagnetic transition of FeSi at extremely high magnetic fields. *J. Phys.: Condens. Matter*, Vol. 11, pp. L309–L315, 1999.

[57] Yu. B. Kudasov, A. I. Bykov, M. I. Dolotenko, N. P. Kolokol'chikov, M. P. Monakhov, I. M. Markevtsev, V. V. Platonov, V. D. Selemir, O. M. Tatsenko, and A. V. Filippov. Semiconductor-metal transition in FeSi in an ultrahigh magnetic field. *Journal of Experimental and Theoretical Physics*,

Vol. 89, pp. 960–965, 1999.

[58] T. Koyama, H. Nakamura, T. Kohara, and Y. Takahashi. Magnetization process of a narrow gap semiconductor FeSb$_2$. *J. Phys. Soc. Jpn.*, Vol. 79, pp. 093704/1–4, 2010.

[59] T. Sakakibara, T. Goto, K. Yoshimura, M. Shiga, Y. Nakamura, and K. Fukamichi. High field magnetization of the laves phase compounds M(Co$_{1-x}$Al$_x$)$_2$ (M = Y, Lu). *J. Magn. Magn. Mater.*, Vol. 70, pp. 126–128, 1987.

[60] K. Adachi, K. Sato, and M. Takeda. Magnetic properties of cobalt and nickel dichalcogenide compounds with pyrite structure. *J. Phys. Soc. Jpn.*, Vol. 26, pp. 631–638, 1969.

[61] K. Adachi, K. Sato, M. Matsuura, and M. Ohashi. New type metamagnetism in Co(S$_x$Se$_{1-x}$)$_2$: Exchange-compensated paramagnetism. *J. Phys. Soc. Jpn.*, Vol. 29, pp. 323–332, 1970.

[62] K. Adachi, M. Matsui, and M. Kawai. Further investigations on magnetic properties of Co(S$_x$Se$_{1-x}$)$_2$, (0$\leq x \leq$ 1). *J. Phys. Soc. Jpn.*, Vol. 46, pp. 1474–1482, 1979.

[63] K. Adachi, M. Matsui, Y. Omata, H. Mollymoto, M. Motokawa, and M. Date. Magnetization of Co(S$_x$Se$_{1-x}$)$_2$ under high magnetic field up to 500 kOe. *J. Phys. Soc. Jpn.*, Vol. 47, pp. 675–676, 1979.

[64] T. Sakakibara, T. Goto, K. Yoshimura, M. Shiga, and Y. Nakamura. *Phys. Lett.*, Vol. A177, pp. 243–246, 1986.

[65] T. Sakakibara, T. Goto, K. Yoshimura, and K. Fukamichi. Itinerant electron metamagnetism and spin fluctuations in nearly ferromagnetic metals Y(Co$_{1-x}$Al$_x$)$_2$. *J. Phys.: Condens. Matter*, Vol. 2, pp. 3381–3390, 1990.

[66] H. Yamada. Metamagnetic transition and susceptibility maximaum in an itinerant-electron system. *Phys. Rev. B*, Vol. 47, pp. 11211–11219, 1993.

[67] T. Goto and M. I. Bartashevich. Magnetovolume effects in metamagnetic itinerant-electron systems Y(Co$_{1-x}$Al$_x$)$_2$ and Lu(Co$_{1-x}$Ga$_x$)$_2$. *J. Phys.: Condens. Matter*, Vol. 10, pp. 3625–3634, 1998.

[68] H. Michor, M. El-Hagary, M. Della Mea, M. W. Pieper, M. Reissner, G. Hilscher, S. Khmelevskyi, P. Mohn, G. Schneider, G. Giester, and

P. Rogl. Itinerant electron metamagnetism in LaCo$_9$Si$_4$. *Phys. Rev. B*, Vol. 69, p. 081404, 2004.

[69] T. Yokoyama, H. Nakajima, H. Saito, K. Fukamichi, H. Mitamura, and T. Goto. Change in the itinerant-electron metamagnetic transition behavior by annealing in Lu(Co$_{1-x}$Al$_x$)$_2$ laves phase compounds. *J. Alloys Compd.*, Vol. 266, pp. 13–16, 1998.

[70] H. Saito, T. Yokoyama, K. Fukamichi, K. Kamishima, and T. Goto. Itinerant-electron metamagnetism of the laves-phase compounds Lu(Co$_{1-x}$Ga$_x$)$_2$ under high pressures with high magnetic fields. *Phys. Rev. B*, Vol. 59, pp. 8725–8731, 1999.

[71] T. Waki, Y. Umemoto, S. Terazawa, Y. Tabata, A. Kondo, K. Sato, K. Kindo, S. Alconchel, F. Sapiña, Y. Takahashi, and H. Nakamura. Itinerant electron metamagnetism in η-carbide-type compounds Co$_3$Mo$_3$C. *J. Phys. Soc. Jpn.*, Vol. 79, p. 093703, 2010.

[72] H. Nishihara, K. Komiyama, I. Oguro, T. Kanomata, and V. Chernenko. Magnetization processes near the Curie temperatures of the itinerant ferromagnets, Ni$_2$MnGa and pure nickel. *J. Alloys Compd.*, Vol. 442, pp. 191–193, 2007.

[73] S. Hatta and S. Chikazumi. Magnetization process in high magnetic fields for Fe and Ni in their critical regions. *J. Phys. Soc. Jpn.*, Vol. 43, pp. 822–830, 1977.

[74] H. Nishihara, Y. Furutani, T. Wada, T. Kanomata, K. Kobayashi, R. Kainuma, K. Ishida, and T. Yamauchi. Magnetization process near the Curie temperature of a ferromagnetic heusler alloy Co$_2$VGa. *J. Superconductivity and Novel Magnetism*, Vol. 24, p. 679, 2010.

[75] H. Nishihara, Y. Furutani, T. Wada, T. Kanomata, K. Kobayashi, R. Kainuma, K. Ishida, and T. Yamauchi. Magnetiza process near the curie temperature of a ferromagnetic heusler alloy Co$_2$CrGa. *J. Phys.: Conf. Ser.*, Vol. 200, pp. 032053/1–4, 2010.

[76] E. P. Wohlfarth and P. F. de Chatel. On the possibility of accounting for the behaviour of ZrZn$_2$ above its curie point within the framework of the band theory of very weak ferromagnetism. *Physica*, Vol. 48, pp. 477–485,

1970.

[77] G. S. Knapp, F. Y. Fradin, and H. V. Culbert. Ferromagnetism of ZrZn$_2$. *J. Appl. Phys.*, Vol. 42, pp. 1341–1346, 1971.

[78] H. Sasakura, K. Suzuki, and Y. Masuda. Curie temperature in itinerant electron ferromagnetic Ni$_3$Al system. *J. Phys. Soc. Jpn.*, Vol. 53, pp. 754–759, 1984.

[79] S. Ogawa. Itinerant electron magnetism in the ZrZn$_2$ phase. Technical Report 735, Electrotechnical Laboratory, 1972.

[80] K. Koyama, H. Sasaki, T. Kanomata, K. Watanabe, and M. Motokawa. Magnetization measurements of weak itinerant electron ferromagnet Ni-Pt alloy. *J. Phys. Soc. Jpn.*, Vol. 72, pp. 767–768, 2003.

[81] K. Makoshi and T. Moriya. Effect of spin fluctuations on the specific heat of weakly and nearly ferromagnetic metals. *J. Phys. Soc. Jpn.*, Vol. 38, pp. 10–20, 1975.

[82] E. Fawcett, J. P. Maita, and J. H. Wernick. Magnetoelastic and thermal properties of MnSi. *Intern. J. Magnetism*, Vol. 1, pp. 29–34, 1970.

[83] K. Ikeda and Jr. K. A. Gschneidner. Influence of high magnetic fields on the low temperature heat capacity of the itinerant electron ferromagnets Sc$_3$In. *J. Magn. Magn. Mater.*, Vol. 30, pp. 273–284, 1983.

[84] M. T. Béal-Monod, S.-K. Ma, and D. R. Fredkin. Temperature dependence of the spin susceptibility of a nearly ferromagnetic fermi liquid. *Phys. Rev. Lett.*, Vol. 20, pp. 929–932, 1968.

[85] E. P. Wohlfarth. Forced magnetostriction in the band model of magnetism. *J. Phys. C*, Vol. 2, pp. 68–74, 1969.

[86] D. L. Mills. Comments on the thermodynamic properties of weak ferromagnets; theory of forced magnetostriction. *Solid State Commun.*, Vol. 9, pp. 929–934, 1971.

[87] T. F. M. Kortekaas and J. J. M. Franse. Volume magnetostriction in Ni$_3$Al and Ni-Pt alloys and its interpretation in the band model of magnetism. *J. Phys. F: Met. Phys.*, Vol. 6, pp. 1161–1175, 1976.

[88] V. Heine. s-d interaction in transition metals. *Phys. Rev.*, Vol. 153, pp. 673–682, 1967.

[89] T. Moriya and K. Usami. Magneto-volume effect and invar phenomena in ferromagnetic metals. *Solid State Commun.*, Vol. 34, pp. 95–99, 1980.

[90] M. Matsunaga, Y. Ishikawa, and T. Nakajima. Magneto-volume effect in the weak itinerant ferromagnet MnSi. *J. Phys. Soc. Jpn.*, Vol. 51, pp. 1153–1161, 1982.

[91] S. Ogawa. Thermal expansion of $ZrZn_2$. *Physica B+C*, Vol. 119, pp. 68–71, 1983.

[92] K. Suzuki and Y. Masuda. Volume magnetostriction in itinerant electron ferromagnetic Ni_3Al system. *J. Phys. Soc. Jpn.*, Vol. 54, pp. 326–333, 1985.

[93] K. Shimizu, H. Maruyama, H. Yamazaki, and H. Watanabe. Effect of spin fluctuations on magnetic properties and thermal expansion in pseudobinary system $Fe_xCo_{1-x}Si$. *J. Phys. Soc. Jpn.*, Vol. 58, pp. 1914–1917, 1989.

[94] H. Hasegawa. A theory of magneto-volume effects of itinerant-electron magnets: I. Spontaneous volume magnetostriction. *J. Phys. C: Solid State Phys.*, Vol. 14, pp. 2793–2808, 1981.

[95] Y. Kakehashi. A theory of the magnetovolume effect at finite temperatures. *J. Phys. Soc. Jpn.*, Vol. 50, pp. 1925–1933, 1981.

[96] H. Hasegawa. A theory of magneto-volume effects of itinerant-electron magnets.: II. pressure dependence of the Curie temperature. *J. Phys. Soc. Jpn.*, Vol. 51, pp. 767–775, 1982.

[97] H. Hasegawa, M. W. Finnis, and D. Pettifor. A calculation of elastic constants of ferromagnetic iron at finite temperatures. *J. Phys. F*, Vol. 15, pp. 19–34, 1985.

[98] H. Hasegawa. An itinerant-electron theory of invar effects. *Physica B+C*, Vol. 119, pp. 15–20, 1983.

[99] Y. Kakehashi. Anomalous volume expansion and magnetovolume effect in Cu-Mn. *J. Phys. Soc. Jpn.*, Vol. 49, pp. 1790–1798, 1980.

[100] A. J. Holden, V. Heine, and J. H. Samson. Magnetic contributions to thermal expansion of transition metals: implications for local moments above T_C. *J. Phys. F*, Vol. 14, pp. 1005–1020, 1984.

[101] R. Joynt and V. Heine. Ground-state magnetovolume effects in alloys. *J. Magn. Magn. Mater.*, Vol. 45, pp. 74–78, 1984.

[102] D. M. Edwards and C. J. Macdonald. Magnetovolume effects in the moriya-kawabata theory of very weak itinerant ferromagnetism. *Physica B+C*, Vol. 119, pp. 25–29, 1983.

[103] A. Z. Solontsov and D. Wagner. Zero-point spin fluctuations and the magnetovolume effect in itinerant-electron magnetism. *Phys. Rev. B*, Vol. 51, pp. 12410–12417, 1995.

[104] Y. Takahashi and H. Nakano. Magnetovolume effect of itinerant electron ferromagnets. *J. Phys.: Condens. Matter*, Vol. 18, pp. 521–556, 2006.

[105] E. Fawcett. Magnetic gruneisen parameters in chromium. *J. Phys.: Condens. Matter*, Vol. 1, pp. 203–212, 1989.

[106] S. Kambe, J. Flouquet, P. Lejay, P. Haen, and A. de Visser. Thermal expansion and the gruneisen parameter near the magnetic instability in $Ce_{1-x}La_xRu_2Si_2$. *J. Phys.: Condens. Matter*, Vol. 9, pp. 4917–4924, 1997.

[107] T. F. M. Kortekaas, J. J. M. Franse, and Hölscher. Thermal expansion of Ni_3Al and Ni-Pt compounds. *Phys. Lett. A*, Vol. 48, pp. 305–306, 1974.

[108] S. Ogawa and N. Kasai. Thermal expansion anomaly in $ZrZn_2$. *J. Phys. Soc. Jpn.*, Vol. 27, p. 789, 1969.

[109] G. Creuzet, I. A. Campbell, and J. L. Smith. Thermal expansion and spin density fluctuations in $TiBe_{2-x}Cu_x$ itinerant ferromagnets. *J. Physique LETT.*, Vol. 44, pp. L–547–L–552, 1983.

[110] Y. Takahashi. Magneto-volume effects in weakly ferromagnetic metals. *J. Phys.: Condens. Matter*, Vol. 2, pp. 8405–8415, 1990.

[111] P. E. Brommer, G. E. Grechnev, J. J. M. Franse, A. S. Panfilov, Yu Ya Pushkar, and I. V. Svechkarev. The pressure effect on the enhanced itinerant paramagnetism of Ni_3Al and TiCo compounds. *J. Phys.: Condens. Matter*, Vol. 7, pp. 3173–3180, 1995.

[112] J. J. M. Franse. Volume effects in itinerant ferromagnets. *Physica B+C*, Vol. 86–88, pp. 283–291, 1977.

[113] J. J. M. Franse. Magnetovolume effects in transition metal alloys near the critical composition for ferromagnetism. *J. Magn. Magn. Mater.*, Vol. 10,

pp. 259–264, 1979.

[114] P. E. Brommer and J. J. M. Franse. Magnetovolume effects in some very weak itinerant ferromagnets. *J. Magn. Magn. Mater.*, Vol. 45, pp. 129–134, 1984.

[115] P. E. Brommer and J. J. M. Franse. *FERROMAGNETIC MATERIALS*, Vol. 5. NORTH-HOLLAND, 1990. STRONGLY ENHANCED ITINERANT INTERMETALLICS AND ALLOYS.

[116] N. Buis, J. J. M. Franse, J. Van Haarst, J.P.J. Kaandorp, and T. Weesing. Pressure dependence of the curie temperature of some Ni_3Al compounds. *Phys. Lett. A*, Vol. 56, pp. 115–116, 1976.

[117] N. Buis, J. J. M. Franse, and P. E. Brommer. The magnetic properties of Ni_3Al under pressures. *Physica B+C*, Vol. 106, pp. 1–8, 1981. for stoichiometric compound by interpolation.

[118] K. Suzuki and Y. Masuda. Thermal expansion in itinerant electron magnetic Ni_3Al system. *J. Phys. Soc. Jpn.*, Vol. 54, pp. 630–638, 1985.

[119] S. Ogawa and S. Waki. Forced magnetostriction of $ZrZn_2$. *J. Phys. Soc. Jpn.*, Vol. 22, p. 1514, 1967.

[120] P. P. M. Meincke, E. Fawcett, and G. S. Knapp. Thermal expansion and magnetostriction of $ZrZn_2$. *Solid State Commun.*, Vol. 7, pp. 1643–1645, 1969.

[121] R. C. Wayne and L. R. Edwards. Effect of pressure on the Curie temperature of $ZrZn_2$. *Phys. Rev.*, Vol. 188, pp. 1042–1044, 1969.

[122] T. F. Smith, J. A. Mydosh, and E. P. Wohlfarth. Destruction of ferromagnetism in $ZrZn_2$ at high pressure. *Phys. Rev. Letters*, Vol. 27, pp. 1732–1735, 1971.

[123] J. G. Huber, M. B. Maple, and D. Wohlleben. Magnetic properties of $ZrZn_2$ under pressure. *Solid State Commun.*, Vol. 16, pp. 211–216, 1975.

[124] C. Thessieu, K. Kamishima, T. Goto, and G. Lapertot. Mgnetization under high pressure in MnSi. *J. Phys. Soc. Jpn.*, Vol. 67, pp. 3605–3609, 1998.

[125] K. Koyama, T. Goto, T. Kanomata, and R. Note. Observation of an itinerant metamagnetic transition in MnSi under high pressure. *Phys.*

Rev. B, Vol. 62, pp. 986–991, 2000.

[126] W. E. Gardner, T. F. Smith, B. W. Howlett, C. W. Chu, and A. Sweedler. Magnetization measurements and pressure dependence of the Curie point of the phase Sc$_3$In. *Phys. Rev.*, Vol. 166, pp. 577–588, 1968.

[127] J. Grewe, J. S. Schilling, K. Ikeda, and K. A. Jr. Gschneidner. Anomalous behavior of the weak itinerant ferromagnet Sc$_3$In under hydrostatic pressure. *Phys. Rev. B*, Vol. 40, pp. 9017–9024, 1989.

[128] J. G. Armitage, R. G. Graham, P. C. Riedi, and J. S. Abell. Volume magnetostriction and pressure dependence of the Curie point and spontaneous magnetization of weakly ferromagnetic Y(Co$_{1-x}$Al$_x$)$_2$. *J. Phys.: Condens. Matter*, Vol. 2, pp. 8779–8790, 1990.

[129] N. H. Duc, J. Voiron, S. Holtmeier, P. Haen, and X. Li. The magnetovolume properties of Y(Co$_{1-x}$Al$_x$)$_2$ compounds. *J. Magn. Magn. Mater.*, Vol. 125, pp. 323–329, 1993.

[130] H. Yamada and M. Shimizu. The metamagnetic transition of Hf(Fe,Co)$_2$. *J. Phys.: Condens. Matter*, Vol. 1, pp. 2597–2603, 1989.

[131] S. Parviainen and M. Lehtinen. On the magnetovolume effects in YNi$_3$. *J. Magn. Magn. Mater.*, Vol. 30, pp. 87–92, 1982.

[132] R. G. Oraltay, J. J. M. Franse, P. Brommer, and A. Menovsky. Thermal expansion, specific heat and forced magnetostriction in Y$_9$Co$_7$. *J. Phys. F*, Vol. 14, pp. 737–747, 1984.

[133] T. Kanomata, T. Sasaki, H. Nishihara, H. Yoshida, T. Kaneko, S. Hane, T. Goto, N. Takeishi, and S. Ishida. Magnetic properties of ferromagnetic heusler alloy Co$_2$ZrAl. *Journal of Alloys and Compounds*, Vol. 393, pp. 26–33, 2005.

[134] T. Sasaki, T. Kanomata, T. Narita, H. Nishihara, R. Note, H. Yoshida, and T. Kaneko. Magnetic properties of Co$_2$TiGa compound. *Journal of Alloys and Compounds*, Vol. 317–318, pp. 406–410, 2001.

[135] Y. Adachi, H. Morita, T. Kanomata, H. Yanagihashi, H. Yoshida, T. Kaneko, H. Fukumoto, H. Nishihara, M. Yamada, and T. Goto. Pressure effects of the ferromagnetic Heusler alloy Rh$_2$NiGe. *J. Alloys Compd.*, Vol. 419, pp. 7–10, 2006.

- [136] Y. Takahashi and T. Kanomata. Grüneisen's approach to magnetovolume effect of itinerant electron ferromagnets. *Mat. Trans.*, Vol. 47, pp. 460–463, 2006.
- [137] J. Beille, D. Bloch, and F. Towfiq. High pressure magnetic properties of $Fe_xCo_{1-x}Ti$ alloys. *Solid State Commun.*, Vol. 25, pp. 57–59, 1978.
- [138] M. Shiga. *Invar Alloys*, Vol. 3B. VHC, Weinheim, 1994.
- [139] J. Beille, D. Bloch, F. Towfiq, and J. Voiron. The magnetic properties of Fe_xCo_{1-x} and Fe_xTi_{1-x} alloys. *J. Magn. Magn. Mater.*, Vol. 10, pp. 265–273, 1979.
- [140] K. Miura, M. Ishizuka, T. Kanomata, H. Nishihara, F. Ono, and S. Endo. Magnetic properties of weak itinerant electron ferromagnets $Fe_xCo_{1-x}Si$ under high pressure. *J. Magn. Magn. Mater.*, Vol. 305, pp. 202–206, 2006.

あとがき

　本書を通じて読者に伝えたかったことは，最初のはしがきのところでも述べたように，遍歴電子磁性における磁化曲線の重要性である．ずいぶん長い間，実験，理論のどちらについても，磁化曲線の一部と見なせる磁化率や自発磁化などの温度変化に主な関心があった．より広い磁場領域における関数形の変化までは，なかなか問題にならなかった．1970年代に関心が持たれた物質の磁化曲線のArrottプロットが，温度によらずどれもよい直線性を示すように見えたことも，これに影響したと思われる．ともかく，これが当たり前であるという思い込みが長く続いた．実際にはスピンゆらぎの影響を受けた磁化曲線は，温度領域の違いに応じた特徴的なふるまいを示す．したがってこの点では，局在スピンモデルの場合の磁化曲線と定性的には同じであると考える必要がある．遍歴電子磁性に関しては，状況によるこの特徴の違いが，はっきりと現れにくい場合がある．また外的な影響に覆い隠されるなどのため，注意しないと見過ごされてしまいがちである．本書で取り上げた磁気的性質のほとんどは，磁化曲線の温度や磁場による変化と関係がある．これらのほとんどは，理論によって初めて明らかにされた．第5章で示したように，これまでの多くの実験結果との比較によって，これらの成り立つことが確かめられている．

　遍歴磁性の場合，磁性に関与する自由度の大半を磁気ゆらぎが占めることが多い．このために「ゆらぎ」が，理論による主な取り扱いの対象になる．局在スピンモデルの場合，発生する秩序を対象とする分子場近似を用いることによって，ある程度の理解が可能である．この違いのため，遍歴磁性の場合はスピンゆらぎに関する理論が必要となる．あまり馴染みのないゆらぎを相手にせざるを得ないことから，本書の内容もあまりとっつきやすいものではない．しかし本書で説明した理論の基本的な考え方は，それほど難しいわけではない．ひとつは全スピン振幅の保存則であり，もうひとつは磁化曲線の温度や磁場依存性がこの保存則を満たすとする考えである．この後者，つまり磁化曲線の関数形を主な取り扱いの対象としたことが，本書の重要な特徴である．この考え方に基づいて，スピンのゼロ点ゆらぎを表立って問題にする必要が生じ，磁化曲線を取り扱うためには微分方程式が利用できるなどの考えが思い浮かぶ．これらのアイデアに基づいて，基底状態の磁化曲線へのスピンゆらぎの影響や，臨界磁化曲

線などの結果を初めて導くことができた．本文中にはあえて多くの式も示したが，実際に磁気的な性質がどのようにして導かれるのかを納得してもらうためである．

　同じ目的の達成のために，いろいろの手段や方法を用いることが一般的には可能である．遍歴磁性の問題に関しても，当然，本書とは異なる観点からのアプローチや手法を用いることが可能である．比較的手軽な方法で多くの磁性体に対して共通に成り立つ性質を導くことができる本書で述べた考え方や手法は，それなりの存在意義があると思っている．この研究を始めたときの目標は，本書で述べた内容によってほぼ達成されたと思っているが，未だ不十分なところや見落としがあると思われる．今回触れることのできなかった多くの課題も残されている．しかし今後のこの分野の研究の発展のことを考えると，この時点でこれまでの研究によって得られたことをまとめ，整理した形で残しておくことに十分意義があると判断した．これが本書を執筆した動機である．最後に，本書で述べた内容がより広く受け入れられ，今後の遍歴電子磁性の研究の進展に少しでも役立つことができれば幸いである．

欧字先頭語索引

A
Arrott プロット 27, 90, 127
Arrott プロットの勾配 95, 143

B
β-Mn 133
Bohr 磁子 3
Boltzmann 因子 32
Brillouin 関数 5

C
Co_2CrGa 141
Co_2VGa 141
Co_3Mo_3C 138
CoS_2 136
Curie 温度 8
Curie 則 5
Curie 定数 5
Curie-Weiss 則 8, 96, 127

D
Debye モデル 47, 190
Deguchi-Takahashi プロット 131
digamma 関数 72

F
Fe 141
(Fe,Co)Si 147, 234
$Fe_xCo_{1-x}Si$ 139
Fermi 準位 25
Fermi 分布関数 23

F
$FeSb_2$ 136
FeSi 134

G
Grüneisen の関係式 190, 192, 212
Grüneisen パラメータ 191, 201
    磁気―― 201

H
Hartree-Fock 近似 21
Heisenberg モデル 7, 15
Hubbard モデル 6

K
K-χ プロット 121
Korringa の関係 123
Kramers-Kronig の関係式 39

L
$LaCo_2P_2$ 130
$LaCo_9Si_4$ 137
$La(Ni,Al)_{13}$ 130
Legendre 変換 23
$Lu(Co_{1-x}Al_x)_2$ 138
$Lu(Co_{1-x}Ga_x)_2$ 138

M
Maxwell の関係式 171, 172, 174, 202
    常磁性相で成り立つ―― 172
    秩序相における―― 174

MnSi
　　　… 74, 76, 119, 130, 138, 169, 218, 233
Moriya-Usami (MU) 理論 ………… 195

N
Ni ………………………………… 141
Ni-Pt 合金 ………… 116, 143, 213, 234
Ni$_3$Al
　　　… 116, 119, 130, 146, 213, 220, 231
NMR の緩和時間 ………………… 119

P
Pt-Ni 合金 ……………………… 147

R
Rhodes-Wohlfarth プロット … 97, 129

S
Sc$_3$In ………………… 130, 152, 233
SCR スピンゆらぎ理論 …………… 48
SEW 理論 ………………… 190, 192
Sommerfeld 展開 ………………… 24
Stoner-Edwards-Wohlfarth (SEW) 理論
　　　………………………… 190, 192

Stoner-Wohlfarth (SW) 理論 ……… 20
Stoner 条件 ……………………… 26
Stoner 連続体 …………………… 42

T
TiCo ……………………………… 220

Y
Y(Co,Al)$_2$ …………………… 234
Y(Co$_{1-x}$Al$_x$)$_2$ ……… 123, 136
Y-Ni 化合物 ……………………… 129
Y$_2$Ni$_5$ ……………………… 147
YCo$_2$ ………………………… 123, 136
Y$_9$Co$_7$ …………………… 234
YMn$_2$ …………………………… 78
YNi$_3$ ………………… 130, 147, 234
YNi$_{15}$ ……………………… 130
YNi$_{17}$ ……………………… 130

Z
Zeeman エネルギー ………………… 4
Zr$_{0.92}$Ti$_{0.08}$Zn$_2$ …… 143
ZrZn$_{1.9}$ …………………… 143
ZrZn$_2$ ………… 130, 147, 215, 232

和文索引

あ
圧縮率 ････････････････････ 189
圧力効果 ･･････････････････ 229

い
インバー合金 ･･････････････ 189

え
エントロピー ･･････ 159, 164, 175
　　　　　──の補正項 ････････ 164
　　　　　常磁性── ･･････････ 159
　　　　　秩序相の── ･･････････ 164
　　　　　定磁場中の── ･･････ 175

お
温度依存性 ･･････ 93, 110, 111, 146, 161
　　　　　磁化率の── ････････ 93
　　　　　自発磁化の── ････ 110, 146
　　　　　常磁性比熱の── ･･ 161
　　　　　低温極限における── ･･････ 111

か
解析性 ･･････････････････ 106
化学ポテンシャル ･･････････ 10
角運動量 ････････････････ 3

き
基底状態の磁化曲線 ････････ 88
球対称性 ････････････････ 67
キュリー温度 ･････････････ 8
キュリー則 ･･････････････ 5

き
キュリー定数 ････････････ 5
キュリー・ワイス則 ･････ 8, 96, 127
強磁性ホイスラー合金 ･･････ 234
強制磁気体積磁歪 ･･････････ 189

く
クーロン反発力 ･･････････ 7
グリュナイゼンの関係式 ･･･ 190, 192, 212
グリュナイゼンパラメータ ･････ 191, 201
　　　　　磁気── ･･････････ 201

こ
高温近似 ･･･････････････ 5, 55
交換相互作用 ･･････････ 7
格子振動による熱膨張 ････ 190
固体の熱膨張 ････････････ 47

さ
散乱強度 ････････････････ 75

し
磁化曲線 ･･･････ 88, 94, 101, 140
　　　　　基底状態の── ･････ 88
　　　　　──の初期条件 ･････ 94
　　　　　臨界── ･･････ 101, 140
磁化率の温度依存性 ･･････ 93
磁気回転比 ･････････････ 4
磁気グリュナイゼンパラメータ ･････ 201
磁気散乱 ･･････････････ 74
磁気体積結合定数 ･･････ 189
磁気体積効果 ･･････････ 189

和文索引

磁気的相関長 64
磁気モーメント 3, 97
　　　自発—— 97
　　　有効—— 97
磁場中比熱 175
自発磁化 8
　　　——の温度依存性 110, 146
　　　——の不連続な変化 80
自発磁気体積磁歪 189
自発磁気モーメント 97
自由エネルギー 154
　　　——の M^4 項の係数 90
　　　——の極値の条件 155
　　　——の補正項 156
常磁性エントロピー 159
常磁性磁化率の圧力変化 220
常磁性相で成り立つ Maxwell の関係式
　 172
常磁性相の熱膨張率 219
常磁性比熱の温度依存性 161
状態密度 23
常微分方程式 67

す

スケーリング則 117
スピン 3
　　　——振幅の保存則 62
　　　——波 106
　　　——分極 25
スペクトル分布 69

せ

生成,消滅演算子 7, 10
ゼーマンエネルギー 4
ゼロ点ゆらぎの振幅 72
漸近展開 72
線形応答 36

線膨張率 191

そ

相関関数 33
相関距離 36
相関波数 64

た

大域的な整合性 62
体積熱膨張率 191
体積歪 189
第 2 量子化の方法 7

ち

秩序相における Maxwell の関係式 ... 174
秩序相のエントロピー 164
秩序相の比熱 166
中性子散乱 119, 133
中性子線 74
超微細結合定数 121
調和近似 40
調和振動子 32

て

低温極限における温度依存性 ... 111
低温極限の比熱の温度変化 163
低温比熱の温度係数 177
定磁場中のエントロピー 175
デバイモデル 47, 190

と

動的磁化率 38
　　　——の虚数部分 64

な

ナイトシフト 121

和文索引　259

に
2重ローレンツ型 ･････････････ 64

ね
熱ゆらぎの振幅 ･･･････････････ 70
熱力学的の関係式 ･･････････････ 155

は
ハイゼンベルクモデル ･････････ 7,15
パイライト型化合物 ･･････････････ 136
バルクモジュラス ･･････････････ 221

ひ
非線形のゆらぎ ･･････････････ 42
非線形の連立方程式 ･･････････････ 110
微分磁化率 ･･････････････ 28
微分方程式の初期条件 ････････････ 93

ふ
フェルミ準位 ･･････････････ 25
フェルミ分布関数 ･･････････････ 23
分子場近似 ･･･････････････ 8, 21
分配関数 ････････････････ 4
分布幅を特徴付ける温度 ･･･････ 69

へ
変分パラメータ ･･････････････ 49
変分法 ･････････････････ 49

ほ
ホイスラー合金 ･･･････････141, 234

強磁性―― ･････････････ 234
ボーア磁子 ･･････････････ 3
ボース凝縮 ･･････････････ 10
ボルツマン因子 ････････････ 32

む
無次元のパラメータ ･･････････ 69

め
メタ磁性転移 ････････････135, 136

ゆ
有効磁気モーメント ･･･････････ 97
ゆらぎ ････････････ 31, 42, 70, 72
　　　非線形の―― ･･････････ 42
　　　――の振幅 ･･････････70, 72

よ
揺動散逸定理 ･･････････････ 36

り
理想ボース気体 ････････････ 9
粒子数の保存則 ････････････ 11
臨界温度近傍 ･･････････････ 112
臨界温度近傍の磁気比熱 ･･････ 164
臨界温度の圧力変化 ･･････････ 228
臨界強制体積磁歪 ････････････ 217
臨界挙動 ･･････････････ 71
臨界磁化曲線 ････････････101, 140
臨界指数 ････････････ 102, 117, 141

著者紹介

高橋 慶紀（たかはし　よしのり）
1950年　新潟県新潟市に生まれる
1973年　東北大学理学部物理学第2学科卒業
1975年　東京大学大学院理学系研究科修士課程修了
1977年　東京大学大学院理学系研究科博士課程中退
1977年　東京大学物性研究所助手
1991年　姫路工業大学理学部教授
2004年　兵庫県立大学物質理学研究科教授（統合による名称変更）
理学博士
専門分野　金属磁性理論

吉村 一良（よしむら　かずよし）
1958年　長野県長野市に生まれる
1981年　京都大学工学部金属加工学科卒業
1983年　京都大学大学院工学研究科修士課程金属加工学専攻修了
1986年　京都大学大学院工学研究科博士後期課程金属加工学専攻研究指導認定退学
1986年　福井大学工学部応用物理学科助手
1988年　京都大学理学部化学科助手
1993年　京都大学理学部化学科助教授
1995年　京都大学大学院理学研究科化学専攻助教授（大学院重点化による）
2002年　京都大学大学院理学研究科化学専攻教授
工学博士
専門分野　無機固体物性化学，物性物理学，磁性と超伝導

2012年 4月25日　第1版発行

遍歴磁性と
スピンゆらぎ

著　者　©　高　橋　慶　紀
　　　　　　吉　村　一　良
発行者　内　田　　　学
印刷者　山　岡　景　仁

著者の了解により検印を省略いたします

発行所　株式会社　内田老鶴圃　〒112-0012 東京都文京区大塚3丁目34番3号
電話 03(3945)6781(代)・FAX 03(3945)6782
http://www.rokakuho.co.jp　　印刷/三美印刷 K.K.・製本/榎本製本 K.K.

Published by UCHIDA ROKAKUHO PUBLISHING CO., LTD.
3-34-3 Otsuka, Bunkyo-ku, Tokyo, Japan

ISBN 978-4-7536-2081-4 C3042　　U. R. No. 592-1

強相関物質の基礎　原子，分子から固体へ

藤森　淳　著　　　　　　　　　　　　　　A5 判・268 頁・本体 3800 円

- 第 1 章　はじめに
- 第 2 章　原子の電子状態
  原子軌道／Hartree-Fock 近似／多重項構造／周期律
- 第 3 章　分子の電子状態
  Heitler-London 法／分子軌道法／電子相関
- 第 4 章　固体中の原子の電子状態
  結晶場中の原子／クラスター・モデル／Anderson 不純物モデル
- 第 5 章　固体中の原子間の磁気的相互作用
  反強磁性的な超交換相互作用／強磁性的な超交換相互作用／原子間のスピン・軌道結合／金属中の原子間の磁気的相互作用
- 第 6 章　固体の電子状態
  様々な格子モデル／金属 - 絶縁体転移／バンド理論／バンド電子に対する電子相関効果／Fermi 液体
- 付　録
  混成軌道の導出／第 2 量子化／原子内 2 電子積分のパラメータ化／光電子・逆光電子分光／Clebsch-Gordan 係数／原子の電子配置／原子軌道間の移動積分

バンド理論　物質科学の基礎として

小口多美夫　著　　　　　　　　　　　　　A5 判・144 頁・本体 2800 円

- 第 1 章　序
  断熱近似／原子単位系
- 第 2 章　一電子近似
  ハートリー近似／ハートリー・フォック近似／交換相互作用／スレーターの交換ポテンシャル
- 第 3 章　密度汎関数法
  密度汎関数理論／局所密度近似／交換相関エネルギー／軌道エネルギー／局所密度近似の物理的意味
- 第 4 章　周期ポテンシャル中の一電子状態
  並進対称性／逆格子／ブリュアンゾーン／ブロッホの定理／波数ベクトル／固有値方程式／ほぼ自由な電子のバンド構造／空間群と既約表現
- 第 5 章　擬ポテンシャル法
  アルカリ金属や Al のバンド構造／直交化された平面波／擬ポテンシャル／アシュクロフトの擬ポテンシャル／ノルム保存型擬ポテンシャル
- 第 6 章　APW と KKR 法
  マフィンティン近似／ひとつのマフィンティン球の問題／マフィンティン球外の解との接続／コア関数との直交性／APW 法／KKR 法
- 第 7 章　線形法
  ひとつの球の問題／線形 APW 法／KKR-ASA 法／カノニカルバンド／LMTO 法
- 付録 A　ブラベ格子の行列表現
- 付録 B　グリーン関数

光の量子論　第 2 版

R. ラウドン　著　小島忠宣・小島和子　訳　　A5 判・472 頁・本体 6000 円

1. Planck の放射法則と Einstein 係数
2. 原子 - 放射相互作用の量子力学
3. カオス光のゆらぎの性質
4. 量子化した放射場
5. 量子化した場と原子との相互作用
6. 光子光学
7. 光の発生と増幅
8. 共鳴蛍光と光散乱
9. 非線形光学

表示価格は税別の本体価格です．　　　　　　http://www.rokakuho.co.jp

材料科学者のための固体物理学入門

志賀正幸 著　　　　　　　　　　　　A5判・180頁・本体2800円

- **1 結晶と格子**
  空間格子／基本単位格子と単位格子／空間格子の分類／結晶面の表し方—ミラー指数—／主な結晶構造
- **2 結晶による回折**
  特性X線とX線回折／ブラッグの法則／広義のミラー指数を使ったブラッグの式／消滅則と構造因子／粉末X線回折
- **3 結晶の結合エネルギー**
  斥力エネルギー／結合エネルギー／結合の原因
- **4 格子振動**
  弾性体を伝搬する音波／1次元バネモデル／2種の原子からなる1次元結晶の振動／固体（3次元）の振動とフォノン
- **5 統計熱力学入門 —固体の比熱—**
  熱力学による比熱の定義／アインシュタイン・モデル／ボルツマン分布／そもそも温度とは？／エントロピー／自由エネルギーと状態和
- **6 固体の比熱**
  アインシュタイン・モデルによる比熱／プランク分布／デバイ・モデルによる固体の比熱／固体の熱膨張
- **7 量子力学入門**
  古典物理学の完成と限界／量子力学の発展／シュレーディンガーの波動方程式／その後の発展／量子力学の方法Ⅰ—シュレーディンガー方程式を解く—／自由電子・調和振動子・水素原子／量子力学の方法Ⅱ—物理量と演算子—
- **8 自由電子論と金属の比熱・伝導現象**
  自由電子の波動関数とエネルギー／状態密度とフェルミ-ディラック分布則／電子比熱／金属の電気抵抗／ホール効果／金属の熱伝導とヴィーデマン-フランツの法則
- **9 周期ポテンシャル中での電子 —エネルギーバンドの形成—**
  力学モデルによる類推／ブラッグの回折条件による考察／エネルギーギャップとエネルギーバンド／3次元結晶でのエネルギーギャップと状態密度／多原子分子からのアプローチとの対応／金属，半導体，絶縁体

材料科学者のための固体電子論入門
エネルギーバンドと固体の物性

志賀正幸 著　　　　　　　　　　　　A5判・200頁・本体3200円

- **1 量子力学のおさらいと自由電子論**
  シュレーディンガー波動方程式／1次元自由電子／量子力学における運動量／3次元自由電子／状態密度とフェルミ分布関数
- **2 周期ポテンシャルの影響とエネルギーバンド**
  力学モデルによる類推／ブラッグの回折条件による考察／エネルギーギャップ／量子力学(摂動法)による解／ブリルアン・ゾーン／逆格子とブラッグの条件／2次元，3次元空間でのブリルアン・ゾーン
- **3 フェルミ面と状態密度**
  単純立方格子のフェルミ面／状態密度曲線／バンド計算／バンド計算による電子構造—AlとCu—
- **4 金属の基本的性質**
  電子比熱／金属の凝集エネルギー／バンド構造と金属・合金の性質／合金の構造に対するヒュームロザリーの法則
- **5 金属の伝導現象**
  伝導現象の基礎／抵抗率を決める要因／電子の散乱／電気抵抗各論／その他の伝導現象
- **6 半導体の電子論**
  ホールの運動／真性(固有)半導体／不純物半導体／半導体の応用
- **7 磁　　性**
  磁性の基礎／原子磁気モーメントの起因／鉄属遷移金属イオンの電子構造と磁気モーメント／常磁性体／強磁性体と反強磁性体／金属・合金の磁性／磁気異方性と磁歪／強磁性体の磁化過程／強磁性体の応用
- **8 超　　伝　　導**
  超伝導体の基本的性質／磁場の影響／超伝導状態の現象論／BCS理論

磁性入門　スピンから磁石まで

志賀正幸　著　　　　　　　　　　　　　　　A5 判・236 頁・本体 3600 円

1. 序論　強磁性体／磁性体に関する諸量と単位系／磁気モーメントに作用する力／磁気モーメントの測定法／磁場の測定法／強磁性体の基本的性質／ミクロに見たいろいろな磁性体
2. 原子の磁気モーメント　磁気モーメントの素因／角運動量の量子力学とベクトルモデル／鉄属遷移金属イオンの電子構造と磁気モーメント
3. イオン性結晶の常磁性　常磁性体の帯磁率（キューリーの法則）／結晶の常磁性
4. 強磁性（局在モーメントモデル）　原子間交換相互作用（強磁性の原因？）／磁化の温度依存性とキュリー温度／磁性体の熱力学
5. 反強磁性とフェリ磁性　反強磁性／フェリ磁性
6. 金属の磁性　金属電子論のおさらい／電子間相互作用を考えない場合の磁性（パウリ常磁性）／電子間の相互作用（交換相互作用）／自由電子の交換エネルギー／分子場モデルによる遍歴電子の強磁性（ストーナーの理論）／$3d$ 遷移金属の強磁性／遍歴電子モデルと局在モーメントモデル
7. いろいろな磁性体　ヘリカル磁性体と RKKY 相互作用／スピン密度波と Cr の磁性／寄生強磁性（キャント磁性）／メタ磁性／スピングラス／フラストレート系／微視的測定法
8. 磁気異方性と磁歪　磁気異方性／磁歪／磁気体積効果とインバー効果
9. 磁区の形成と磁区構造　静磁エネルギーと磁区の形成／磁区構造を決める要因／磁区の形状と大きさ（理想試料の場合）／実際の磁区構造／磁区の観察
10. 磁化過程と強磁性体の使い方　鉄単結晶の磁化過程／不純物を含む強磁性体の磁化過程／ヒステリシス曲線／保磁力の起因／強磁性体を使用するに当たって留意すべきこと
11. 磁性の応用と磁性材料　軟磁性材料／永久磁石材料／磁気記録材料
12. 磁気の応用　磁化変化に伴う電気抵抗変化／光磁気ディスク／断熱消磁と磁気冷凍
付録 A. 内殻電子の反磁性の古典電磁気学による導出　**付録 B.** スピン波励起による $T^{3/2}$ 則の導出　**付録 C.** 反強磁性の平行帯磁率の導出

機能材料としてのホイスラー合金

鹿又　武　編著　　　　　　　　　　　　　　A5 判・320 頁・本体 5700 円

1　機能材料としてのホイスラー合金概説（鹿又　武）
ホイスラー合金の発見／機能材料としてのホイスラー合金／磁性に現れる諸量の単位
2　ホイスラー合金の結晶構造と相安定性（貝沼　亮介）
ホイスラー合金の結晶構造（フルホイスラーとハーフホイスラー）／実用的に重要な 3 元系状態図（状態図の読み方）／フルホイスラー合金の規則 - 不規則変態／まとめ
3　ホイスラー合金の磁性（鹿又　武）
はじめに／X 線，中性子線回折によるホイスラー合金の結晶構造解析／ホイスラー合金の磁性／ホイスラー合金の伝導特性
4　NMR から見たホイスラー合金の電子状態（西原　弘訓）
NMR の基礎／Co_2FeAl 系フルホイスラー合金における ^{59}Co の超微細磁場の分布／Co 基フルホイスラー合金中の ^{59}Co における正の超微細磁場／Fe_2VSi 系フルホイスラー合金の NMR／ハーフホイスラー合金 CoVSb の NMR／その他のホイスラー合金の NMR／まとめ
5　光電子分光および内殻吸収分光から見たホイスラー合金の電子状態（木村　昭夫）
はじめに／光電子分光の基礎／内殻吸収分光スペクトルの X 線磁気円二色性（XMCD）／高スピン偏極材料の電子状態／熱電変換材料の電子状態／強磁性形状記憶合金のマルテンサイト変態と電子状態／まとめ
6　第一原理計算から見たホイスラー合金の電子状態（白井　正文）
高スピン偏極ホイスラー合金／高スピン偏極電子状態と磁性／不規則構造における電子状態／表面の電子状態／半導体との界面の電子状態／絶縁体との界面の電子状態／有限温度における電子状態
7　ホイスラー系形状記憶合金と磁場誘起歪（伊東　航，貝沼　亮介）
はじめに／マルテンサイト変態と形状記憶効果／メタ磁性形状記憶効果／双晶磁歪／ホイスラー系形状記憶合金／おわりに
8　ホイスラー合金の磁気冷凍特性（深道　和明，藤田　麻哉，藤枝　俊）
磁気冷凍が注目される理由／気体冷凍と磁気冷凍の熱力学相関／磁気冷凍に要求される材料特性／ホイスラー合金の磁気熱量効果／ホイスラー合金と他の候補物質との特性比較／今後の展開
9　スピントロニクス材料としてのホイスラー合金（桜庭　裕弥，高梨　弘毅）
はじめに／ホイスラー合金ハーフメタルを用いた強磁性トンネル接合／ホイスラー合金ハーフメタルを用いた面直通電型巨大磁気抵抗（CPP-GMR）素子／ホイスラー合金におけるスピンダイナミクス／その他のトピックス／まとめ
10　ホイスラー合金の熱電変換材料への応用（桜田　新哉）
序論／フルホイスラー合金の熱電特性／ハーフホイスラー合金の熱電特性／おわりに

表示価格は税別の本体価格です．　　　　　　　　　　http://www.rokakuho.co.jp